高等院校软件工程专业系列教材

人机交互
软件工程视角

骆斌　主编　　冯桂焕　编著

Human-Computer Interaction
A Software Engineering Perspective

U0394948

机械工业出版社
China Machine Press

图书在版编目（CIP）数据

人机交互：软件工程视角 / 骆斌主编 . —北京：机械工业出版社，2012.12（2023.12 重印）
（高等院校软件工程专业规划教材）

ISBN 978-7-111-40747-8

Ⅰ.人… Ⅱ.骆… Ⅲ.人－机系统－高等学校－教材 Ⅳ.TB18

中国版本图书馆 CIP 数据核字（2013）第 065452 号

本书创新地从软件工程视角探讨怎样进行交互设计和提升交互式软件系统的用户体验，期望为软件和计算机相关专业以及从事软件开发工作的读者提供系列交互设计方法论。

全书共分为三个部分，分别是基础篇、设计篇和评估篇。基础篇侧重人机交互的基础知识讲解，为没有接触过人机交互的读者搭建学科的整体框架。设计篇讨论在具体的交互应用开发中需要注意的事项以及可以使用的技术和方法。评估篇详细讨论了多种交互评估方法及各自的适用场合，便于读者在具体项目中进行选择，通过实践加深理解和掌握。三个部分之间相辅相成，构成了软件开发过程中交互设计的完整流程。同时在每一部分的编写过程中，都突出了与软件工程相结合的特点，教材内容既重视知识的讲授，又注重实例分析和实际操作能力。

本书在内容选取和组织的过程中参考了国际软件工程学科教程 CC-SE2004 中对人机交互课程的课程描述，力求覆盖所有相关知识点。既可作为高等院校软件工程与计算机相关专业的高年级人机交互课程教材，也适合非计算机相关专业、但对人机交互感兴趣的读者使用。

机械工业出版社（北京市西城区百万庄大街 22 号 邮政编码 100037）
责任编辑：姚 蕾
北京铭成印刷有限公司印刷
2023 年 12 月第 1 版第 15 次印刷
185mm×260 mm · 17.25 印张
标准书号：ISBN 978-7-111-40747-8
定价：39.00 元

客服电话：(010) 88361066 68326294

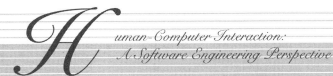

软件工程教材序

　　软件工程专业教育源于软件产业界的现实人才需求和计算学科教程 CC1991/2001/2005 的不断推动，CC1991 明确提出计算机科学学科教学计划已经不适应产业需求，应将其上升到计算学科教学计划予以考虑，CC2001 提出了计算机科学、计算机工程、软件工程、信息系统 4 个子学科，CC2005 增加了信息技术子学科，并发布了正式版的软件工程等子学科教学计划建议。我国的软件工程本科教育启动于 2002 年，与国际基本同步，目前该专业招生人数已经进入国内高校本科专业前十位，软件工程专业课程体系建设与教材建设是摆在中国软件工程教育工作者面前的一个重要任务。

　　国际软件工程学科教程 CC-SE2004 建议，软件工程专业教学计划的技术课程包括初级课程、中级课程、高级课程和领域相关课程。

- 初级课程。包括离散数学、数据结构与算法两门公共课程，另三门课程可以组织成计算机科学优先方案（程序设计基础、面向对象方法、软件工程导论）和软件工程优先方案（软件工程与计算概论 / 软件工程与计算Ⅱ / 软件工程与计算Ⅲ）。

- 中级课程。覆盖计算机硬件、操作系统、网络、数据库以及其他必备的计算机硬件与计算机系统基本知识，课程总数与计算机科学专业相比应大幅度缩减。

- 高级课程。六门课程，覆盖软件需求、体系结构、设计、构造、测试、质量、过程、管理和人机交互等。

- 领域相关课程。与具体应用领域相关的选修课程，所有学校应结合办学特色开设。

　　CC-SE2004 的实践难点在于：如何把计算机专业的一门软件工程课程按照教学目标有效拆分成初级课程和六门高级课程？如何裁剪与求精计算机硬件与系统课程？如何在专业教学初期引入软件工程观念，并将其在教学中与程序设计、软件职业、团队交流沟通相结合？

　　南京大学一直致力于基于 CC-SE2004 规范的软件工程教学实践与创新，在专业教学早期注重培养学生的软件工程观与计算机系统观，按照软件系统由小及大的线索从一年级开始组织软件工程类课程。具体做法是：在求精计算机硬件与系统课程的基础上，融合软件工程基础、程序设计、职业团队等知识实践的"软件工程与计算"系列课程，通过案例教授中小规模软件系统构建；围绕大中型软件系统构建知识分领域，组织软件工程高级课程；围绕软件工程应用领域，建设领域相关课程。南京大学的"软件工程与计算"、"计算系统基础"和"操作系统"是国家级精品课程，"软件需求工程"、"软件过程与管理"是教育部–IBM 精品课程，软件工程专业工程化实践教学体系和人才培养体系分别获得第五届与第六届高等教育国家级教学成果奖。

此次集中出版的五本教材是软件工程专业课程建设工作的第二波，包括《软件工程与计算卷》的全部三分册（《软件开发的编程基础》、《软件开发的技术基础》、《团队与软件开发实践》）和《软件工程高级技术卷》的《人机交互——软件工程视角》与《软件过程与管理》。其中《软件工程与计算卷》围绕个人小规模软件系统、小组中小规模软件系统和模拟团队级中规模软件产品构建实践了 CC-SE2004 软件工程优先的基础课程方案；《人机交互——软件工程视角》是为数不多的"人机交互的软件工程方法"教材；《软件过程与管理》则结合了个人级、小组级、组织级的软件过程。这五本教材在教学内容组织上立意较新，在国际国内可供参考的同类教科书很少，代表了我们对软件工程专业新课程教学的理解与探索，因此难免存在瑕疵与谬误，欢迎各位读者批评指正。

本教材系列得到教育部"质量工程"之软件工程主干课程国家级教学团队、软件工程国家级特色专业、软件工程国家级人才培养模式创新实验区、教育部"十二五本科教学工程"之软件工程国家级专业综合教学改革试点、软件工程国家级工程实践教育基地、计算机科学与软件工程国家级实验教学示范中心，以及南京大学 985 项目和有关出版社的支持。在本教材系列的建设过程中，南京大学的张大良先生、陈道蓄先生、李宣东教授、赵志宏教授，以及国防科学技术大学、清华大学、中国科学院软件所、北京航空航天大学、浙江大学、上海交通大学、复旦大学的一些软件工程教育专家给出了大量宝贵意见。特此鸣谢！

南京大学软件学院

2012 年 10 月

前言

　　良好的交互性能和用户体验，已经成为决定交互式软件系统成功的核心要素之一。iPod、iPhone 以及 iPad 等产品的相继成功也使人们意识到，好的交互系统并不需要具有多么复杂的功能，相反，简单易用的产品更容易获得普通用户的喜爱。本书的目的就是教会读者开发容易使用的软件产品。

　　理想的交互式软件产品开发中应该包含如下三类人：交互设计师、视觉设计师和程序设计师。其中，交互设计师的作用是构筑产品核心功能的交互过程和框架，大到任务的具体执行过程，小到在何处放置按钮以及菜单如何组织等；视觉设计师的作用是让界面内容更加美观，比如设计特定的图标和按钮样式等；程序设计师的工作是通过编程让交互任务得以实现。现实生活中，程序设计师通常会兼顾交互设计的工作。因此，让程序设计人员学习一些交互知识，对于提升最终产品的用户体验具有至关重要的作用。

　　出于以上原因，本书期望能够从一个相对系统化的角度，为软件工程和计算机相关专业的学生，以及从事软件开发工作的专业人员提供一系列交互设计方法论。本书共分为三个部分，分别是基础篇、设计篇和评估篇。基础篇侧重人机交互的基础知识讲解，为没有接触过人机交互的读者搭建该学科的整体框架。已经了解人机交互背景的读者可以直接略过第一部分。设计篇讨论了在具体的交互应用开发中需要注意的事项以及可以使用的技术和方法，同时第 8 章中对人机交互学科中为数不多的形式化理论和方法进行了介绍。尽管现在我们经常听到设计要"以用户为中心"，但具体什么是"以用户为中心"，以及"以用户为中心"的设计思想是否会带来其他问题，很多人并不是十分清楚，本书第 9 章对此进行了讨论。评估的广泛使用是交互式软件系统开发区别于非交互式软件系统开发的重要特征，本书第三部分详细讨论了多种交互评估方法及各自的适用场合，以便于读者根据具体需要进行选择，读者应通过实践加深对这些交互评估方法的理解和掌握。

　　本书既可作为软件工程与计算机相关专业的高年级人机交互课程教材，也适合非计算机相关专业对人机交互感兴趣的读者使用。为扩大本书内容的适应性，书中没有特别针对某种类型的软件产品展开讨论，所列方法既适合传统的桌面软件开发，也适合互联网应用和移动终端软件产品的开发。本书初稿自 2010 年秋季开始在南京大学软件学院进行了试用，其后编者根据试用期间的反馈情况对教材内容进行了修改。

　　本书在编写过程中，得到了许多人的支持和帮助。中科院软件所的戴国忠老师以及浙江大学的蔡亮老师对本书提出了很多宝贵意见和建议，在此谨向他们表示诚挚的谢意。人机交互课程是南京大学软件学院本科生的必修课程，在课程建设和教材编写过程中得到了学院领导和广大老师的大力支持，特别是丁二玉老师针对教材的内容组织给出了很多建设性意见和建议，在此表示衷心感谢。同时感谢南京大学软件学院 2011 级研究生刘佳、冯玮婷、孙晨蛟、胡俊鹏，以及 2012 级研究生曹伶燕，他们对教材进行了文字审阅工作。

限于编者的水平，书中的疏漏和不足之处在所难免，敬请广大读者朋友批评指正。如对该教材有任何意见和建议，可通过电子邮件 luobin@nju.edu.cn、fenggh@nju.edu.cn 与我们联系。

编　者

2012 年 10 月于南京

第一部分

基 础 篇

　　本部分介绍人机交互学科的基础知识。第 1 章讨论人机交互的基本概念，并通过一些重要的人物和事件介绍了人机交互的发展历史。特别是讨论了人机交互和软件工程之间的关系，只有理解了二者之间的关联，才有助于应用人机交互技术解决软件工程中存在的问题。第 2 章从人、机、交互三个角度进行了分析，以帮助读者从人的角度出发，通过选择恰当的交互设备和交互形式构建交互性能良好的软件产品。第 3 章关注人机交互领域的关键概念——可用性，并列举了常用的交互设计原则。第 4 章涉及交互设计过程，读者可通过比较交互设计生命周期与传统软件生命周期，进一步探讨人机交互与软件工程学科之间的异同。

第 1 章

人机交互概述

1.1　引言

  计算机最初出现的时候使用起来非常复杂，因此只能由专门的操作员进行操作。此后，随着计算机软硬件技术的不断发展以及分时系统的出现，使得程序员等专业人员也能够操作计算机，并直接与计算机交互。今天，计算机已经从传统的大型、昂贵且只被少数专业人员使用的机器逐渐演化为小型、廉价、易于使用的机器，可以说计算机已经逐渐融入人类生活的方方面面，几乎任何和人有关的服务领域都离不开计算机的身影。

  计算机使用范围的扩大意味着不具备专业计算机应用技能的用户会越来越多，人们对计算机软件的要求也会越来越高。软件不但要稳定可靠，而且还应该易学、好用，换句话说，交互性能的好坏日益成为衡量软件设计优劣的关键。

  虽然我们经常能听到软件设计人员宣称自己的产品如何简单易用，然而实际上，现实生活中几乎随处都能见到设计较差的交互系统。大家不妨回想一下，你是否有曾经因不能立刻分辨电梯的开门和关门按钮而尴尬的经历？是否曾经在操作电视遥控器的时候遇到过困难？想象这样一个场景，你的银行账户出现了问题，但你不方便前往银行柜台办理业务，于是你选择拨打银行的客户服务电话，使用银行的语音自动应答系统来解决问题。你拨打了银行的服务热线电话，电话中传来语音提示："你好，这里是某某银行，欢迎您使用我们的服务。中文服务请按 1，英文服务请按 2。"你按下了 1 键。这时耳边又传来了语音提示："个人客户请按 1，企业客户请按 2，……""幸运"的话你还能聆听一段广告。这时你可能已经有点不耐烦了，但还是犹豫着按下了 1 键，终于电话传来"请输入卡号、存折账号或客户编号"的提示音，你输入了一串长长的数字，就在高兴终于要把事情解决的时候，耳边却传来"输入错误，请重新输入"的声音。粗略计算，你已经花了约 2 分钟时间，按了约 20 次按键，但对操作何时完成仍旧一无所知。原本你选择语音自动应答系统是为了节约时间，但是有了上述经历之后，下一次你可能会更加倾向亲自前往柜台办理来解决问题了。

  交互式产品借助计算机系统来完成特定任务，而软件是计算机系统得以正确运作的灵魂和基础。本书将从有别于一般软件工程的角度来分析交互式软件的设计问题。通过阅读本书，读者将学习交互设计的相关内容并付诸实践，了解其他学科的原理和方法如何帮助我们设计更好的交互式软件系统，进而开发出更加易用且令人愉悦的交互式产品。

本章的主要内容包括：

- 介绍人机交互的相关背景知识。
- 分析交互设计对软件系统的重要性。
- 阐述人机交互的发展历史。
- 展望人机交互的发展。
- 解释人机交互与软件工程二者的关系。

1.2 背景知识

1.2.1 基本概念

人机交互是一门新兴学科，人机交互（Human-Computer Interaction，HCI）这一术语直到 20 世纪 80 年代才被正式采用。美国计算机学会（Association for Computing Machinery，ACM）针对人机交互给出的定义是：有关交互式计算机系统的设计、评估、实现以及与之相关现象的学科 [ACM SIGCHI 1992]。该定义表明，人机交互不只研究传统的桌面式计算机系统，同时也研究诸如手机、微波炉等任意形式的嵌入式计算机系统。

许多学者也给出了对人机交互的独特理解：Alan Dix 在《人机交互》一书中将人机交互定义为"研究人、计算机以及他们之间相互作用方式的学科"，"学习人机交互的目的是使计算机技术更好地为人类服务" [Dix et al 2004]。Carroll 将人机交互解释为"有关可用性的学习和实践，是关于理解和构建用户乐于使用且易于使用的软件和技术，并能在使用时发现产品有效性的学科" [Carroll 2002]。Preece 指出，人机交互的主要目的在于"开发及提高计算机相关系统的安全性、效用、有效性、高效性和可用性" [Preece et al 1994]。

与人机交互相关的术语包括 CHI（Computer-Human Interaction）、HCI（Human-Computer Interaction）、UCD（User-Centered Design）、MMI（Man-Machine Interface）、HMI（Human-Machine Interface）、OMI（Operator-Machine Interface）、UID（User Interface Design）、HF（Human Factors）和 Ergonomics（人机工程学）等。尽管这些术语在形式上不同，但它们本质上是相同的，只是不同术语侧重的角度和范围有所不同，体现了不同学科的研究人员更倾向于从自身领域的角度来理解人机交互。例如，CHI 强调计算机重要性，HCI 主要体现用户第一的思想，而 HMI 针对的不只是计算机系统，还包含其他形式的系统，因此较 HCI 更加通用。

实际上有关人类表现的研究自 20 世纪初就出现了，并最早于工厂里展开，重点关注手动完成的任务。第二次世界大战期间，由于交战各方希望制造出更加有效的武器装备，从而促进了人与机器交互的研究，并促使了 1949 年人机工程学学会的成立。人机工程学主要关注机器和系统的物理特性，及其对用户表现的影响。在美加地区经常被称做"人性因素"。随着计算机使用的日益普及，研究人员开始进行有关人和机器之间交互作用的专门研究。该项研究最早采用的是"Man-Machine Interaction（个人同机器的交互）"这一名称，后来因在计算机与用户群体构成方面的特殊兴趣，而最终演化为"Human-Computer Interaction"（人同计算机的交互）。

无论采用哪一种术语或定义方式，人机交互学科所关注的首要问题都是人和计算机之间的关系问题。这表明人机交互主要涉及三个方面：人、计算机和他们之间相互联系的方式（即交互）。这里提到的人，既可以是独立工作的用户，也可以是共同工作的一组用户或某个特定组织中的一类用户。换言之，用户指试图应用计算机完成特定工作的任何人。计算机既包括桌面计算机、大型计算机系统、嵌入式系统（如电视机）等，又包括如搜索引擎、文字处理器等各种软件。交互泛指用户与计算机之间的各种通信，可以是直接的，也可以是间接的。直接交互指在任务执行过程的始终伴随着反馈与控制对话，而间接交互则包括批处理与控制环境的智能传感器等 [Dix et al 2004]。

1.2.2　研究内容

如前所述，人机交互的主要目的是从尊重用户的角度来改善用户和计算机之间的交互，从而使计算机系统更加容易使用。具体而言，人机交互主要关注以下方面的内容：

1）界面设计的方法和过程。即在给定任务和用户的前提下，设计出最优的界面，使其满足给定的限制，并对易学性和使用效率等属性进行优化。

2）界面实现方法。如软件工具包和库函数，以及其他各种高效开发方法等。

3）界面分析和评估技术。

4）开发新型界面和交互技术。

5）构建交互相关的描述模型和预测模型。

美国计算机学会针对人机交互的研究内容给出了更为详尽的阐述 [ACM SIGCHI 1992]。图 1-1 给出了人机交互中相互关联的五个方面，其中：U 为使用计算机的上下文；H 指人的特性；C 表示计算机系统和用户接口架构；D 为开发过程。

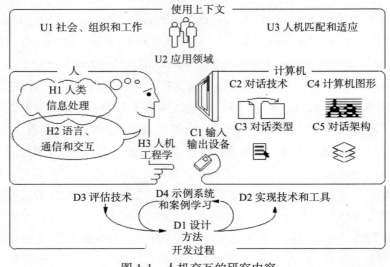

图 1-1　人机交互的研究内容

计算机系统通常存在于一个较大型的社会环境、组织环境和工作环境中（U1），其中存在一些需要借助计算机系统实现的应用（U2），使用计算机意味着需要借助对人的理解、对系统的裁剪或采用其他策略将人、技术以及特定任务结合起来（U3）。此外，我们必须从人的角度来考虑信息的处理方式（H1）、通信方式（H2）和用户的一些物理特性（H3）。从计算机的角度，研究人员开发了一系列用于支持计算机与人交互的技术：如连接人和计算机的输入输出设备（C1）等，这些技术一方面被用来组织对话（C2），另一方面被用来生成更大规模的设计元素，如界面隐喻（C3）。深入到对话的底层支持之后，可以实现对计算机图形技术（C4）的广泛应用。过于复杂的对话还可能引发有关系统体系结构的重新思考，比如是否需要提供对一些应用特性的支持，包括：是否需要支持互联和窗口系统，是否需要提供实时响应，是否需要提供网络通信，是否需要提供面向多用户的协同界面等（C5）。

研究内容的最后一个部分包括人机对话设计（D1）、实现该对话的技术和工具（D2）、用于评估对话的技术（D3）以及有关经典设计案例学习的开发过程（D4）。在实际开发过程中，这些组成部分相互关联、相互影响，在某一方面作出的选择往往会对其他方面产生影响。有关该部分的详尽描述可参考 [ACM SIGCHI 1992]。

1.2.3　为什么学习人机交互

毫无疑问，有关人机交互的学习是非常重要的。

首先，从市场的角度来说，随着计算机深入到人们的日常生活，用户开始期望系统能够简单易用，同时对那些设计低劣的系统的容忍度越来越差。如果一款产品非常难用，那么用户就会转而投向其他产品的怀抱，正如 Mac 系统与 IBM 系统的对决一样。

其次，从企业的角度来说，改善人机交互能够提高员工的生产效率。举例来说，某公司原有操作流程中有一个任务需要执行一长串的按钮点击操作。按钮点击不仅费时费力，同时也很容易出现错误，这使得该公司的生产效率一直不高。随后，设计人员通过将按钮点击操作改进为以批处理文件的方式执行，极大提高了生产效率，这就是从改进交互方式的角度实现的。

此外，学习人机交互能够降低产品的后续支持成本。当产品的可用性不高时，客户支持方面的投入将十分可观。例如用户购买了一款新型的智能电视，但是在阅读该电视使用手册之后还是不能观看到电视节目，那么用户就会拨打该产品厂商的服务热线电话，而每个服务热线的开销将高达 100 美元。还有研究表明，改善交互性能有助于降低产品的开发成本。这是因为一款成功的产品并不是功能越多越好，从人机交互的角度发现用户可能感觉低效或者不想使用的功能特性，一方面可增强产品的使用效果，另一方面有助于降低产品的开发成本。

再次，从个人角度来说，计算机已经如此普遍，人们希望使用计算机也能够和使用其他电器一样简单。具有良好可用性的系统不仅有助于任务的完成，同时能获得较高的用户主观满足度。

最后，从人性因素的角度来说，每个人都会犯错误，如果一个交互系统不能帮助用户有效地降低错误发生的概率，那么由此引发的时间、金钱以及生命的损失都是难以估量的。

以上是我们从日常生活中总结出的经验，此外很多学术研究也证实了人机交互的重要性。Klemmer [Klemmer 1989] 和 Landauer[Landauer 1995] 的研究表明，产品设计中对人性因素的关注可有效降低产品开发的时间和费用开销，同时还能减少潜在的对产品升级换代的次数，进而提升产品的市场竞争力。随着互联网、电子商务及公共信息终端的发展，初次用户（指之前没有使用过系统的用户）和一次用户（指较少与系统打交道的用户）将大量增加，这使得友好的用户界面设计对系统的成功更为重要。IBM 公司依据可用性原则对其网站进行了重新设计，仅此一项就使其在线业务量提升了 400%，并使帮助按钮的使用次数减少了 84% [Tedeschi 1999]。Jeffries 等 [Jeffries et al 1991] 研究发现，交互设计人员在产品开发投资上所获得的回报要远超其他专业人员。特别是交互设计人员能够在与用户测试相同或更短的时间内，发现比用户测试和从事认知走查的软件工程人员多三到四倍的潜在可用性问题。

交互设计领域的代表人物 Ben Shneiderman [Shneiderman 1998] 对产品的交互设计提出了如下要求：

1）对可能危害人类生命的系统，界面允许的系统操作应该是高效且无差错的。

2）办公、家庭和娱乐场所的用户界面不仅应该容易学习、不易出错，同时为赢得市场份额还应具有较高的用户主观满意度。

3）最好的界面是那种能够让用户在使用过程中完全忽略界面存在的界面。

4）界面设计应满足不同用户在身体、认知能力、感知能力、文化和个性的多样性需求，特别要适合老人和残疾人使用。

然而，尽管人机交互是如此重要，但从当前形势来看，对人机交互的相关研究和教学远没有得到应有的重视，还存在许多问题有待解决。

1.2.4 相关领域

HCI 无疑是一门交叉学科（见图 1-2）。理想的人机交互人员需要掌握一系列专业知识：心理学和认知科学能够帮助他了解用户在感知和问题求解方面的能力；人机工程学使他了解用户的身体机能；社会科学用于揭示实际生活当中人与人之间的互动情况，帮助他理解更为广阔的交互背景；计算机科学和工程学使他能够拥有必要的交互实现技术；商务知识

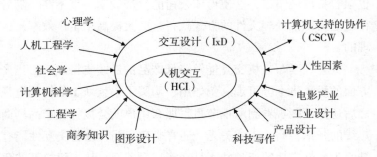

图 1-2　人机交互及其相关领域

使设计出来的产品能进入市场；图形设计用于产生一个令人印象深刻的用户界面；科技写作帮助生成友好的产品使用手册等。此外，产品设计、工业设计甚至是电影产业等，均从不同的侧重点和方法学角度，针对如何设计满足用户目标的交互式系统进行了探讨。

需说明的是，上述领域都会在某些方面与人机交互发生重叠：人机交互与人性因素的区别在于：人机交互更多关注使用计算机的用户，而人性因素则没有这一限制。从这个角度来说，人性因素研究所涵盖的范围要更广一些，或者可以将人机交互描述为使用计算机的人性因素。

此外，由于人机交互对面向重复劳动的任务和过程的关注较少，且对用户界面的物理形式和工业设计不够重视，因此它也有别于人机工程学（部分专家认为人机工程学等同于人性因素）。

在 20 世纪 90 年代初期，人机交互还仅仅停留在面向单个用户的界面设计上。随着多用户协作应用的快速发展，逐渐形成了计算机支持协作工作（Computer-Supported Cooperative Work，CSCW）这一学科领域，因此可以说 CSCW 是人机交互发展到一定阶段的产物。随后，人际互动管理（Human Interaction Management，HIM）将 CSCW 的应用范畴扩展到企业级别的交互，并且支持非计算机系统的交互研究。个人信息管理领域（Personal Information Management，PIM）则将人与计算机的交互置于一个更大的信息上下文当中。这里，人们为了理解世界变化所产生的影响需要与不同的信息类型打交道，既可以是计算机内存储的数字信息，还可能是记事本上记录的非数字信息等。

另外一个容易与人机交互混淆的概念是交互设计（Interaction Design，IxD）。交互设计是比尔•莫格里奇在 20 世纪 80 年代提出来的，最初的名称是"软面"（Soft Face），后来才更名为交互设计。交互设计学会认为"交互设计定义了交互式系统的结构和行为，交互设计人员致力于改善人与产品或人与服务之间的关系，如计算机、移动设备以及其他物理交互设备等"[IxDA Website]。从这个角度来说，交互设计似乎不仅仅关注人与计算机之间的关系，同时还包括人与人以及人与其他非计算机系统之间的相互作用。然而随着信息技术的快速发展，计算机软件在人们日常生活中所占的比重日益增加，交互式软件系统的易学习性和易用性等将极大制约人们的生活质量，因此如 Sharp 等 [Sharp et al. 2007] 越来越多的研究人员开始将交互设计等同于交互式软件系统的设计，即人机交互。本书采纳了这一用法，下文中将不再对交互设计与人机交互两个术语进行显著区分。

由于人机交互涉及的学科众多，因此不可避免地需要考虑学科与学科之间的沟通问题。实际情况是，人们往往只擅长以上学科中的某一个或某几个方面。这导致的结果是，在大多数情况下，用户并不能理解软件工程师或人性因素研究人员使用的所有技术术语；类似地，交互设计人员在设计的初始阶段对特定应用领域的方法和术语往往也只有一个非常模糊的概念，对用户解释的理解也存在困难。然而，孤立地从一个学科出发是不可能设计出一个有效的交互式系统的 [Dix et al 2004]，如果在系统最初设计的时候就没有充分考虑到用户的心理期望或心理极限，那么一个再漂亮的界面也可能无济于事。

为此，Kim[Kim 1990] 指出"学科就像文化，不同学科的人员必须学着尊重对方的语言、习俗和价值观，尽管这一点实施起来是非常困难的。任何能够促进交流的方法都将使设计过程以及最终的产品获益"。

了解人机交互的相关领域，目的是理解各门学科如何帮助我们设计更好的交互式软件系统。Dix [Dix et al 2004] 建议我们要特别关注作为核心学科的计算机科学、心理学和认知科学在交互式系统设计方面的应用。有关内容我们将在后续章节进行详细讨论。

1.3　人机交互的发展历史

人机交互的发展非常有趣，几乎每一次新的界面变革都包含了上一代界面，并将其作为一种特殊情况来处理 [Nielsen 1993]。即便在交互技术日新月异的今天,旧有的交互方式仍然有其存在的必要性,且以前的用户也从未消失。因此,优秀的交互设计人员应该在学习人机交互发展历史的前提下充分掌握如何利用原有交互技术实现新的交互手段。

1.3.1　重要的学术事件⊖

1945 年,美国罗斯福总统的科学顾问 Vannevar Bush 在大西洋月刊上发表了题为 "As we may think" 的著名论文,提出应借助设备或技术来帮助科学家检索、记录、分析及传输各种信息的新思路,同时提出了名为 "Memex" 的一种工作站构想,该构想影响了一大批著名的计算机科学家。

人机交互领域的第一篇论文发于 1959 年,作者是美国学者 B. Shackel。他从如何减轻操作疲劳的角度提出了有关计算机控制台设计方面的论文。1960 年,Liklider JCK 提出了 "人机共生"(Human-Computer Symbiosis)的概念,被视为人机交互领域的启蒙观点。1969 年在英国剑桥大学召开了第一次人机系统国际大会,同年第一份专业杂志 "国际人机研究(International Journal of Man-Machine Studies,IJMMS)" 创刊。可以说,1969 年是人机交互发展史上的里程碑。

1970 年英国 Loughbocough 大学的 HUSAT 研究中心和美国 Xerox 公司的 Palo Alto 研究中心先后成立,对人机交互发展起到了积极的推动作用。1970 年到 1973 年间共计出版了四本与计算机相关的人机工程学专著,为人机交互发展指明了方向。

20 世纪 80 年代初期,学术界相继出版了六本专著,总结了当时最新的人机交互研究成果,人机交互学科逐渐形成了自己的理论体系和实践范畴的架构。理论体系方面,人机交互从人机工程学中独立出来,更加强调认知心理学、行为学以及社会学等人文科学的理论指导。实践范畴方面,从人机界面(人机接口)延伸开来,强调计算机对人的反馈作用,HCI 中的 I,也由界面 / 接口(Interface)变成了交互(Interaction)。从词语表面的含义来看,界面设计体现的是连接程序和用户之间的接口,它为二者提供消息传递;而交互设计则包含更广义的内容,指的是功能、行为和最终的展示形式。

20 世纪 90 年代后期以来,随着高速处理芯片、多媒体技术和 Internet 技术的迅速发展和普及,人机交互的研究重点转移到智能化交互、多模态(多通道)交互、多媒体交互、虚拟现实交互以及人机协同交互,即 "以人为中心" 的人机交互技术方面。

1.3.2　主要的发展阶段

图 1-3 为人机交互领域一些主要技术的发展时间表,从中我们可以了解到,几乎所有新兴技术都是率先在高校等科研机构展开的,而并非像人们常说的那样:"交互技术源于工业界,即便没有科研机构的支持,人机交互技术也能发展到今天。"同时也应注意到,一项技术从刚一出现到被大众普遍接受和使用,通常需要若干年的时间。

人机交互的发展历史,也是从人适应计算机到计算机不断适应人的发展史。B. Myers [Myers 1998] 在 "Brief History of HCI" 一文中,将人机交互的发展历史归结为如下三个主要阶段。

⊖　本小节主要根据 [Yang 2009] 整理而成。

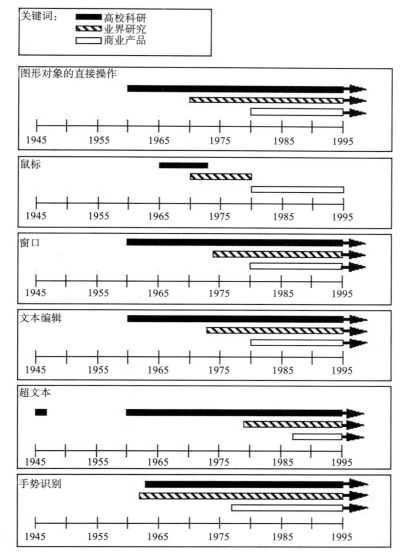

图 1-3　主要交互方式的发展时间表（图片来自 [Myers 1998]）

（1）批处理阶段

操作系统出现之前，每次只能由一个用户对计算机进行操作（图 1-4 为世界上第一台电子计算机 ENIAC）。这一时期，编写程序需要使用以 "0|1" 串表示的机器语言，且只能通过手工输入机器语言指令的方式来控制计算机。这种方式很不符合人的习惯，既耗费时间，又容易出错，只有少数专业人士才能够运用自如。即使在多通道批处理出现之后，程序员也只能离线编写程序，再交由专业的操作员提交给计算机进行运算。由于缺乏友好的用户界面和交互方式，这一阶段中只有一些计算机专家和先驱者能够使用计算机，而且计算机仅作为计算工具用于完成特定计算任务，与当前为人熟知的功能强大的计算机存在着区别。

最近，批处理界面又有可喜的复兴趋势，在一些通过交换电子邮件信息进行系统访问的地方有所应用。比如文献服务器，如果用户想要获得迄今为止讨论内容的拷贝，可以给服务

器发送一个电子邮件信息，并在信息中指定小组编号和特殊关键字。服务器将回复包含指定

讨论小组记录的返回消息。还有许
多其他类似服务存在于各种各样的
电子邮件系统之上，它们都是基于
批处理交互方式的。但与传统批处
理系统不同的是，电子邮件和传真
界面在世界上任何地方都能使用。

（2）联机终端阶段

真正意义上的人机交互开始于
联机终端出现之后。此时，计算机
用户与计算机之间可借助一种双方
都能理解的语言进行交互式对话，
这种界面形式又称为命令行界面

图 1-4　第一台电子计算机 ENIAC
（图片来自 www.wikipedia.org）

（Command Line Interface，CLI）。命令行界面大约出现在 20 世纪 50 年代，它使人们可以用
较为习惯的符号形式来描述计算过程，整个交互操作由受过一定训练的程序员即可完成。

命令行界面基本上是一维的，用户只
能在用作命令的一行内容上与计算机对
话，而且一旦用户敲击了回车键，就不
能再对命令内容进行修改（见图 1-5）。
由于命令行界面不允许用户在屏幕上随处
移动，因此该交互技术大部分被限制在问
答对话和输入带参数的命令应用之中。问
答对话可能存在两个方面的问题：一是用
户可能想要改变前面给出的答案；二是在
回答当前问题时很难对后续问题进行预
测。举例来说，当要求获得用户的家庭住
址时，对话中的问题为"输入城市"，于

图 1-5　命令行界面（图片来自 http://explow.com）

是许多人可能会回答"南京，江苏，210093"，同时他们并不知道下面的问题才会要求输入
"省份"或者"邮政编码"。很显然，对用户在问答过程中的回答进行修改可有效提高界面的
可用性。

在命令行界面研究中，一个主要研究问题是如何为各种命令制定恰当的名称。某些命令
语言的功能可能非常强大，它允许用户使用大量修饰符和参数来构造非常复杂的命令序列。
然而大部分命令语言对用户输入的要求还是非常严格的。它们要求用户准确地使用规定的格
式给出要完成的命令，且不能原谅用户可能犯下的任何形式的输入错误。这迫使用户不得不
在没有多少计算机帮助的前提下牢记复杂的命令和格式，从而使大量入门者望而却步。尽管
支持命令名称的缩写在一定程度上减轻了用户的使用负担，但并没有从根本上解决这一问题。然
而，由于命令语言灵活且高效的特性，还是得到了许多专业人员的青睐。

（3）图形用户界面阶段

图形用户界面的历史可以追溯到 1962 年 Ivan Sutherland 创建的 Sketchpad 系统 [Sutherland 1963]。1964 年 Douglas Engelbart 发明了鼠标 [Engelbart 1988]（见图 1-6），为图形用户界面的兴起奠定了基础。然而，真正商业化的图形用户界面却是直到 20 世纪 80 年代才得到广泛应用。

现在提到图形用户界面，即泛指 WIMP 界面（WIMP 指代窗口、图标、菜单和指点设备）。由于用户可在窗口内选取任意交互位置，且不同窗口之间能够叠加（见图 1-7），因此可认为窗口界面在窗口固有的二维属性上增加了第三维。实际上最初的窗口系统并不具备重叠窗口功能。如早期的 Turbo C 等应用程序，应用

图 1-6　世界上第一个鼠标（图片来自 http://www.indianweb2.com）

的多个视图窗口之间是相互排斥的，每次只能有一个窗口处于显示状态。或者更确切地说，Turbo C 本质上是一种单窗口应用。当然，重叠窗口也不是真正意义上的三维，因为只有最上层的窗口内容是完全可见的。因此更准确地说，图形用户界面是二维半的界面。

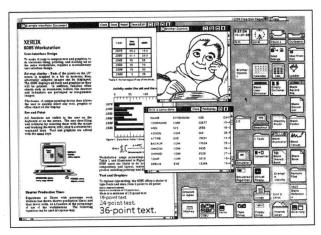

图 1-7　Xero Star 早期的图形用户界面（图片来自 www.answers.com）

图形用户界面的一个主要特征是它基于直接操纵的交互方式。"直接操纵"一词是 Shneiderman 提出的 [Shneiderman 1998]，它以用户感兴趣的对话对象的可视化表示为基础，通过用鼠标操纵的方式控制对话过程。举例来说，在文字处理软件中，改变页边距的传统方式是使用一个缩进命令完成的。然而，由于这个命令不是对页边距的直接操纵，因此用户要尝试多次才可能达到期望的大小。相反，在直接操纵环境下，通过拖拽页边距自身或页边距标记到指定位置上，用户能够连续地获得页边距位置的反馈信息，从而更加高效地完成修改页边距的任务。当然，从另一个角度来说，直接操纵在某些情况下同样存在缺陷，如需设定一个精确的页边距，则键入数值恐怕比直接操纵要容易得多。我们将在后续章节中对直接操纵进行更加详细的讨论。

图形用户界面的出现使人机交互方式发生了巨大的变化。它简单易学，并减少了键盘操

作，使得不懂计算机的普通用户也可以熟练地使用，从而拓宽了用户群，使计算机得到了广泛普及。尽管和大多数用户一样，许多界面专家都认为图形用户界面相比基于字符的界面有更好的可用性，特别对新手用户更是如此，但目前尚没有足够的实验证明图形用户界面的优越性。

Margono 等 [Margono and Shneiderman 1987] 在实验中对图形文件系统和命令行系统进行了比较，结果发现新手用户在图形界面上用 4.8 分钟完成了一项文件操作任务，发生了 0.8 个错误，而在命令行界面上完成同样的任务用了 5.8 分钟，并有 2.4 个错误。与此同时，用户强烈地表示更加喜欢图形用户界面的交互方式，并给予图形用户界面高达 5.4 级的满意度评价（评定级别为 1~6 级），而给命令行界面的满意度评价仅为 3.8 级。

然而，上述实验并不能对命令行与图形用户界面的优劣给出强有力的证据。实际情况是，在很多情况下设计糟糕的图形界面往往比不上较为优秀的字符界面。甚至在某些情况下，图形界面的直接操纵方式可能使得用户对其形成错误的心智模型，进而阻碍用户对界面其他功能的探索 [Nielsen 1990]。甚至更为遗憾的是，对某些残障用户来说，图形用户界面比传统只支持文本的界面更加难以使用。Nielsen 等 [Nielsen 1993] 针对计算器程序进行了实验，结果表明，一半以上的用户在使用计算器程序时对其功能形成了错误的心智模型，而没有发现计算器程序实际上可以通过鼠标和键盘两种方式进行操作。

尽管事实并非我们所想的那样绝对，但不可否认的是，图形用户界面比基于字符的界面提供了更为丰富的界面设计形式。任何能在字符界面上完成的任务，都能在图形用户界面上通过图形的方式来实现，反之则不然。同时，诸如鼠标等独立指点设备的使用，给用户提供了能够控制界面的感觉和在屏幕上到处移动的自然方法，并且在图形设计支持下使这些设备变得更加吸引人。有关不同交互方式优劣的争论中，也许 Whiteside[Whiteside 1985] 的结论要客观得多，他指出："不同的交互方式本身在可用性方面并没有根本性的不同，更重要的是认真对待界面设计的态度。"

1.3.3　著名的人物与事件

自从 1982 年 ACM 成立人机交互专门兴趣小组（Speicial Interest Group on Computer-Human Interaction，SIGCHI）以来，人机交互已走过了 30 年历程。同其他学科一样，人机交互学科的发展也不是一蹴而就的，一项在今天看来貌不惊人的技术背后都饱含了众多领域前沿的卓越贡献。表 1-1 列举了人机交互发展历史上著名的人物和事件 [Comphist Website]。

表 1-1　人机交互历史上著名的人物和事件

年　份	人　物	事　件	意　义
1943	John Mauchly 和 Presper Eckert	ENIAC	世界上第一台真正意义上的数字电子计算机
1945	Vanevar Bush	Memex	一种扩展存储器，具备今天的超文本和超链接概念，被视作缩微胶卷
1960	J. R. Licklider	提出"人机共生"假想	彻底改变了人与计算机的交互方式和信息处理方式
1962	Douglas Engelbart	文字处理器	具有自动换行、搜索、替换、宏、滚动、复制、删除等功能
1963	Ivan Sutherland	Sketchpad	最早的交互式电脑程序，很多思想对今天的界面设计仍有借鉴作用

（续）

年　份	人　物	事　件	意　义
1965	Ted Nelson		创造性提出"超文本"一词
1968	Douglas Engelbart	Augment/NLS	一个在线超媒体文件系统，具备平铺窗口、鼠标、键盘、和旋键盘以及命令行界面
1969	Alan Kay	FLEX	早期的面向对象语言。"Dynabook"是最早的笔记本电脑构想
1973	Xerox PARC	Alto	最早的个人工作站，基于光栅显示器
1974	Charls Simonyi and Butler Lampson	Bravo	为 Alto 电脑编写的文本编辑器，是第一个"所见即所得"的文字处理软件
1975	Ed Roberts/MITS	ALTAIR 8800	以普通人可以承受的价格（400美元）实现了原本需数千美元才能达到的计算机性能
1977	AlanKey	Dynabook	笔记本电脑的前身
1981	Xerox	Star	第一台全集成桌面电脑，包含应用程序和图形用户界面
1981	IBM	PC	第一台个人计算机，造价低，基于命令行界面和 MS-DOS 操作系统
1982	Ben Shneiderman		提出了"直接操纵"概念
1983	Apple	Lisa	基于文本的系统，与 Xerox Star 类似，引进了下拉菜单和菜单条技术，更适于个人应用。但由于过于昂贵，导致商业上的失败
1984	Apple/Steve Jobs	Macintosh	基于 Alto 和 Star 系统，首次将图形用户界面广泛应用到个人电脑之上
1987	Microsoft	Windows	基于 Mac 系统，对协作和迭代进行了改进

1.3.4　人机交互的发展

在经历了几十年不同的发展阶段之后，人机交互已经以越来越自然的方式呈现在我们面前。现在，用户无需经过特别的努力和训练就能够自如地操纵计算机。然而，随着计算机用户群体规模的逐渐扩大，用户个性意识的不断增强以及交互需求的不断提高，当前占据统治地位的图形用户界面正遭受越来越多的批评。与此同时，尽管人机交互发展中人的因素不断得到重视，交互方式也越来越自然，但与当初"计算机能像书本一样方便地使用和携带"的理想 [Kay and Goldberg 1977] 还相差甚远。对下一代人机界面将会是什么样子，当前观点不一。以下我们仅针对当前比较流行的交互方式展开讨论，也许从中能够一窥未来人机交互的发展方向。

传统图形用户界面中只包含两种静态的媒体类型：文本和图形（图像）。多媒体界面通过引入动画、音视频等动态媒体，将用户界面从当前的二维半增长到三维或者更高维度，极大丰富了计算机的表现形式，拓宽了用户接受信息的带宽。与此同时，多媒体界面还能提高人对信息表现形式的选择和控制能力。多媒体界面的强大吸引力可归结为两个方面：首先，多媒体界面中人对信息的主动探索取代了传统的被动接受模式；其次，多媒体中包含的信息冗余性可消除人机交互过程中的多义性和噪声带来的影响。

尽管多媒体界面提供了用户交替利用或同时利用多个感觉通道的途径，但受当前键盘和鼠标等输入设备的限制，用户向计算机发送请求的方式仍然是单通道的，进而表现为输入输出之间极大的不平衡，成为人机交互的瓶颈。为消除这一不利因素，综合利用语音、手势、视线等交互方式的新型多通道交互技术（Multimodal Interaction Technology）逐渐走上历史舞台，成为当前较为活跃的研究领域。

多通道交互技术利用多个通道进行人机对话，通过整合多个通道的精确和非精确输入来捕捉用户的交互意图，提高人机交互的自然性和效率。与传统交互方式相比，多通道交互具有并行性，可同时接收来自多个通道的信息；此外，多通道交互允许使用模糊的表达手段传递信息，这与人们的日常生活习惯相吻合；再次，多通道交互避免了生硬、频繁、耗时的通道切换，并具有交互的双向性，如视觉既可以作为系统输入也能捕获系统输出，这在单通道界面中是难以想象的；最后，多通道界面不需要用户显式指明各个交互成分，而是提供了一种不为人注意的交互方式，因此具有隐含性特点 [普等 2001]。

在人类追求自然和谐的人机交互的发展过程中，对逼真显示效果的追求一刻也没有停止。为此，研究人员发明了大量新型交互设备。其中，计算机图形学先驱、美国麻省理工学院的 Ivan Sutherland 于 1968 年开发的头盔式立体显示器（见图 1-8），为现代图形显示技术奠定了基础，并由此促进了虚拟现实（Virtual Reality）技术的发展。虚拟现实所提供的沉浸感（Immersion）、交 互 性（Interaction） 和 构 想 性（Imagination）决定了它与以往人机交互技术的不同，甚至可以说虚拟现实技术是比其他任何人机交互形

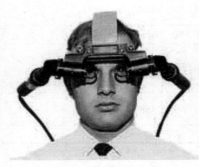

图 1-8　Ivan Sutherland 开发的头盔式立体显示器

（图片来自 http://www.techcn.com.cn）

式都更有希望实现真正意义上自然、"以人为中心"的界面技术。

其他三维交互方面的主要研究成果还包括：1982 年美国加州 VPL 公司开发出了世界上第一副数据手套，可实现指示等简单手势的输入；1992 年，Defanti 等推出了四面沉浸式虚拟现实环境——CAVE 系统；2000 年 9 月，Levi's 服装公司与荷兰飞利浦电子公司合作，推出了第一件商业电子夹克，该夹克衬层布满线路，构成了一个体表网络（BAN），其上可以连接移动电话、MP3 播放机、麦克风和耳机等设备，如果电话铃声响起，MP3 播放器将自动停止播放，以方便用户接听电话。

以上大量事实表明，交互专家并没有满足于现有交互技术所取得的突出成果，他们正在积极探索新型的交互技术。当前，语音识别技术和联机手写识别技术的商业成功都让人们看到了自然人机交互的曙光。多通道用户界面和虚拟现实技术的迅速发展也体现出对"人机和谐"交互风格的追求。Sharp 等 [Sharp et al 2007] 给出的下一代交互范型包括：无处不在的计算、可穿戴的计算以及可触摸的用户界面等，其中一些已经或者正在成为现实；Nielsen [Nielsen 1993] 对下一代人机交互技术做出了两个预言，他坚信，一方面未来的人机交互将由更多的媒体类型来构成更高的信息维度，另一方面交互也将高度便携和个性化。"下一代界面

的主要风格将是没有命令的用户界面"体现了 Nielsen 对自然人机交互的向往。

1.4　人机交互与软件工程

　　一直以来，人们都习惯将软件工程与人机交互视为两个相互独立的学科。这源于多方面的原因。首先，软件工程师与人机交互设计人员关注的重点有很大不同（见图 1-9）：软件工程师经常是以系统功能为中心，形式化方法在这里得到了广泛应用；而交互设计人员则以用户为中心，对用户特性和用户需要执行的任务要有一个深入的了解。其次，交互设计的评估方式也与一般软件工程方法存在不同：交互评估通常基于真实用户，评价机制也往往来自于用户使用的直观感觉。再次，历史传统使然，以往人机交互与软件工程经常是分开讨论的，一方面软件工程相关课本中较少提及交互团队在产品设计中的巨大作用，另一方面人机交互教材中也很少谈及其与软件工程的密切关系。

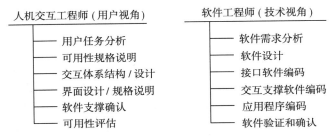

图 1-9　人机交互与软件工程的观点分歧（译自 [Buie and Vallone 1997]）

　　实际上，人机交互对软件工程技术的发展具有非常大的促进作用。研究表明，现有的软件工程技术大多基于构建仅包含少量交互情况或者根本不涉及用户交互的软件，在实现交互式系统过程方面存在天生的缺陷，比如：1）没有提出明确的对用户界面及可用性需求进行描述的方法；2）不能够在系统开发过程进行中对用户界面进行终端测试等。因此，使用现有软件工程技术开发出来的交互式系统尽管具有完善的系统功能，但对用户而言，产品的可用性、有效性以及满意度并不高，相应地，产品很难取得市场上的成功。一项研究中表明，程序开发过程中约 80% 的维护开销都与用户和系统的交互相关，这其中又有 64% 属于可用性问题。在软件开发过程引入人机交互技术，可有效改进上述问题。

　　然而由于种种原因，许多优秀的人机交互技术长久以来一直不为广大软件工程人员所知。例如，以用户为中心的设计（User-Centered Design，UCD）方法提出了多种用于构建交互式系统的技术和工具 [Mayhew 1999] [Constantine and Lockwood 1999]。实际上，只要开发团队中的成员体验过 UCD 方法，那么他就会发现 UCD 和传统软件工程方法的相似之处（如均包含用例和任务分析等），并试着用 UCD 思想来取代传统软件工程方法。

　　Buie 和 Vallone[Buie and Vallone 1997] 对人机交互和软件工程的关系进行了详细讨论。由图 1-10 可知，尽管人机交互和软件工程表现为相互独立的两个部分，但实际上从系统工程的角度来看，它们之间也存在着紧密的联系。它们之间不仅存在信息交换，同时，相互之间的检验还是最终产品可用性和可行性的有力保障。

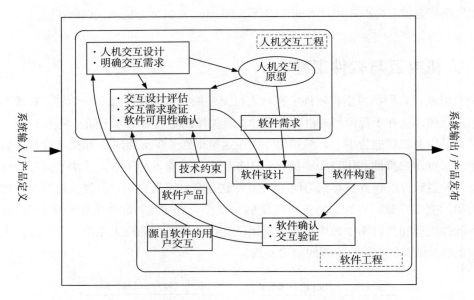

图 1-10 人机交互与软件工程在系统工程中的关系

　　人机交互工程模块接收来自用户方有关产品功能的需求定义，这既可能包括用户工作环境的描述和对用户执行的任务以及系统自动完成的任务的描述，也可能包括来自市场的相关信息等。人机交互阶段首先明确产品的交互和可用性需求，然后进行交互设计，并使用原型技术和可用性评估方法对需求及设计进行验证。最终获得的有关产品的软件需求和交互特性将作为输入传递给软件工程模块。

　　软件工程模块将人机交互阶段所获得的需求和软件产品的其他需求融合在一起，比如产品的计算性能和信息检索能力等，并开发能够满足以上所有需求的软件产品。同时，这一过程也可能会产生新的交互需求，并使人机交互再次加入到产品开发过程。举例来说，软件开发阶段发现可能需要对产品在线的帮助和错误信息进行设计，这就需要人机交互的参与。此外，软件工程也会给交互设计施加限制，包括来自技术局限性和可行性方面的建议，基于开发进度和预算的考虑等。

　　当然，将传统软件工程方法与人机交互的相关技术相结合还存在许多困难。首先，双方人员通常对对方的价值观持否定态度：软件工程人员在对工作的实施策略和方法选择上常有一定的倾向性，通常基于对问题性能和处理复杂度考虑等；而人机交互人员的工作则包含较多的主观性和灵活性，这也可能是学科自身尚不够成熟的缘故。将二者结合的另一个主要困难在于它们所使用的方法论体系存在差异：软件工程师较多使用形式化方法分析问题，对非形式化方法存在偏见；而人机交互领域虽然也可能使用到一些形式化的方法，但对非形式化方法也给予了充分重视。

　　幸运的是，人机交互对软件工程的重要性已经得到越来越多的重视。学术界对人机交互技术在软件工程专业教学中的重要性也给予了足够的重视，已经有越来越多的高等院校正在积极开设各种有关将软件工程与人机交互相结合的崭新课程。软件工程专业国际教学规范SWEBOK 中将人机交互课程作为软件工程专业的必修课程之一，体现了人机交互学科在软件工程教学中的重要地位。Lethbridge[Lethbridge 2000] 在研究中将人机交互列举为对软件工程人员来说最为重要的 25 种技能之一，同时他还指出，相比较数据结构和编程语言等传统软件工程知识领域，当前对人机交互的教学和推广还远远不够，人们在受教育期间所习得的相关知识量与该学科的实际重要程度之还存在相当大的鸿沟。

综上所述，人机交互与软件工程既相互区别又相互影响。只有将二者有机地结合，才能保证在有效的时间和资源下开发出高可用性的软件产品。本书旨在从软件工程这一崭新视角阐述人机交互和交互设计的相关技术和方法，希望借此能够发现二者结合的有效途径。

习题

1. 人机交互是一门怎样的学科？它和哪些学科相关？它们之间的关系如何？
2. 你曾经听说过"人机交互"这一概念吗？如果听说过，是通过什么途径听说的？
3. 你觉得对软件工程相关专业的学生而言，人机交互重要吗？为什么？人机交互的学习可以帮助完成哪些事情？
4. 请列举一些日常生活中交互性能较好和较坏的软件产品的例子。
5. 对问题 4 中列举的产品，指出哪些地方设计得好以及哪些地方设计得不好，对交互设计不好的产品提出一些改进建议。
6. 阅读《As we may think》一文，谈谈它对计算机领域的突出贡献。
7. 你认为下一代人机交互会是什么样，将具有哪些特点？给出你的理由。

参考文献

[ACM SIGCHI 1992] Hewett, Baecker, Card, et al. ACM SIGCHI Curricula for Human-Computer Interaction. Chapter 2: Human-Computer Interaction [P/OL]. [1992]. http://sigchi.org/cdg/cdg2.html, 1992.

[Buie and Vallone 1997] Buie E A, Vallone A. Integrating HCI Engineering and Software Engineering: A Call to a Larger Vision [A]. In Proceedings of HCI'97 [C]. 1997: 525-530.

[Carroll 2002] Carroll, J. Human-Computer Interaction in the New Millenium [M]. ACM Press, 2002.

[Comphist Website] A Brief History of Human-Computer Interaction（HCI）[J/OL]. http://comphist.org/computing_history/new_page_11.htm.

[Constantine and Lockwood 1999] Constantine L L, Lockwood L. Software For Use: A Practical Guide To The Models And Methods Of Usage Centered Design [M]. Addison-Wesley, 1999.

[Dix et al 2004] Alan Dix, Janet Finlay, Gregory Abowd, et al. Human-Computer Interaction [M]. Prentice Hall, 2004.

[Engelbart 1988] Engelbart D. The Augmented Knowledge Workshop [A]. History of Personal Workstations[M]. Addison Wesley, 1988: 187-232.

[IxDA Website] IxDA Mission [P/OL]. http://www.ixda.org/about/ixda-mission

[Jeffries et al 1991] Robin Jeffries, James R Miller, Cathleen Wharton, et al. User Interface

Evaluation In The Realworld: A Comparison Of Four Techniques[A]. In Proceedings of ACM CH1'92 Conference on Human Factors in Computing Systems, Practical Design Methods [C]. 1991:119-124.

[Kay and Goldberg 1977] Kay A, Goldberg A. Personal Dynamic Media [J]. IEEE Computer, 1977(3): 31-41.

[Kim 1990] Scott Kim. The Art of Human-Computer lnterface Design [M]. Addison-Wesley, 1990: 31-44.

[Klemmer 1989] Edmund T Klemmer. Ergonomics: Hurness the Powerof Human Factors in Your Business [M]. Ablex, 1989.

[Landauer 1995]Thomas K Landauer. The Trouble with Computers: Usefilness,Usability, and Productivity [M]. Cambridge: MIT Press, 1995.

[Lethbridge 2000] Timothy C. Lethbridge. What Knowledge is Important to a Software Professional? [J]. IEEE Computer, 2000 (5): 44-50.

[Margono and Shneiderman 1987] Margono S, Shneiderman B. A Study of File Manipulation by Novices Using Direct Command versus Direct Manipulation[A]. In Proceedings of the 26th Annual Technical Symposium[C]. 1987: 154-159.

[Mayhew 1999] Mayhew D. The Usability Engineering Lifecycle: A Practitioner's Handbook For User Interface Design [M]. Morgan Kaufmann, 1999.

[Myers 1998] Brad A Myers. A Brief History of Human-Computer Interaction Technology [J]. ACM Interactions, 1998, 5(2): 44-54.

[Nielsen 1990] Nielsen J. A Meta-Model For Interacting With Computers [J]. Interacting with Computers, 1990, 2(2): 147-160.

[Nielsen 1993] Jakob Nielsen. Usability Engineering[M]. San Diego: Academic Press, 1993.

[Preece et al 1994] Jenny Preece, Yvonne Rogers, Helen Sharp, et al. Human-Computer Interaction [M]. Addison-Wesley, 1994.

[Sharp et al 2007] Sharp H, Rogers Y, Preece J. Interaction Design: Beyond Human–Computer Interaction [M]. 2nd ed. John Wiley & Sons Ltd., 2007.

[Shneiderman 1998]Ben Shneiderman. Designing the User Interface [M]. 3rd ed.Addison-Wesley, 1998.

[Sutherland 1963] Sutherland I E. SketchPad: A Man-Machine Graphical Communication System [A]. In Proceedings of AFIPS 1963 [C]. 1963: 323–328.

[Tedeschi 1999] Bob Tedeschi. Good Web Site Design Can Lead To Healthysales[J]. New York Times, 1999 (9).

[Preece et al 1994] Preece J, Rogers Y, Sharp H, et al. Human-Computer Interaction [J]. Addison-Wesley, 1994.

[Yang 2009] Xianyi Yang and Guo Chen. Human-Computer Interaction in Product Design .In Proceedings of the First International Workshop on Education Technology and Computer Science [C]. 2009:437-439.

[普等 2001] 普建陶，等 . 多通道用户界面研究 [J]. 计算机应用 , 2001, 21（5）.

第 2 章

人机交互基础知识

2.1 引言

你是否曾遇到过这样的问题：当要输入一个命令来执行某个操作的时候，却总是难以准确回忆命令的名称和参数形式，这让你极为苦恼；在一个应用程序界面中有两个形状相近的图标，你因难以分清二者的区别而做出了错误的选择；在选择某项菜单功能时，你因点错了选项，使得程序发生了难以挽回的错误；你不小心关闭了一个正在编辑的 Word 文件，导致整个下午的工作付之东流……

针对以上可能出现的情况，我们常常听到的一个词是"人为失误"，即由于用户的操作错误才导致了问题的发生。然而事情果真如此吗？这些产品的设计者对错误的出现就没有丝毫的责任吗？如果说以上错误的出现总能找到一些挽救措施的话，那么当某些性命攸关的系统出现上述问题时，则可能损失的不仅仅是时间和金钱，而是许多无辜人员的性命。举例来说，二战期间，设计人员为 Spitfire 型飞机设计了一种新型的驾驶员座舱，并在训练期间成功试飞。但是飞机陷入混战的时候，飞行员经常会在扣动机枪扳机时莫名其妙地出现紧急跳伞的举动。究其原因，原来是设计人员交换了机枪扳机和弹射控制装置的位置。然而，习惯既已养成就很难改变，飞行员在战斗中仍会做出习惯性的反应动作，所以他还是被弹了出去。除却设计本身的问题不谈，从人自身的角度来说，发生上述情况的原因又该如何解释呢？

要理解人是怎样与计算机交互的，以及对交互系统的好坏作出准确评价，首先需要了解交互双方的基本情况。考虑一下，当人与人彼此交互时，我们不是传递信息给别人，就是从他人那里接收信息。通常我们接收到的信息是对我们最近告知其他人的信息的回应，并且我们随后可能也会回应它。因此，交互是一个信息传输的过程。将这一点扩展到人机交互也是同样的道理。人机交互关注的就是人、机器和交互三个部分。要设计好的交互式产品，首先应该对人的感知特性有所了解，明白人是如何处理信息的，以及人可能会犯哪些错误，从而尽可能避免；另一方面，也要知道机器的哪些特性是可以使用的，各种不同的交互方式提供了哪些便利，又受到哪些限制，怎样在具体设计的时候进行选择。此外，交互可以看作是计算机与用户之间的一种对话机制，交互形式的选择可能对对话的性质产生深刻的影响。

本章的主要内容包括：

- 介绍两种常用的交互框架，学习使用它们来指导交互设计。
- 解释各种交互形式的优缺点及适用场合。
- 探讨人类的信息处理方式和认知特性。
- 分析比较不同交互设备的优缺点，指导设计人员选择恰当设备进行设计工作。

2.2　交互框架

　　框架是提供理解或定义某种事物的一种结构，它能够帮助人们结构化设计过程，认识设计过程中的主要问题，还有助于定义问题所涉及的领域。Donald Norman 在《设计心理学》（The Design of Everyday Things）中提出的执行 / 评估活动周期（Execution-Evaluation Cycle，EEC）可以说是交互设计领域最有影响力的框架。

2.2.1　执行 / 评估活动周期 EEC

　　Norman 将活动定义为四个基本组成部分，分别是：①目标，即想做什么，这是最重要的；②执行，要实现目标必须进行的操作；③客观因素，执行活动时必须考虑的客观条件；④评估，用于衡量活动执行的结果与目标之间的差距。值得一提的是，这里并不需要对活动进行详细说明，同时目标和意图之间也不是一对一的关系。比如，删除文档中的某些内容的目标可分为两个意图，意图 1 指通过编辑菜单删除；意图 2 指通过删除按钮删除。这里，每个意图都可以包含一系列活动。

　　Norman 的交互模型如图 2-1 所示。图中共包含 7 个阶段，分别是：①建立目标；②形成操作意图；③明确动作序列；④执行动作；⑤感知系统状态；⑥解释系统状态；⑦对照目标评估系统状态。这 7 个阶段可归纳为两个步骤：执行（1 ~ 4）和评估（5 ~ 7），同时在阶段 7 的基础上可以执行新的操作，从而构成新的循环。

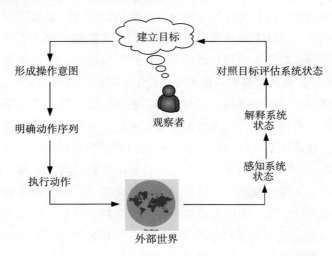

图 2-1　执行 / 评估周期

　　每个循环都代表了用户的一个动作。目标指用户计划完成的事情，用任务语言根据领域来制定；同时目标还需转化成明确的意图以及为达目标所需执行的实际动作，然后交给用户执行。动作序列执行后，用户会感知系统新的状态，并根据其预期进行解释。若系统状态反映了用户的目标，则计算机完成了用户希望做的事情，交互成功结束；否则用户还需建立新的目标，并重复这一循环。可以发现，Norman 模型是从用户视角探讨人机界面问题的。上述 7 个过程构成了一个循环，该循环可以从任何一个地方开始：当某个事件环境确定后循环开始，我们称之为数据驱动的循环；当某个目标确定后循环才开始，我们称之为目标驱动的循环。

　　为说明上述循环过程，Norman 列举了如下例子：设想夜晚来临时你想要看书，但发现室内光线不够，需要再亮一些，于是你就建立了将光线调得再亮一点的目标。为实现这一目标，你形成了打开电灯的意图，并确定了所需执行的动作——走到台灯前和按台灯开关。如果恰好台灯旁有其他人，你可能就会形成请他人帮你开灯的意图。此时尽管你的目标并没有发生改变，但是意图和动作都有所不同了。当动作执行完成后，灯亮了或没有亮，你都会用自己的知识去进行解释：如果灯没有亮，你可能会想是由于灯泡坏了，或者电源开关没有接好。于是你会形成新的目标来解决这一问题；如果灯泡亮了，你会按照原有目标对新状态进行评估，即"现在的亮度可以满足需要吗"？如果答案是可以，则循环结束；否则，你还可能形成新的意图，比如换一个房间或者把天花板上的电灯也打开等。

　　Norman 模型可以用于解释为什么有些界面会给用户使用带来问题。Norman 使用"执行隔阂"（gulfs of execution）和"评估隔阂"（gulfs of evaluatoin）两个术语来描述这一问题。

　　执行隔阂指用户为达目标而制定的动作与系统允许的动作之间的差别。举个例子来说，用户确立了"保存文件"这一目标，并明确了通过菜单进行保存的意图，进而计划执行单击"保存"选项的操作。问题是应用程序菜单中是否定义了保存选项呢？如果菜单中并不包含保存选项，则称系统允许动作与用户想做的动作之间存在差别，此时交互是无效的。反之，若系统允许动作与用户想做的动作相对应，则交互是有效的。界面设计的目的就是尽可能减少这种差别。

　　评估隔阂指系统状态的实际表现与用户预期之间的差别。用户评估系统表现越容易，则评估隔阂越小；反之，若用户解释系统表现时比较费力，则交互的效率也越低。Norman 在总结界面设计原则时就提出了设计人员要思考如何才能够使用户简单地确定哪些活动是被允许的，以及确定系统是否处于期望的运行状态等问题。

　　Norman 模型在理解交互方面既清晰又直观，但是它不能描述人与系统通过界面进行的通信 [Dix et al 2004]。为此，Abowd 和 Beale 对 EEC 进行了扩展。

2.2.2　扩展 EEC 框架

　　Abowd 和 Beale [Abowd and Beale 1991] 改进了 Norman 模型，并进行了扩展，添加了界面部分，其示意图如图 2-2 所示。交互式系统主要包括四个部分，分别是系统（S）、用户（U）、输入（I）和输出（O）。其中，输入和输出构成了界面。由于界面位于用户和系统之间，所以该模型展示的交互循环中包含四个步骤，每一个都对应着不同部分之间的翻译过程，图中用带有标注的箭头表示。这里，系统部分使用系统内核语言，它关系到系统状态的计算属性；用户使用用户的任务语言，主要关系到用户状态的心理属性；输入和输出则分别使用输入语言和输出语言。

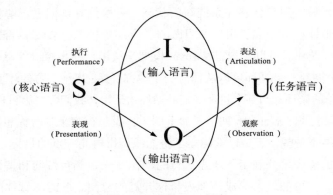

图 2-2　扩展 EEC 框架

交互过程由用户触发，执行阶段包括三个翻译过程。首先是目标建立和表达：用户阐述某个目标，然后通过输入语言进行协调和链接；其次是执行：输入语言被转换成内核语言，表示系统将要执行的操作；最后是表现：系统使用输出语言把内核语言的执行结果表示出来。随后系统转入评估阶段，评估阶段涉及一个翻译过程，即观察：用户将输出与原有目标进行比较从而评估交互的结果。

由上可知，用户为达到目标而制定的任务需使用输入语言进行定义，这种翻译实现起来相对容易。特别是当将反映用户所属领域重要特点的心理学属性映射为输入语言时，该任务定义会更加简单。Norman 给出了一个较差映射的例子：一个房间的天花板上交错排列着许多盏灯，但是这些灯却由一排开关控制。由于很难判断开关与电灯之间的控制关系，因此用户需要反复进行试验，此时就会出现使用输入语言难以表达目标的问题。

系统对输入的响应会翻译成对系统的刺激。当需要对这种翻译进行评估的时候，我们关心的是，被翻译的输入语言所达到的系统状态能否等同于直接使用系统刺激所达到的系统状态。例如，一些小型唱片播放机的遥控器不允许用户关闭播放机的电源，即，使用遥控器的输入语言不能够使播放机进入关机状态；而播放机控制面板上通常有一个控制电源的按钮，从而出现使用遥控器关闭播放机与使用控制面板关闭播放机所达状态不一的问题。

用户通常不会花费时间去思考从输入到系统的翻译是否容易，相反这应该是设计人员和程序员需要思考的问题，即如何保持这种翻译的容易性。

当系统状态发生改变时，系统由执行阶段转入评估阶段。此时，系统需将新状态传达给用户，而评估阶段把系统对状态变化的响应翻译成对输出部分的刺激。这种对"表现"的翻译必须利用输出设备的有效表达能力来保存有关的系统领域属性。而如何获取系统的领域属性概念与翻译的表达能力密切相关。举例来说，在使用某种文本编辑软件编辑一篇文章的时候，我们不仅要不时地查看当前正在处理的段落，同时还需查看整篇文章中不能在当前屏幕中显示的相关内容，如文章的目录结构和上下文章节等。

来自输出的响应将翻译为触发用户进行评估的刺激，用户将解释输出从而评估已经发生的事情。此时，对"观察"的翻译将处理有关翻译的容易性和涉及范围的问题。举例来说，我们很难在命令行界面中看到在分层文件系统中对文件进行复制和移动的结果。

交互框架试图真实地描述交互过程，并提供一种可以详细地讨论具体交互和与交互有关的其他问题的方法。交互框架也可用作判断交互系统整体可用性的一种方法。框架建议的所有分析都与用户当前所从事的任务或任务集合相关，因为我们希望的也仅仅是所使用的工具能够胜任执行领域中一个具体任务的工作。如不同图像编辑器适合处理不同工作，对一个具体的图像编辑任务，如果只能选择一个编辑器，那么人们更可能选择最适合且最经常被用来执行该任务的编辑器。ACM 人机交互专题课程研究小组也提出了一个类似的框架，感兴趣的读者可以参考 [ACM SIGCHI, 1992]。

2.3　交互形式

2.3.1　命令行交互

命令行界面（Command Line Interface, CLI）是图形用户界面普及之前使用最为广泛的界面形式，如图 2-3 所示。即便在图形用户界面非常流行的今天，还有很多系统和应用保持了命令行这种交互方式，并将其作为专家用户快速访问应用的一种途径。如在 MS-DOS 等应用中还能见到命令行界面的身影。命令行界面中，用户通过在屏幕某个位置上键入特定命令的方式来执行任务，因此又被称作"基于字符的界面"（Character-based Interface）。相比较普通用户，命令行界面更适合于专业的程序设计人员使用。因此，有人曾指出"命令行界面不是一种真正的界面，而更像是一种编程语言"。

命令行界面有自身的优点，比如较图形用户界面更加节约系统资源，执行速度也较后

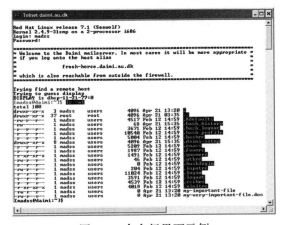

图 2-3　命令行界面示例

（图片来自 www.interaction-design.org）

者要快。此外，命令行交互非常灵活，通过配置不同的命令参数就可以改变命令的执行方式，且能够将一个命令同时作用于多个对象，这对需要重复执行的任务非常有用。而命令行界面最为人诟病的问题是，它要求用户记忆指令的表示方式。影响命令行交互应用的另一个主要问题是它没有图形用户界面那么直观和吸引人。同时，命令的制定通常遵循某种特定方式，并且常常使用专业技术人员才能了解的术语或简称，导致对新手用户而言既难以理解又难以记忆，增加了用户的学习负担 [Dix et al 2004]。

归纳起来，命令行界面具有如下优点 [ST Website]：

1）专家用户使用命令行能够更加快速地完成任务。

2）较图形用户界面更加节约系统资源。

3）对用户而言是开放的，不存在图形用户界面中不能动态配置用户可操作选项的问题。

4）键盘操作方式较鼠标操作更加精确，对应用的掌控力更强。

5）支持用户自定义命令。

同时，命令行界面也有如下缺点：

1）命令语言的掌握对用户的长时记忆和短时记忆提出了较高要求。

2）界面使用基于回忆的方式，没有图形用户界面基于识别的方式容易使用。

3）要求使用者对键盘布局较为熟悉，出错频率较高。

4）命令编写贴近计算机的执行方式，与可用性理论所强调的不应要求用户了解计算机底层的实现细节相违背。

更多有关命令行界面和图形用户界面的比较可以参考文献 [Computerhope Website]。

2.3.2 菜单驱动的界面

菜单驱动的界面以一组层次化菜单的方式提供用户可用的功能选项，一个或多个选项的选择可以改变界面的状态。菜单的选择可以通过鼠标、数字键、字母键或者方向键进行。菜单选项是可见的，如果菜单选项的命名对用户而言是容易理解的，那么用户在执行任务的时候就可以不用特别记忆菜单命令，而只需要在使用时对它们进行识别。为便于用户使用，菜单选项在组织时通常要基于某种特定的逻辑结构。常见的菜单类型包括：单个菜单、顺序菜单、层次化菜单、星型网络菜单和 Web 网络菜单等，见图 2-4。

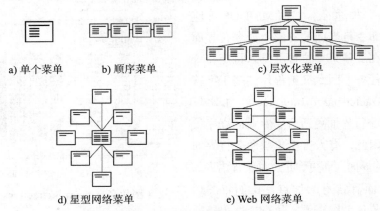

a) 单个菜单　　b) 顺序菜单　　c) 层次化菜单

d) 星型网络菜单　　e) Web 网络菜单

图 2-4　常见菜单类型

菜单驱动界面的优点包括：

1）基于识别机制，对记忆的需求较低。

2）具有自解释性。

3）容易纠错。相比较而言，命令行方式下需要对用户输入的命令进行解析。

4）适合新手用户。若提供了较好的快捷键功能，则对专家用户同样适用。

菜单驱动界面的缺点包括：

1）导航方式不够灵活。

2）当菜单规模较大时，导航效率不高。

3）占用屏幕空间，不适合小型显示设备。为节省空间，通常组织为下拉菜单或弹出式菜单。

4）对专家用户而言使用效率不高。

图 2-5 显示出菜单驱动界面的实例。

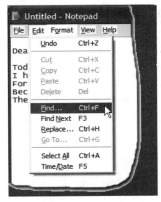

a) 当代菜单选择——MS Notepad

b) 网页上的菜单选择

图 2-5　菜单驱动界面实例（图片来自 www.interaction-design.org）

2.3.3　基于表格的界面

基于表格的界面显示给用户的是一个表格，里面有一些需要用户填写的空格。基于表格的界面与菜单驱动的界面存在相似之处，如二者都是在屏幕上直接显示来向用户提供信息。同时，二者又存在区别：菜单驱动的界面主要用于对层级结构对象进行导航；而基于表格的界面主要用于从用户那里获取信息，同时以对话序列方式组织的表格还可实现对用户工作流的建模。

基于表格的界面最初出现时，整个界面都是基于表格的（见图 2-6a），而不像今天这样会与其他交互形式混合使用（见图 2-6b）。最初，整个屏幕被设计为一个表格，Tab 键用于在不同表单选项之间进行切换，Enter 键用于提交表格。因此，最初的表格界面是不需要鼠标等指点设备的。

a) 终端设备上的典型表格界面

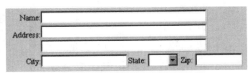

b) 当代表格界面

图 2-6　基于表格的界面实例（图片来自 www.interaction-design.org）

在使用基于表格的界面时，要注意帮助用户了解表格页面的长度以及当前所处的位置。表格可以通过设置滚动条将内容组织在同一页，也可以划分为多个相互链接的页面。表格中的元素必须在逻辑上进行分组，同时包含"我在这里"的指示信息。表单选项的标签必须含义明确，以增加数据的完整性。此外，还需要明确说明表格中需填写信息的格式。如对日期的填写格式是按照"月 / 日 / 年"的顺序，还是"年 / 月 / 日"或其他顺序。

Shneiderman [Shneiderman 1997] 和 Preece[Preece 1994] 归纳出表格界面具有如下优点:

1）简化了数据输入。

2）由于待填写区域已经预先定义，因而只需识别而无需学习。

3）通过预定义格式来指导用户完成数据输入。

4）特别适合于日常文书处理等需要键入大量数据的工作。

同时表格界面也存在如下缺点:

1）会占用大量屏幕空间。

2）可能导致业务流程较形式化的情况。

2.3.4 直接操纵

"直接操纵"这一概念是由 Shneiderman 率先提出来的 [Shneiderman 1982]，它以可视化模型（如图标、对象等）的方式向用户展示界面。基于此，直接操纵界面有时也被称为图标界面。在该界面形式中，用户通过在这些可视化对象上面进行某些操作来达到执行任务的目的。举例来说，可以将表示一篇文章的图标拖到一个表示回收站的图标，以完成删除文件的功能。但是使用直接操纵完成复杂操作则比较困难。如删除一个文件的操作只需将文件图标拖动到回收站图标，而删除一个目录下的所有文件则需要执行多次拖动操作，相比之下，使用一条类似"delete *.*"的命令行操作则比较容易。

[Cooper and Reimann 2003] 将直接操纵过程分为三个阶段，分别是:

1）自由阶段：指用户执行操作前的屏幕视图。

2）捕获阶段：在用户动作（点击、点击拖拽等）执行过程中屏幕的显示情况。

3）终止阶段：用户动作执行后屏幕的显示情况。

图 2-7 显示出直接操纵的应用实例。

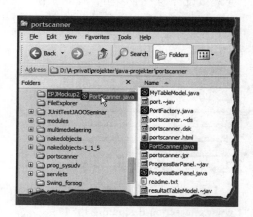
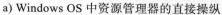
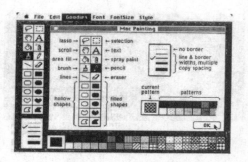

a) Windows OS 中资源管理器的直接操纵   b) 最早的商用直接操纵应用之一——MacPaint

图 2-7 直接操纵应用实例（图片来自 www.interaction-design.org）

直接操纵的优点包括:

1）将任务概念可视化，用户可以非常方便地辨别它们。

2）容易学习，适合新手用户。

3）操纵基于识别，对记忆的要求不高，可有效避免错误发生。

4）支持空间线索，鼓励用户对界面进行探索。

5）可实现对用户操作的快速反馈，具有较高的用户主观满意度。

直接操纵的缺点包括：

1）实现起来比较困难。

2）对专家用户而言效率不高。

3）不适合小屏幕显示设备。

4）对图形显示性能的需求较高。

5）不具备自解释性，可能误导用户。

2.3.5　问答界面

问答界面又称向导，它是特定领域中向应用提供输入的一种简单机制，通过询问用户一系列问题来实现人与计算机的交互 [Dix et al 2004]。问答界面对新手用户而言是有好处的，因为此时用户对系统缺乏明确认知，问答界面可以快速引导用户完成任务，减轻了用户的学习负担；同时问答界面有助于准确获取所需信息，避免了其他交互形式可能带来的无用信息过多的情况 [Lin et al 2003]。但是对专家用户而言，问答界面的设计则显得不够灵活，在功能和能力上存在限制。图 2-8 给出了一个问答界面的实例。

Web 问卷是典型的采用问答方式进行组织的应用。此外，问答界面在信息检索领域 [Belkin et al 2000] 也得到了广泛应用。在进行信息检索时，用户使用一种类似自然语言的短语从数据库中检索信息，短语中的内容通常包含了用户感兴趣的字段。但是当检索需求变得比较复杂的时候，如当用户对字段 A 感兴趣，但对字段 B 不感兴趣时，此时查询语言的构造就变得比较困难。因此，在使用问答界面进行交互时，对用户回答的方式最好进行一定的限制。此外，问答界面的设计应允许用户方便地取消其中一个界面的选项，以提供更大的交互灵活性。

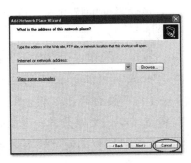

图 2-8　Windows OS 中添加网络连接向导

归纳起来，问答界面的优点包括：

1）对记忆的要求较低。

2）每个界面具有自解释性。

3）将任务流程以简单的线性表示。

4）适合新手用户。

同时，问答界面也存在以下缺点：

1）要求从用户端获得有效输入。

2）要求用户熟悉界面控制。

3）纠错过程可能比较乏味。

2.3.6　隐喻界面

在交互设计领域谈到隐喻（Metaphor）时，实际上指的是视觉隐喻，或是用于描述事物目的和特征的图片 [Cooper and Reimann 2003]。使用时，用户识别隐喻的图像，延伸事物的目的，进而将控件功能与已知的熟悉事物联系起来。隐喻本质上是在用户已有知识的基础上建立一组新的知识，实现界面视觉提示和系统功能之间的知觉联系，进而帮助用户从新手用户转变为专家用户。

相比较命令行等交互方式，使用隐喻界面无需了解计算机的内部运行机制，因此可以说是设计领域的一大进步。但使用隐喻也存在一定的危险性 [Cox and Walker 1993][Dix et al 2004]。Cox 和 Wilson 研究中列举了桌面隐喻的例子。桌面隐喻将计算机系统展示为一个桌面，用户能够使用诸如文件、文档、文件夹等概念。但是当计算机系统突然崩溃的时候，用户工作可能会丢失，这与现实世界中桌面的运行方式不同。Dix[Dix et al 2004] 等指出，由于用户不知道应如何使用隐喻来正确地预测计算机的行为，因此可能给用户使用计算机带来困扰。此外，使用隐喻还应充分考虑文化的影响，不同文化中相同图像的含义可能完全不同。选择恰当隐喻就成为设计人员应该具备的技能之一。图 2-9 给出隐喻界面的实例。

隐喻界面的优点不言自明，它非常直观生动，无需学习。

但是，隐喻也存在如下方面的局限性 [Cooper and Reimann 2003]：

图 2-9　隐喻界面实例

（图片来自 [Gentner and Nielsen 1996]）

1）不具有可扩展性。当计算机硬盘容量较小，文件数量较少的时候，文件图标是个很好的主意，但是当文件数量变得很多的时候，文件图标的使用效率就会成为问题。

2）隐喻依赖于设计师和用户之间相似的联想方式；如对一架飞机的图片是表示"查询飞机到达信息"还是"预订机票"，则可能会在不同用户中间产生不同的联想。

3）尽管在提高新手用户的学习能力方面是一个小的进步，但大多数时候隐喻紧紧地将我们的理念和物理世界束缚在一起，限制着软件的能力。

4）有些情况下，为特定操作找到恰当的隐喻可能存在困难。

2.3.7　自然语言交互

鉴于语言交流的方便性和自然性，使用自然语言与计算机系统进行交流是人类梦想已久的交互方式。应用自然语言交互，用户既无需学习复杂的机器命令，又不会在庞大的菜单系统中迷失方向。然而由于自然语言的模糊性，计算机对自然语言的理解性能成为制约该交互方式走向实用性的主要障碍，除了在某些受约束的场景中得到应用外，它迄今仍然不是一种实用的交互方式。（尽管在本书完成时，苹果公司已经将 Siri 集成在 iOS 发布，但断言该交互方式已走向实用还为时过早。）

自然语言的模糊性首先体现在句子结构可能存在歧义，如对以下句子 [Dix et al 2004]：

The boy hit the dog with the stick.

计算机很难确定该句所想表达的含义到底是用棍子打狗，还是打那只叼着棍子的狗。这也体现了自然语言理解的上下文相关性。又如句子"她说她不知道"，到底前后两个"她"指代的都是说话者本身呢，还是二者指代的是两个不同的人。当前，计算机在处理理解语言所需的上下文信息和先验知识方面还存在局限性，这导致目前的自然语言界面还只能够对受限领域的语言子集进行处理。于是问题就产生了，一方面自然语言交互的吸引人之处就在于其灵活性和不精确性，另一方面机器处理的需要却导致我们只能够使用受限的语言与之进行交流，那么此时的语言是否还能够叫做自然语言呢？ Dix[Dix et al 2004] 的疑问仍然值得我们深入思考。

随着人机交互技术的发展，不断有新的交互形式出现，常见的如可缩放界面、3D 虚拟环境导航、多通道用户界面、笔交互技术以及在手机上得到广泛普及的触摸界面等。限于篇幅，本章在此不做详细论述。

2.3.8　交互形式小结

正如第 1 章所述，人机交互发展的一大特点在于新的交互形式并不以完全取代原有交互形式的方式出现，而是建立在原有交互形式之上，同时增强新的交互功能。例如，在图形用户界面上可以包含文字，把它作为特例，同时还能有命令行交互和菜单等，这是因为在界面的某些部分使用传统交互技术要好于直接操纵，因此新的交互形式无需牺牲已有的可用性。但需要注意的是，这并不意味着总是可以把原有的交互成果不加任何修改地予以使用，因为交互形式会随着他们所处环境的变化而发生改变。

表 2-1 总结了本章讨论的几种主要的交互形式。可以看到，有几种形式横跨了多代用户界面，尽管它们在不同阶段的相对重要性可能会有所不同。遗憾的是，尽管曾有研究 [Shneiderman 1991] 提出了一些为系统选择恰当交互方式的常用规则，但由于在实际情况中有太多例外情况，因此还很难给出具体的选用规则。

表 2-1　主要交互形式小结

交互形式	应用场合	主要特点
命令行	命令行界面，WIMP	容易编辑和重用历史命令，功能强大的语言可支持非常复杂的操作
菜单	WIMP，基于电话系统的界面	用户不必记忆选项，但有可能付出操作速度减慢或混淆多级菜单的代价

（续）

交互形式	应用场合	主要特点
表格	WIMP	一次可以看见和编辑多个区域
直接操纵	WIMP，虚拟现实	在用户控制下。可以运用隐喻，有利于图形技术
问答	命令行界面，WIMP	计算机控制用户，适合偶尔使用的情况
隐喻	WIMP	用户无需学习，但可表达的概念非常有限
自然语言	未来交互系统	理想情况下允许用户自由输入

2.4 理解用户

了解并遵循人的信息处理方式和在信息感知上的局限性是进行良好交互设计的基础，它一方面可以防止用户使用系统时出现问题，另一方面也可以改进交互效率，从而提高系统的用户主观满意度。本节将从人的信息处理过程以及感知特性等心理学角度探讨人机交互设计的原理，从而可在实践中使设计尽可能适应人的自然特性，满足用户的期待和要求。

2.4.1 信息处理模型

信息处理模型研究人对外界信息的接收、存储、集成、检索和使用，可预测人执行特定任务的效率，如可推算人需要多长时间来感知和响应某个刺激（又称"反应时间"），信息过载会出现怎样的瓶颈现象等 [Sharp et al 2007]。

有关人的信息处理过程，研究人员提出了各种各样的比拟。Lindsay 和 Norman[Lindsay and Norman 1977] 把人的大脑视作一个信息处理机，信息通过一系列有序的处理阶段进、出大脑。在这些阶段中，大脑将对思维（包括图像、思维模型、规则和其他形式的知识）表示进行各种处理（包括比较和匹配）。图 2-10 为该信息处理机的图形表示。

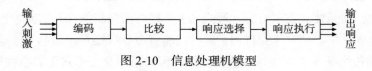

图 2-10 信息处理机模型

值得注意的是，以上模型没有考虑到注意和记忆的重要性。为此，Barber[Barber 1988] 对上述模型进行了扩展（见图 2-11），这里，注意和记忆功能与信息处理过程的各个阶段均存在交互。

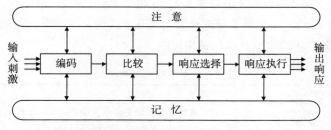

图 2-11 扩展的信息处理机模型

在谈到记忆时，一个重要的问题是记忆在人脑中的结构是怎样的。Atkinson 和 Shiffrin[Atkinson and Shiffrin 1968] 将记忆过程划分为三个阶段：感觉记忆、短时记忆和长时记忆，并且三个阶段之间可以进行信息交换，如图 2-12 所示。更多有关记忆方面的内容我们将在 2.4.3 节进行详细讨论。

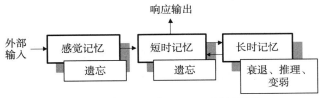

图 2-12　Atkinson 和 Shiffrin 记忆模型

最著名的信息处理模型是 Card 等人提出的"人类处理机"（Model Human Processor）模型，它描述了人们从感知信息到付诸行动的认知过程 [Card et al 1983]。该模型对学习人机交互非常重要，因为认知过程对行为的效果（包括任务完成时间、错误次数、易用性等）都有着重要的决定作用。Card 等人在该模型基础上建立了 GOMS 模型体系，为量化评估交互过程奠定了基础。

如图 2-13 所示，人类处理机模型包含三个交互式组件，每个组件拥有自己独立的记忆空间和处理器。这三个交互式组件分别是：

1）感知处理器：其信息将被输出到声音存储和视觉存储区域。

2）认知处理器：输入将被输出到工作记忆，同时它能够访问工作记忆和长时记忆中的信息。

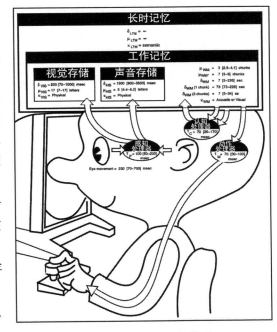

图 2-13　人类处理机模型

3）动作处理器：用于执行动作。

对人类处理机模型也有人提出了异议：首先，它把认知过程描述为一系列处理步骤，这种描述方式本身就值得商榷；其次，它仅关注单个人和单个任务的执行过程，忽视了复杂操作执行中人与人之间及任务与任务之间的互动；再次，它是对人行为过程的简化描述，忽视了环境和其他人可能对此带来的影响。为突出环境和上下文对认知过程的重要性，研究人员提出了许多其他的信息处理模型替代框架，如外部认知模型和分布式认知模型等，感兴趣的读者可以参考文献 [Scaife and Roger 1996][Wright et al 2000]。

人机交互本质上也可以被看作是一个信息处理过程，信息处理模型可用于交互设计的许多方面：如在进行界面设计时，可将与人的信息处理能力相关的知识和理论作为参考；可评估完成不同任务所需的认知要求；以及可预测不同界面下任务的完成效果等。

2.4.2 认知心理学

认知心理学（Cognitive Psychology）是 20 世纪 50 年代中期在西方兴起的一种心理学思潮，主要关注人的高级心理过程，如记忆、思维、语言、感知和问题解决能力等 [Eysenck and Keane 2005]。其中，基于对人脑的认知所构建的神经元网络已经成为新一代人工智能领域最热门的研究课题之一。认知心理学对 HCI 的贡献在于，它所讲述的心理学原理有助于理解人与计算机的交互过程，同时也可对用户行为进行预测。

视觉是与交互过程密切相关的感觉通道，人对外界的感知有 80% 来自于视觉获取的信息，本节重点介绍影响视觉感知的格式塔心理学理论。

格式塔（Gestalt）心理学主要研究人是如何感知一个良好组织的模式的，而不是将其视为一系列相互独立的部分。格式塔心理学指出，事物的整体区别于部分的组合。"Gestalt" 是德语单词，意思是完形（configuration）或型式（pattern），因此格式塔心理学又称完形心理学。格式塔心理学表明用户在感知事物的时候总是尽可能将其视为一个"好"的型式，它在人机交互领域具有一定的指导作用。这里"好"的含义有很多，如对称、近似等，这些又被称为格式塔心理学原则。举例来说，我们会将图 2-14 中由多条线段构成的图形看做字母"B"，而不是一系列零散的直线段。

图 2-14　格式塔心理学示例

格式塔心理学的主要原则包括相近性原则、相似性原则、连续性原则、完整性和闭合性原则、对称性原则。

（1）相近性原则：空间上比较靠近的物体容易被视为整体。

人们会将图 2-15 中的内容看做三条由"*"构成的直线，而不是 14 条由 3 个"*"构成竖直线。基于该原则，在进行界面设计时，应该按照相关性对组件进行分组。

（2）相似性原则：人们习惯将看上去相似的物体看成一个整体。

如图 2-16 所示，对角线上字母"O"构成的斜线非常明显。这一原则对界面设计的指导在于，应该把功能相近的组件使用相同或近似的表现方式，如相同颜色和大小等，以便于用户从心理上将其归为一组。

（3）连续性原则：人们会将共线或具有相同方向的物体组合在一起。

比如，我们多数会将图 2-17 中的内容看做两条直线 ab 和 cd，而不会拆分成两条折线 ac和 bd。这是由于从 a 到 b 的线条比从 a 到 c 的线条具有更好的连续性。这条原则告诉我们，通过将组件对齐，更有助于增强用户的主观感知效果。

```
                                        OXXXXXXX

                                        XOXXXXXX

                                        XXOXXXXX

                                        XXXOXXXX

                                        XXXXOXXX

      *************                     XXXXXOXX

      *************                     XXXXXXOX

      *************                     XXXXXXXO
```

　　图 2-15　相近性原则示例　　　　　　　图 2-16　相似性原则示例

　　（4）完整性和闭合性原则：感知过程中人们倾向于忽视轮廓的间隙而将其视作一个完整的整体。

　　举例来说，图 2-18 中并不存在三角形和圆形，特别白色的三角形根本就不存在。但是我们的大脑会自动将图形中缺失的部分补充起来，从而生成头脑中熟悉的图形和形状。

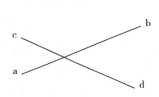

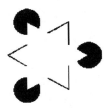

　　图 2-17　连续性原则示例　　　　　　图 2-18　完整性和闭合性原则示例

　　（5）对称性原则：人们习惯将相互对称且能够组合为有意义单元的物体组合在一起。

　　如图 2-19 所示，尽管根据相近性，比较靠近的括号应该组合在一起，但是实际上在这种情况下对称性原则会使用户将相互对称的括号组合在一起，从而构成三组中括号组合。

　　图 2-19　对称性原则示例

　　格式塔心理学不仅关注物体的组合结构和分组情况，还关注如何将物体从背景中分离出来。当你关注一个物体时，物体本身作为前景对象，该物体周围的场景就变成了背景。格式塔心理学推导出了一些模糊的有关前后景关系判断的理论，并发现前景和背景在某些情况下可以互换，借此再次印证了其有关"整体区别于局部"的理论。图 2-20 中既可以看作是白色区域构成的两个侧面人脸，也可以看作是由中间黑色区域构成的花瓶。以上前景与背景交错的现象甚至可以在无意识的情况下发生，即用户会不自觉地注意到某一个"前景"而忽视另一个"背景"。幸运的是，在实际生活中人们并不会自动注意到花瓶两侧可能构成的前景图像，因此不会使我们的视觉系统受到干扰。

图 2-20　前景和背景的相互转化示例

更多有关认知心理学方面的知识可详见文献 [Eysenck and Keane 2005]。

2.4.3　人的认知特性

在 2.4.1 节中我们谈到，人的记忆可以分为感觉记忆、短时记忆和长时记忆。感觉记忆又称瞬时记忆，它在人脑中持续的时间非常短，大约仅为 1 秒钟。任何输入记忆系统的信息，必须首先通过感觉器官的活动产生感觉知觉。当引起感觉知觉的刺激物不再继续呈现时，其作用仍能保持一个非常短的时间，这种短暂的保持就是感觉记忆。在现实生活中，感觉记忆帮助我们把相继出现的一组图片组合成一个连续的图像序列，产生动态的影像信息。

感觉记忆经编码后成为短时记忆。短时记忆（Short-Term Memory，STM）又称工作记忆，储存的是当前正在使用的信息，是信息加工系统的核心，可理解为计算机的 RAM。举例来说，在计算复杂数学题时，每一步的计算结果都将暂时存在于短时记忆区以供下一步计算使用。信息在短时记忆中大约只能保持 30 秒，且短时记忆的存储能力也非常有限，约为 7±2 个信息单元，这一发现被称为 7±2 理论 [Miller 1956]。这里，一个信息单元可以是 1 个字母，也可以是 1 个数字。由于短时记忆是以信息单元为单位来存储信息的，因此通过将信息组合成一个个有意义的单位可以帮助我们记住复杂的信息。举例来说，记忆数字 86513561357135 很难，但如果知道这是一个电话号码，并将其按照国家 - 区号 - 电话的方式拆分成 86-5135-61357135，则记忆起来会容易得多。更进一步，如果按照数字的排列规律将其拆分为 86-5135-6135-7135，会发现更加容易记忆，这是因为我们对信息进行了分块。

George Miller 的 7±2 理论一经出现，就对交互设计产生了非常重大的影响。它使得许多交互设计人员坚信，界面上菜单中最多只能有 7 个选项，工具栏上只能显示 7 个图标，诸如此类。实际上他们忽视了这样一个事实，即无论菜单或是图标都是可以浏览的，用户在选择一个想要执行的任务选项时并不需要借助用户的短时记忆。实际上，浏览菜单和工具栏是基于人的识别功能完成的，而人们识别事物的能力要远胜于回忆事物的能力。可以这样理解，7±2 理论提醒我们在进行界面设计时要尽可能减小对用户的记忆需求，同时可考虑通过将信息放置于一定的上下文中，来减少信息单元的数目。此外，7±2 理论对命令行界面设计非常有用，如果某条命令附加的参数过多，则用户记忆和使用起来就会变得比较困难。

短时记忆中的信息经进一步加工后会变为长时记忆保存起来。长时记忆的信息容量几乎是无限的，它保存着我们可能会用到的各种事实、表象和知识。通常而言，只有与长时记忆区的信息具有某种联系的新信息才能够进入长时记忆。这提醒我们在进行界面设计时，要注意使用线索来引导用户完成特定任务，同时在追求独特的创新设计时也应注重结合优秀的交互范型。

长时记忆中的信息有时是无法提取的，即通常所说的"遗忘"。遗忘并不代表长时记忆区的信息丢失了，而应看作是失去了提取信息的途径，或原有联系受到了干扰，导致新信息代替了旧的信息。除此之外，人具有易出错性，可能会在键入文字或选择菜单时出现错误。在人机工程学中，人为错误被定义为"人未发挥自身所具备的功能而产生的失误，它可能降低交互系统的功能"。人机交互中的很多错误从表面上看是由于用户的误解、误操作或一时大意，但仔细研究就会发现，大部分交互问题都源于系统设计本身，即是由于设计中没有充分考虑人性因素而诱发的操作失误。更多有关人性因素方面的问题，我们将在后续章节进行详细讨论。

认知中另一个非常重要的概念是错觉，即知觉感受的扭曲。各种知觉都可能产生错觉，又由于视觉在人类知觉体系中的特殊地位，因此视觉错觉最为人熟知，并常凌驾于其他知觉错觉之上。前面我们介绍格式塔心理学时讲到的前后景互换实际上就是视觉错觉的一种，在完整性和闭合性原则的例子中看到的白色三角同样源于视觉错觉。莱亚错觉是著名的视觉错觉的例子，如图 2-21a 中的两条线段的长度相同，但是末端为外向箭头的线段看上去比末端为内向箭头的线段似乎要短一些。另一个著名的视觉错觉的例子为艾宾豪斯错觉，如图 2-21b 所示，被小圆包围的圆圈看上去较被大圆包围的圆圈大一些，尽管实际上他们的半径是相等的。

视觉错觉有别于幻觉，它是不可避免的。即便告知实际上应该如何，大家仍然会被错误的判断所主导。图 2-21 中的两个例子告诉我们，对物体的视觉感知与物体所处的上下文密切相关。因此在界面设计时，要根据不同需求在设计中加以灵活应用。

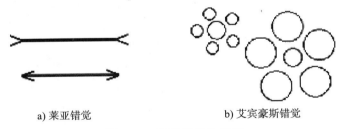

a) 莱亚错觉   b) 艾宾豪斯错觉

图 2-21　视觉错觉的举例

认知活动中的注意、学习等其他认知过程均可对交互产生重要的影响。更多相关内容可参考文献 [Sharp et al 2007][Dix et al 2004]。

2.5　交互设备基础

在这一节中，我们将主要从人机交互中计算机的角度介绍一些常用的硬件设施，以便在设计具体交互式系统时，能够有针对性地选择恰当的交互设备。

2.5.1　文本输入设备

尽管对键盘的批评很多，但是一直以来，键盘都是主要的文本输入设备。虽然键盘允许同时响应多个按键的输入（如 CTRL 键加特定字母键），但一般来说键盘一次只能响应一个按键。键盘被广为批评，最重要的原因可能在于用户的击键速率不高：新用户的击键速率大约为每秒钟 1 次，而熟练用户能达到每秒 15 次的敲击频率。

在选择键盘时应考虑键盘尺寸和包装对其通用性和用户满意度的影响。按键较多的键盘可营造一种专业化的印象，但另一方面也可能使新手用户觉得使用过于复杂，从而望而生畏；小键盘特别适合移动设备应用，并对追求简洁外观的用户具有强大的吸引力，但其功能也可能因此受到限制 [Shneiderman 1997]。

键盘类型多种多样。不为人所熟知的是，目前广泛使用的 QWERTY 键盘是为了降低输入的速率而设计的。这是因为早先键盘主要应用于打字机设备，而当按压相邻字母按键的时候往往会发生"卡键"故障，因此 QWERTY 键盘的设计者通过将英语字母中常用的连在一起的字母分开来避免上述故障的发生。曾有研究表明，以任意方式排列的键盘都可能比 QWERTY 键盘具有更高的击键效率。但是在一次打字比赛中，使用 QWERTY 键盘盲打的选手获得了冠军，最终为确立 QWERTY 键盘在键盘布局上的地位做出了突出贡献。

和弦键盘（Chord keyboard）能够同时响应多个按键，可实现快速数据输入，特别适合法庭速记员使用，见图 2-22。然而，学习使用和弦键盘的时间也较长 [Mathias et al 1996][Shneiderman 1997]。和弦键盘通常应用于可穿戴计算机 [Smailagic and Siewiorek 1996] 场景，以使用户的双手得到解放。除以上键盘种类之外，还有为减少对手掌尺骨的压力而设计的前后倾斜或中间分开的可调整键盘等。另外，手机设备的兴起也带动了手机键盘领域的设计革新。

图 2-22 和弦键盘（图片来自 http://images.yourdictionary.com）

为尽可能减小键盘所占的物理空间，投影键盘（见图 2-23）应运而生。投影键盘是一种虚拟键盘，内置的红色激光发射器可以在任何物体表面投影出标准键盘的轮廓。通过红外线技术跟踪手指的动作，可完成对用户输入信息的获取。

在一些语言（如中文和日文等）领域，因其书面文字的复杂度较高，且语义表述方面的模糊性较强，因此提供一些关键和弦和多阶段选择工具是非常有必要的 [Wang et al 2001]。随着数字墨水、数字纸笔等技术的兴

图 2-23 投影键盘（图片来自 http://www.pocketpcportal.com）

起以及手写识别技术的发展，手写输入提供了一种更加自然的文本输入途径，且随着手写识别技术研究的不断深入，现在针对各种不同语言的识别均能达到较高精度。但是，手写输入通常较传统键盘输入要慢得多。

语音输入一直是人类梦寐以求的交互手段，但它对输入环境的要求相比其他输入方式要高得多，场景中的噪音会对输入效果产生巨大影响。同时受语音识别技术的限制，当前使用语音输入的输入效率大约仅为键盘输入的一半 [Karat et al 1999]，很显然该技术距离实用还有很长的一段路要走。光学字符识别（Optical Character Recognition，OCR）通过对文本图像进

行扫描分析，提供了计算机直接"阅读"文字的输入方式。近年来已经能够实现针对不同字体和字号的可靠识别，为实现大批量历史数据的信息化过程提供了途径。

2.5.2 定位设备

基于 WIMP 的计算机系统最为显著的功能是允许在屏幕上通过指点物体实现对物体的操作或是完成某项功能。对大部分台式电脑来说，鼠标是最常用的指点和定位设备。早期的鼠标是一个小盒子，里面安放一个小球。当盒子在物体表面移动的时候，桌面摩擦使小球在盒内滚动，并进而影响与之接触的小滚轮的电位值。鼠标的位置就是通过电位值变化计算产生的。当将鼠标拿离桌面再放到不同位置时，屏幕光标并不会发生移动。这样做一方面可使不需要为光标准备很大的地方，另一方面却可能影响到新手用户的使用。鼠标上通常会配置 1～3 个按钮，用来实现选择及其他功能。由于鼠标置于桌面之上且易于操作，因此当前它仍然是最常用的定位设备。然而随着笔记本电脑和手持电脑的普及，鼠标已经面临着巨大的挑战，甚至一些笔记本电脑中只配备了触摸板而没有提供鼠标。

触摸板是目前使用最广泛的笔记本电脑鼠标。顾名思义，触摸板是一块对触摸敏感的四方板，通过使用手指头在其表面抚摸来实现定位操作。触摸板的工作原理是：当手指接触触摸板时，板面上的静电场会发生变化，控制芯片将根据检测出的电容改变量来调整光标的位置。触摸板是通过电容感应来获知手指移动情况的，对手指的热量并不敏感。使用触摸板时，手指在板上移动的距离与光标在屏幕上移动的距离之间的比率随手指移动的速度而变化。当手指移动速度较慢时，对应比率较小，则光标移动的距离也较小；当手指移动速度较快时，对应比率较大，则光标在屏幕上移动的距离也较大。触摸板最早广泛应用于 Apple 公司的 Powerbook 便携式电脑，现在已经用在许多其他的笔记本电脑中。触摸板的优点是反应灵敏、移动速度快。同时由于触摸板较薄，质量很小，耗电量少，因此非常适合于对重量要求较高的轻薄型笔记本电脑。触摸板的缺点在于定位精度较低，且手指出汗时会出现打滑的现象，因此不适合在潮湿、多灰的环境中应用。

除上面提到的触摸板之外，指点杆也是笔记本电脑较为常用的一种定位设备。指点杆（见图 2-24）是由 IBM 公司发明的，它凸出在键盘 G、B、H 三键之间，通常为覆盖橡皮的触头状物。初学者会觉得指点杆比较难以上手，但是一旦适应后则非常容易使用。指点杆的特点是定位准确，可以通过手指的力度控制鼠标光标移动的速度，同时它的环境适应性很强，即便在火车等移动场景下也能够进行准确定位。

图 2-24 指点杆（图片来自 http://www.enorth.com.cn）

近年来，触摸屏在手机等便携设备上得到了广泛应用。触摸屏有多种工作方式，既可以通过手指或尖笔（Stylus）中断一个光线阵列来进行定位，也可以通过覆盖在屏幕上的某个栅格导致电容量发生改变来进行定位。由于用户可以在屏幕上直接选择对象，不需要进行任何映射，所以触摸屏是一种直接定位设备，较鼠标等要直观得多，同时触摸屏既可以作为输入设备，也可以作为输出设备。使用触摸屏进行定位的速度很快，所以特别适合于在屏幕上选择菜单条目。然而，触摸屏也有缺点，它的定位精度较差，在小范围选择比较困难；另外它的制造成本也很高；同时由于在屏幕上直接操作，因此很容易使屏幕污损。

为保护屏幕不受污染且能够较为准确地定位，使用尖笔而非手指是比较明智的选择。尖笔是一支类似笔的塑料棍，目前已在个人数字助理（PDA）中得到了普及。Sutherland 在 Sketchpad 系统中使用的光笔与之作用类似。光笔通过电缆与屏幕相连，当光笔对准屏幕时，检测器扫描从屏幕荧光物质发出的光脉冲。因此，光笔可为每个屏幕像素编码，从而达到较高的定位精度。但是当尖笔或者光笔与键盘一起使用时，用户的手需要在设备间不断切换，导致交互效率下降；同时在屏幕上指点还会遮盖部分屏幕显示，使得信息获取受到影响。因此在设计使用光笔和尖笔的界面时，需要考虑用户手的摆放位置。

其他定位设备还包括比较专业的数字化图板以及大量应用于电视游戏的轨迹球等，甚至还有研究尝试通过获取眼睛角度的变更来进行定位 [Xu et al 1998]。以上定位设备由于能够准确评估当前处于屏幕上的具体位置，并记录位置改变的轨迹，因而大多能够实现图形输入功能。

2.5.3　图像输入设备

扫描仪是利用光电扫描将图像转换成像素数据输入到计算机中的输入设备。扫描仪可分为平板式扫描仪、手持式扫描仪和滚筒式扫描仪。平板式扫描仪是使用最为广泛的扫描设备，使用时将纸张平放在玻璃板上，正面朝下，光照射图像后，反射光经光电转换产生电流输出，则该页被转换成位图图像。许多平板式扫描仪还具有对一叠纸自动换页和扫描的功能。平板式扫描仪具有较好的扫描速度、精度和图像质量，同时使用简单，普通用户均可熟练使用和操作。

使用手持式扫描仪（见图 2-25）需要在图像上拖动，扫描头扫过的区域会被转化为位图图像保存。扫描仪末端滚轮可测算拖动的速度，从而获取图像的大小信息。扫描得到的图像是一个个长条，只有把这些长条"粘贴"起来才能够得到整页图像，这对系统软件提出了较高要求，因为扫描得到的长条不仅是重叠的，同时还可能不是完全平行的。尽管手持式扫描仪更适于扫描尺寸较小的图像文件，但实际上它通常应用于 CAD 及大幅面工程图纸等扫描领域，因为拖动的走纸方式有效减小了扫描设备的体积。滚筒式扫描仪是目前最精密的扫描仪器，同时也是第一代数字图像输入设备。使用滚动式扫描仪得到的图像是以 CMYK 或 RGB 的形式记录的，因此它

图 2-25　手持式扫描仪（图片来自 http://www.netguruonline.com）

又被称为"电子分色机"。滚筒式扫描仪采用 PMT（PhotoMultiplier Tube，光电倍增管）光电传感技术，它较平板式扫描仪使用的 CCD（Charge Coupled Device，电荷耦合元件）技术更能够捕获原始图像的细微色彩。滚筒式扫描仪的价格较平板式扫描仪更加昂贵，目前大多用于专业印刷排版领域。

此外，扫描仪不仅仅是图像输入设备，它还为文件储存和检索开辟了新的应用领域。电

子存储的成本不仅较纸质文件存储的成本要低得多，同时数字化检索手段也更加快捷和便利。

数码相机也是目前常用的图像输入设备。它不需要胶卷和暗房，能直接将数字形式的照片输入电脑进行处理，或通过打印机打印出来。数码相机的成像原理是在按下快门时，景物反射的光线被聚焦在 CCD 或 CMOS（Complementary Metal-Oxide Semiconductor，互补金属氧化物导体）芯片上，CCD 或 CMOS 芯片将光信号转换为电信号，模数转换器把模拟信号转换为数字信号，再经数字信号处理器对图片进行修整、压缩后储存在存储卡中。CCD 和 CMOS 两种成像元件各有优劣。CCD 元件的色彩饱和度好，图像较为锐利，质感逼真，特别在较低感光度下的表现很好。但是 CCD 元件的制造成本比较高，而且在高感光度下的表现不佳，且功耗较大。CMOS 的色彩饱和度和质感相比 CCD 略差一些，但这些可以通过处理芯片进行弥补。CMOS 的主要优势在于它在高感光度下的表现要好于 CCD，且其读取速度也更快，因此特别适合高性能的单反相机使用。同时，CMOS 的成本较 CCD 更为低廉，这使得 CMOS 具有较好的应用前景。

传真机是兼具图像输入和输出功能的设备。它的原理非常简单，即先将待传真文件转化为一系列黑白点信息，该信息再转化为声频信号并通过电话线进行传送，接收方的传真机"听到"信号后将相应的点信息打印出来，这样接收方就收到了一份原发送文件的复印件。因此也可以将传真机理解为远程复印机。根据打印方式的不同，传真机主要分为热敏纸传真机（又称卷筒纸传真机）、热转印式普通纸传真机、激光式普通纸传真机（又称激光一体机）和喷墨式普通纸传真机（又称喷墨一体机）。其中，热敏纸传真机和喷墨／激光一体机最为常见。热敏纸传真机的历史最长，价格比较便宜，使用范围也最广。它同时具备弹性打印和自动裁剪功能，并可设定手动和自动两种接收方式。热敏纸传真机还具备自动识别功能，可区分对方是普通话机拨打的电话还是传真机面板上拨号键打过来。与此同时，热敏纸传真机在复杂或较差电信环境中的兼容性比较好，传真成功率较高。热敏纸传真机的缺点在于功能单一，每次只能发送一页；且不能连接到电脑，无法实现电脑到传真机的打印工作和传真机到电脑的扫描功能。相比较而言，喷墨／激光一体机的功能比较多样，大多可以连接电脑进行打印和扫描操作，且可以自动完成多页进纸。但是他们不支持自动识别功能，对线路的要求也比较高。

2.5.4　显示设备

光栅扫描阴极射线管（Cathode Ray Tube，CRT）是实现最早、应用最广泛的显示设备，距今已有 100 多年的发展历史。它通过发射电子束扫描触发阵列来形成字母和图像，具有技术成熟、图像色彩丰富、高清晰度、低成本和丰富的几何失真调整能力等优点。然而，由于 CRT 显示器发出的电磁场会对人体健康产生危害；同时，阴极射线管工作的高电压具有潜在的爆炸危险等原因，今天 CRT 显示器在日常生活中已经极为罕见。CRT 的另一个缺点在于其背面通常需要占据较大空间，导致携带和搬运比较困难，因此随着新型显示设备的兴起，它已经逐渐淡出历史舞台。

由于 CRT 的技术结构原理限制了它的进一步发展，以及消费者对显示设备提出了越来越高的需求，在此背景下，体积较小的平板显示设备异军突起，其中，液晶显示器（Liquid

Crystal Display，LCD）逐渐取代了 CRT 显示器，在计算机显示终端中占据垄断地位。液晶显示器的原理与 CRT 迥然不同。在液晶显示器上，电压的变化会影响微小液晶泡的偏振，阻碍部分光线射出，进而使得屏幕显示出现明暗差异。低辐射、低耗能是液晶显示器战胜 CRT 显示器的不二法宝，同时液晶显示器的体积小质量轻，是便携式电脑首选的显示设备。此外，液晶显示器的可视面积大，不会出现 CRT 显示器的四周被黑边占去可视画面的情况，且不存在几何和线性失真。但是液晶显示器也有缺点：首先，它的价格相对 CRT 显示器要高得多；其次，液晶显示器从侧面看会出现不同程度的亮度和色彩失真，因此仅适于从正面观看；响应时间慢也是液晶显示器的一个主要问题，因为只有足够快的响应时间才能保证动态画面显示的连贯性；另外由于液晶分子自身不能发光，需要借助外界光源来辅助发光，所以液晶显示器的亮度和对比度也不是很好；最后，液晶显示器还存在使用寿命有限，个别像素坏掉即需要更换整个显示屏等缺点。

等离子体显示器（Plasma Display Panel，PDP）通过细小封闭的玻璃泡将水平方向与垂直方向隔离来。封闭的玻璃泡内充有惰性气体，当水平或垂直方向中任何一个方向输入高电压时，玻璃泡中的惰性气体就会发光。与 LCD 一样，等离子显示器也是平板外形。但等离子显示器的可视角度要大得多，即便从侧面看屏幕图像也非常清晰，同时等离子显示器较液晶显示器具有更好的颜色质量和对比度，因此特别适合安装在控制室、会议室或公共显示的显示墙上。但与 LCD 一样，等离子显示器的使用寿命也较短，且随着使用时间的增加，屏幕显示的亮度会逐渐降低，长时间显示高亮度、高对比度的静止图像时还容易产生残留影像。

发光二极管（Light-Emitting Diode，LED）是一种半导体原件。当正向加压时，发光二极管能发出单色且不连续的光。早期 LED 通常是红色的，被应用在计算器和手表上。现在发光二极管已经可以产生多种颜色。LED 的优点包括：耗电量小，高级 LED 的耗电量仅与荧光灯相当；反应时间快，即可达到很高的闪烁频率；使用寿命长，约为 35 000 到 50 000 小时；体积小。但是由于现在大部分 LED 显示设备的价格都比较昂贵，因此在一定程度上限制了它的普及和应用开展；同时，发光二极管的使用寿命与散热性能的好坏密切相关；最后，由于 LED 只能够在一个固定方向的很小角度范围内投射光，因此必要的话可能需要借助透镜或反射镜等设备来扩大光束的范围。

电子墨水（E-Ink）（见图 2-26）是一种新兴的显示方法和技术，是融合了化学、物理和电子学而生成的一种新材料。肉眼看来，电子墨水与普通墨水没有区别。实际上，电子墨水液体中悬浮着几百万个细小的微胶囊，每个胶囊内部都是染料和颜色芯片的混合物。通电时，颜色芯片发生作用而改变颜色，并且可以显示变化的图像。如果在纸上打印电子墨水，则 1 平方英寸大约会包含 10 万个微胶囊。电子墨水能够达到与普通印刷媒体同样的高分辨率，同时具有易读性好、低功耗、成本低、质量小等优点。由于电子墨水是柔软的，因此可以将其应用到纸上或布上，产生和报纸一样的显示效果。电子墨水的第一个产品是大面积 Immedia 显示，如今它已经开始出现在包括手机、PDA、数字钟表等电子产品中。由于电子墨水具有较好的柔性，且可折叠，因此电子墨水开拓了弯曲面显示的新市场。可以想见电子墨水在未来一定会有更加广阔的应用前景。

点字显示器（见图 2-27）为盲人用户阅读文字提供了新的途径。点字显示器除提供字显示格外，还提供一些功能键选项，如四个方向的按键可用来对所读文本做上下左右的翻动等。正在开发中的可更新的图像显示器也将为盲人用户获取图像信息提供支持。

图 2-26　电子墨水（图片来自 http://goodereader.com）

图 2-27　点字显示器（图片来自 http://www.dbt.org.au）

最后需要指出的是，尽管显示设备可能危害用户健康的问题已经得到了显示设备制造商和政府相关部门的强烈关注，但是目前显示器对人体的危害还无法彻底消除 [Shneiderman 1997]。然而已有研究表明，不利影响似乎更多是源于工作环境的原因，而非显示器本身。有关显示器方面的研究仍然十分活跃，感兴趣的读者可参考其他文献。

2.5.5　虚拟环境下的交互设备

虚拟现实通过计算机模拟产生一个三维空间的虚拟世界，提供用户有关视觉、听觉、触觉等感知器官的模拟体验，能够让用户如同身临其境一般，实时地观察和操作三维空间内的事物。由于虚拟环境下产生的临场感较其他交互方式更为强烈，因此其在技术思想上较传统人机交互形式有了质的飞跃。

交互性是虚拟现实的基本特征之一。为实现对虚拟环境中物体的操作，不仅需要移动到某个特定位置，同时还应给出具体的选择方向。举个例子来说，当你在真实空间中移动一个物体的时候，你不仅会让它做水平移动，而且还可能会使其进行旋转或翻转。三维鼠标（见图 2-28）是三维空间的重要交互设备，它有 6 个自由度可以选择，可以跟踪其在三维空间中的位置、向上或向下的角度（倾斜度）、左右侧的方向（偏航角）以及相对坐标轴的扭转量（翻滚度）等，并能够实现在三维空间上的移动、旋转和倾斜。

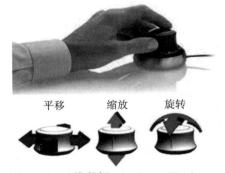

图 2-28　三维鼠标 The Space Navigator（图片来自 http://archive.techtree.com）

数据手套（见图 2-29）是虚拟现实中常用的交互设备。它配有弯曲传感器，可准确地将人手的姿态（手势）传递给计算机，并将虚拟世界中物体的接触信息反馈给操作者。数据手套使用户能够更加自然高效地与虚拟现实中的物体进行交互，极大增强了使用的互动性和沉浸感，特别适合于需要多角度对物体进行复杂操作的虚拟现实系统，如虚拟环境下的手工制作过程等。但由于目前数据手套的售价仍然十分昂贵，且难以实现与键盘操作的集成，因此在一定程度上限制了相关应用的研究与普及。近年来逐渐兴起了基于视觉的手势识别研究可在一定程度上弥补该问题。这里，用户无需佩戴任何设备。系统通过拍摄人手的运动图像，并对手的动作进行识别，可转化为对虚拟现实中物体的操作。这种交互方式对用户的限制最小，但是它对计算机图像及视频分析技术提出了较高要求，要求能够在不同环境、不同光照以及遮挡的干扰下均具有较好的识别效果，而现有技术还很难满足实际使用的需求。

　　虚拟环境中的定位还可通过跟踪用户头部的运动来实现。当用户佩戴虚拟现实头盔后，可根据头部的方向确定它在空间中的移动方向，甚至还可用它来指定待操纵的物体。同时，头盔显示器还是最早的虚拟现实显示器。它将人与外界空间隔离，进而引导用户产生一种身在虚拟环境中的感觉。虚拟现实头盔模拟人的视觉产生过程，在左右眼屏幕分别显示两幅不同图像，人眼获取差异信息并经处理后可在大脑中产生立体感影像。传统头盔只能够模拟声音和图像，现在已经出现了可模拟嗅觉的头盔。图2-30所示新型头盔的嗅觉管与一个装有化学物质的盒子相连，能够在佩戴者的鼻子下方释放气味，同时配有类似可向佩戴者口内喷出香气的装置，可模拟实现视觉、听觉、视觉、触觉甚至味觉功能，从而让"虚拟现实"更加可信。

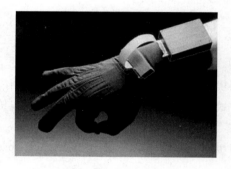

图2-29　数据手套（图片来自
http://www.mindflux.com.au）

图2-30　可模拟嗅觉的头盔"虚拟茧"
（图片来自 http://www.tech.sc）

习题

1. 简述执行 / 评估活动周期中的 7 个主要阶段，并尝试用它解释一个日常生活中的交互片段。
2. 你熟悉的交互形式有哪些？列举各自的优缺点，并与 2.3 节内容进行比较。
3. 描述一下你心理理想的交互形式是怎样的？
4. 为什么在信息处理模型中以人类处理机模型最为著名？它有哪些特点？
5. 针对一款比较熟悉的软件界面，从中找出应用了哪些格式塔心理学原理，以及是否有与格式塔心理学原理相违背的地方。
6. 为什么 7±2 理论并不适合用于菜单和工具栏的设计？
7. 遗忘是人的天性，理解这一点之后，说说有哪些交互设计手段可用于避免遗忘事件发生。
8. 举例说明让你印象深刻的交互设备，并说出其主要特点和应用场合。

参考文献

[Abowd and Beale 1991] Abowd G D, Beale R. Users, Systems and Interfaces: A Unifying Framework for Interaction [A]. In Proceedings of HCI'91 [C]. 1991: 73-87.

[ACM SIGCHI 1992] Hewett T, Baecker R M, Card S, et al. ACM SIGCHI Curricula for Human-Computer Interaction[R]. Report of the ACM SIGCHI Curriculum Development Group, 1992.

[Atkinson and Shiffrin 1968] Atkinson R C, Shiffrin R M. Chapter: Human Memory: A Proposed System and Its Control Processes[A]. Spence K W, Spence J T. The Psychology of Learning and Motivation (Volume 2) [M]. New York: Academic Press. 1968:89–195.

[Barber 1988] Barber P. Applied Cognitive Psychology[M]. London: Methuen, 1988.

[Belkin et al 2000] Belkin N, Keller A, Kelly D, et al. Support for Question-Answering in Interactive Information Retrieval:Rutgers' TREC-9 Interactive Track Experience[A]. In Proceedings of TREC-9[C]. 2000.

[Card et al 1983] Card S K, Moran T P, Newell A. The Psychology of Human-Computer Interaction [M]. Mahwah: Lawrence Erlbaum Associates, 1983.

[Computerhope Website] http://www.computerhope.com/issues/ch000619.htm.

[Cooper and Reimann 2003] Cooper A, Reimann R. About Face 2.0: The Essentials of Interaction Design[M]. Indianapolis: Wiley, 2003.

[Cox and Walker 1993] Cox K, Walker D. User Interface Design [M]. 2nd ed. Prentice-Hall, 1993.

[Dix et al 2004] Alan Dix, Janet Finlay, Gregory Abowd, et al. Human Computer Interaction [M]. 3rd ed. Prentice Hall, 2004.

[Eysenck and Keane 2005] Eysenck M W, Keane M T. Cognitive Psychology: A Student's Handbook[M]. East Sussex: Psychology Press Ltd, 2005.

[Gentner and Nielsen 1996] Gentner D, Nielsen J. The Anti-Mac interface [J]. Communications of the ACM, 1996(8):70-82.

[Karat et al 1999] Karat C, C Halverson, D Horn, J Karat. Patterns of Entry and Correction in Large Vocabulary Continuous Speech Recognition Systems[A]. In Proceeding of ACM CHI'99 Conference on Human Factors in Computing Systems[C]. 1999:568-575.

[Lin et al 2003] Jimmy Lin, Dennis Quan, Vineet Sinha, et al. The Role of Context in Question Answering Systems[A]. In Proceedings of The 2003 Conference on Human Factors in Computing Systems（CHI 2003）[C]. Florida: Fort Lauderdale, 2003.

[Lindsay and Norman 1977] Lindsay P H, Norman D A. Human Information Processing[M]. New York: Academic press, 1977.

[Mathias et al. 1996] Mathias E, I S MacKenzie, W Buxton. One-Handed Touch Typing on A Qwerty Keyboard[J]. Human Computer Interaction, 1996, 11(1): 1-27.

[Miller 1956] George A Miller. The Magic Number Seven, Plus Or Minus Two: Some Limits

On Our Capacity For Processing Information [J]. The Psychological Review, 1956, 63: 81-97.

[Preece 1994] Preece Jennifer J, Rogers Yvonne, Sharp Helen and Benyon David. Human-Computer Interaction[M]. Addison-Wesley Publishing, 1994.

[Scaife and Rogers 1996] Scaife M, Rogers Y. External Cognition: How Do Graphical Representations Work? [J]. International Journal of Human-Computer Studies, 1996,45: 185-213.

[Sharp et al. 2007] Sharp H, Rogers Y, Preece J. Interaction Design: Beyond Human-Computer Interaction[M]. 2nd ed. John Wiley & Sons Ltd., 2007.

[Shneiderman 1982] Ben Shneiderman. The Future of Interactive Systems and the Emergence of Direct Manipulation[J]. Behaviour and Information Technology, 1982, 1(3): 237-256.

[Shneiderman 1991] Shneiderman B. A Taxonomy and Rule Base for the Selection of Interaction Styles[A]. In Shackel B. and Richardson S. Human Factors for Informatics Usability[C]. Cambridge: Cambridge University Press, 1991:325-342.

[Shneiderman 1997] Ben Shneiderman. Designing the User Interface: Strategies for Effective Human-Computer Interaction[M]. Addison-Wesley Publishers, 1997.

[Smailagic and Siewiorek 1996] Smailagic A, D Siewiorek. Modalities of Interaction with CMU Wearable Computers [J]. IEEE Personal Communications, 1996(2): 14-25.

[ST Website] http://www.spiritus-temporis.com/command-line-interface/

[Wang et al. 2001] Wang J, S Zhai, H Su.Chinese Input with Keyboard and Eye-tracking: An Anatomical Study[A]. In Proceedings of the SIGCHI Conference on Human Factors in Computing Systems [C]. 2001.

[Wright et al 2000] Wright P C, Fields R E, Harrison M D. Analyzing Human-Computer Interaction as Distributed Cognition: The resource Model[J]. Human-Computer Interaction, 2000, 15(1): 1-41.

[Xu et al 1998] Xu LQ, Machin D, Sheppard P. A Novel Approach To Real-Time Non-Intrusive Gaze Finding[A]. British Machine Vision Conference[C]. Southampton, 1998:428-437.

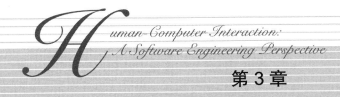

第 3 章

交互设计目标与原则

3.1 引言

随着信息技术进入大众市场，软件产品的用户群体已经发生了巨大的转变。以往计算机的使用者大多是热爱技术的专业人员，他们能够容忍以并不自然的方式与计算机打交道。而今天，大批计算机用户都是不懂技术且缺乏耐心的消费者，传统的人与计算机打交道的方式已经不能满足众多新用户的需求，于是我们经常会听到用户痛苦而无助的抱怨。

无论是软件行业内还是行业外的人都感到应该是做点什么的时候了。当计算机生产厂商以及软件开发人员不再把用户视为一种麻烦的时候，他们选择了"用户友好"这一措辞。但是该词用在此处实际上并不恰当。比如用户实际上并不需要计算机对他们友好，而只是希望在使用计算机完成任务的时候，机器不要变得碍手碍脚。此外，"用户友好"还有从系统单方面是否友好这一角度来描述的意思。而实际上，由于不同用户的需求各异，对某些用户友好的系统可能对其他用户并不友好 [Nielsen 1993]。

由于"用户友好"一词所存在的诸多问题，交互设计人员倾向于使用其他措辞 [Shackel 1991]。"可用性"一词较好地刻画了为满足用户使用需求，交互式系统所应具备的一些特性，如产品是否容易学习和使用，是否能够帮助用户减少错误发生的几率等。相比较而言，"可用性"涵盖了产品应满足的基本特性，而"用户体验"更加生动地刻画了为使用户喜欢该产品交互设计人员应付出的努力。良好的交互设计不仅能够赢得用户的喜爱和信赖，也应该能够使喜爱产品的用户向其朋友们推荐该产品。研究表明，朋友之间推荐的影响力远远超过公众场所投放广告的影响力，也就是说良好的交互不仅可以赢得当前正在使用产品的用户，同时会使这些用户的朋友，以及朋友的朋友加入到用户的行列中来。

当然，拙劣的交互设计会极大打击用户的使用热情：如，删除文件时屡屡弹出确认对话框的时候，辛辛苦苦执行了复杂的交互任务后却被告知因某个条件不符而使操作无效的时候，这些原本能够避免的挫折和打击都会在无形中将用户的热情消耗殆尽，进而放弃该产品。交互设计和交互体验如此重要，相信没有一个交互式系统设计人员会放弃这一阵地。那么在接下来的章节中，我们将详细阐述交互式系统设计的原则和方法。希望读者在学习这些章节之后，能够对如何提升产品的交互体验有更清晰的认识和理解。

本章的主要内容包括：

- 理解交互设计的可用性目标和用户体验目标。
- 了解可用性属性的度量方法和评价体系。
- 学习应用简易可用性工程方法提高产品的可用性。
- 掌握常用的交互设计原则，并能选择适当原则指导交互设计。

3.2 交互设计目标

如果用户需要借助某个交互系统执行一系列步骤来完成某项日常工作，那么交互设计可以帮助系统变得更加简单易用，从而使其工作效率得到极大提高。交互设计不仅关心最终产品是否能够满足用户的需要，帮助用户更加高效地完成任务，同时还关注其他诸如用户是否满意以及系统是否容易使用等特性。实际上，交互设计要求在获取用户需求的同时，即明确用户对系统在生产效率和产品的吸引力方面的倾向性，通常人们使用"可用性目标"和"用户体验目标"对二者进行区分。可用性保证产品功能基本完备，而用户体验的目的是给用户一些与众不同的使用感受，是对用户体验质量的明确说明。

3.2.1 可用性目标

可用性是人机交互中一个既重要又复杂的概念。它不仅涉及正在与人发生交互作用的系统，同时还包括系统对使用它的人所产生的作用。高度可用的系统就如同一本装帧精美的书籍，会让阅读的人感觉愉快并享受阅读的过程，可用性目标能够帮助设计人员设计出让用户愿意使用的系统，并帮助用户更加高效地开展工作。

与人机交互领域的许多概念一样，到目前为止，还没有一个被众多交互设计团队所认可的有关可用性的定义，但我们可以从不同的定义中提取出它的一些核心特征。Nielsen 认为可用性是用于评价用户界面使用方便程度的一种度量属性 [Nielsen 1993]。ISO9241-11 指出"可用性是一个多因素概念，涉及容易学习、容易使用、系统的有效性、用户满意度，以及把这些因素与实际使用环境联系在一起针对特定目标的评价"。

由 ISO 9241—11 的定义可知，可用性实际上并不是用户界面的一个单维属性，我们可以认为它有以下五个方面的特征，或者说可用性是由系统及用户界面的五个不同的方面所构成，如图 3-1 所示。

（1）易学性

易学性指使用系统的难易，即系统应当容易

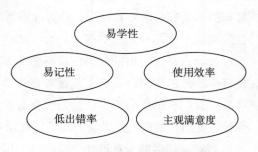

图 3-1 可用性五个方面的特征

学习，从而用户可以在较短时间内应用系统来完成某些任务。易学性是最基本的可用性属性，因为除少量特殊系统可以花费大量时间和物力来培训用户之外，用户都希望能够不费多大力气就能胜任任务的执行。特别对日常使用的交互式软件系统更是如此。因此，确定用户在学习使用某个系统时愿意花费的时间是一个关键问题。

　　我们可以使用如图 3-2 所示曲线表示系统的学习过程 [Nielsen 1993]，而易学性则对应曲线的开头部分。如果一个系统是容易学习的，则学习曲线在开头部分较为陡峭，表示用户可以在一段较短时间内达到相当的熟练水平，通常指面向初学者设计的系统；反之，如果曲线开头的部分比较平缓，则说明系统需要花费较长时间进行学习，通常这类设计主要面向的是专家级用户。在实际应用中，除博物馆的信息系统等即来即用系统之外，大部分系统的学习曲线都是从一开始的时候用户不能做任何事情的状态开始的。

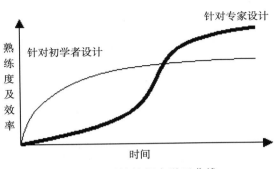

图 3-2　系统的假定学习曲线

　　有专家提出应用"10 分钟法则"作为评价系统是否容易学习的一个标准 [Nelson 1980]。它指出如果用户学习使用一个新系统的时间超过 10 分钟，则该系统设计就是失败的。我们可以举出很多反例来驳斥这一论断，如对导弹发射等特别复杂的系统而言，要求用户 10 分钟学会使用系统不仅是不现实的，同时也是非常危险的。此外在设计新系统时一个关键的问题是用户到底愿意花多少时间去学习这个系统；如果大多数用户无法或者不愿花时间去学习，那么开发它的必要性也就值得重新斟酌了。

　　（2）使用效率

　　任何产品的目的都是帮助用户完成某项任务。因此当用户学会使用产品之后，用户应该具有更高的生产力水平。用户使用产品获得的生产力水平又称效率。从图 3-2 上看，效率指熟练用户到达学习曲线上平坦阶段时的稳定绩效水平 [Nielsen 1993]。在实际设计时，效率与上文的易学性以及下文的易记性之间往往需要进行权衡 [Constantine and Lockwood 1999]。让用户分步骤完成复杂任务的系统尽管容易学习，但是会妨碍熟练用户采用更快的节奏工作；而为加速工作过程所采取的手段往往又难以被用户学习和记忆。如何有效解决这一问题是交互式系统设计所面临的一个极大挑战。

　　（3）易记性

　　软件不仅应当对用户来说容易学会使用，同时在学会使用后应当容易记忆。特别在用户学会使用某个系统后，即使一段时间不用该系统也能够迅速回想起它的使用方法。从而对偶尔使用系统的用户，在几个月甚至更长时间后，也可以借助一些简单提示即能够使用系统，而不用一切事情从头学起。

　　Heim 在《和谐界面》[Heim 2007] 一书中总结了许多可能影响交互式系统易记性的因素，包括：

　　1）位置：将特定对象放在固定位置有助于帮助用户记忆。如应用程序窗口的关闭选项通常放在窗口的右上方，这将使其容易被发现。

　　2）分组：根据格式塔理论，对事物按照逻辑进行恰当的分组也能够帮助用户记忆。比如文本编辑工具中对字体的设置选项通常放置在格式菜单中，这也有助于用户快速找到相关选项。

3）惯例：系统设计中应尽可能使用通用的对象或符号。如在线购物网站上经常使用的购物车符号就是一种有助于记忆的通用符号。

4）冗余：使用多个感知通道对信息进行编码，将有助于加强人们的长期记忆。

基于以上几点，设计人员可以通过使用一些有意义的图标和菜单选项来帮助用户记住任务执行的操作次序，同时也可以通过将相关功能选项组织在一起来帮助用户发现特定工具。此外，与易学性一样，使用用户已有的经验也有助于提高系统的易记性。

（4）低出错率

上一章讲到人的特性时我们提到，与似乎从不出差错的计算机不同，人是会犯错误的。尽管其中一些错误会立即被用户发现并得到纠正，从而不会对交互过程带来过大影响，但是不可避免地，有些错误并不容易被用户察觉，并最终导致交互过程遭受严重破坏，甚至带来灾难性后果，这显然不是用户所期望的。设计人员应该尽可能降低系统的出错率，特别是应采取一些措施尽可能将会引起灾难性后果的错误的发生频率降到最低，并且保证能够在错误发生后迅速恢复到正常状态。很显然，这样的软件比过分依赖用户交互可靠性的系统更加可用。

（5）主观满意度

主观满意度也是可用性目标中的一个重要组成部分，指用户对系统的主观喜爱程度。人机交互学科主张系统使用起来应该是令人愉快的，并能够让用户从主观上感到喜欢使用该系统。特别对家用计算、游戏等非工作环境的系统来说，系统的娱乐价值比完成任务的速度更为重要 [Carroll and Thomas 1988]，因为用户使用这种系统的主要目的就是获得一种愉快或满足的体验。

需要说明的是，作为可用性属性的主观满意度不等同于公众对计算机的总体态度。我们可以将人们对计算机的态度看成是计算机的社会可接受性的组成部分，但这不是可用性的组成部分。可用性中的主观满意度更侧重于独立个体对计算机的态度，如是否该用户更加喜欢与某个特定系统进行交互等 [Nielsen 1993]。

可用性是衡量交互式系统质量的一种重要度量，对交互式系统开发的公司和组织来说，这些目标都是极为重要的。设计人员可以根据上述要求检查产品是否能够改进用户的工作效率，从而对产品的可用性作出判断。传统的软件质量观念更多侧重内部效率和可靠性，如程序代码运行时的效率以及灵活性、可维护性等。然而当人们对软件的关注点从内部视角转向最终用户的外部视角时，可用性自然就成为保证软件质量的关键因素 [Constantine and Lockwood 1999]。

3.2.2 用户体验目标

可用性是衡量交互设计好坏的重要指标，是对产品可用程度的总体评价，也是从用户角度衡量产品是否有效、易学、好记、安全、高效、少错的质量指标。然而随着新技术渗透到人们的日常生活中，人们对产品也有了更多的要求，这迫使研究人员和业内人士开始思考新的交互式系统设计的目标——到底什么样的产品才是用户愿意购买和使用的。交互设计的任务也不再仅仅是用于提高工作效率和生产力，同时人们可能会关心产品的一些其他品质，例如产品是否令人满意、令人愉快、有趣味性、引人入胜、富有启发性、富有美感、可激发创造性、让人有成就感，以及让人得到情感上的满足等 [Sharp et al 2007]。这里，用户的满意度并非只是一种营销口号，因为很显然相比较那些让用户感到气馁和不快的产品，让用户感到满意并留下愉快主观感受的产品更可能被多次使用 [Constantine and Lockwood 1999]。也正是基于上述原因，近年来越来越多的行业开始日益重视用户体验。

用户在与系统交互时的感觉就是所谓的"用户体验"。有关用户体验的概念在游戏以及娱乐行业中往往贯彻得更加彻底。举例来说，为儿童创建的网站应该要有趣并且引人入胜，而面向年轻人的网站则应该更注重时尚感和趣味性。这些网站功能之外的要求都与用户体验相关。从这里可以看出，用户体验目标与可用性目标不同，后者相对客观，而前者则关心从用户的主观角度对交互式产品的使用感受。有些时候可用性可能对用户体验带来阻碍，这是因为与依据可用性目标而设计的产品相比，不易于使用的产品可能会提供截然不同的用户体验 [Frohlich and Murphy 1999]。因此也有人建议，在某些情况下为了让人们感觉"快乐"，甚至可以牺牲部分可用性。如用塑料锤或者按键来击打计算机屏幕上的虚拟钉子，虽然后者较为省力，但前者却能够给用户一个更加生动和有趣的体验。

用户体验是一个非常主观的评价标准，表示用户在使用一个产品或一项服务的过程中建立起来的心理感受，也因而带有一定的不确定性。由于用户个体之间的差异性，每个用户的真实体验很难通过某种途径进行模拟或再现。然而这并不代表用户体验对交互设计的指导也是主观的。因为当用户群体的界定明确之后，其用户体验的共性可对交互设计提出有益的指导。

用户体验的概念应该是从开发的最早期就已经进入整个系统开发流程，并会贯穿始终。重视用户体验不仅能够帮助开发人员对用户体验作出正确的预估，同时有助于认识用户的真实期望和目的，并在功能核心能够以低廉成本加以修改的时候对设计进行修正。最后，重视用户体验有助于保证功能核心同人机界面之间的协调工作，减少产品的 Bug。

在具体实施的时候，早期可以通过焦点小组和上下文访谈获取用户体验目标，开发过程中可以应用可用性学习方法，后期可以通过用户测试对系统进行检验。有关这些方法的细节，我们将会在下面章节进行详细讨论。

最后，我们希望设计人员充分认识到可用性目标和用户体验目标之间的权衡和折中关系。可用性保证产品的基本功能完备且方便易用，而用户体验的目的是给用户一些与众不同的使用感受。换句话说，可用性目标是产品应该具有并做到的，而体验则是额外的惊喜和收获。很多时候，在满足用户需要的前提下，追求二者的不同组合会对产品带来不同的影响。显然，不是所有的可用性目标和用户体验目标都适用于每个交互式产品，有些目标甚至是相互排斥的。举例来说，我们不会去设计一个既有趣又安全的过程控制系统，因为这显然没有多大的必要。而至于到底哪些目标是重要的，则取决于使用的上下文、具体的任务以及针对的特定用户。

3.3　简易可用性工程[⊖]

可用性工程（Usability Engineering）是一种以提高产品的可用性为目标的先进的产品开

　　⊖　本节主要内容节选自 [Nielsen 1993]。

发方法论。可用性工程的出现存在必然性：一方面，要保证系统具有高可用性，必须遵循一定的设计方法；另一方面，日益突出的可用性问题以及解决这一问题的迫切需求，也促进了可用性工程的诞生。可用性工程借鉴了许多不同领域的方法和技术，强调以人为中心来进行交互式产品的设计研发。它主张任何由人来使用的产品或服务都应满足高的可用性，坚持无论系统的内部实现如何复杂，产品最终展现给用户的都应该是一个易用且高效的使用界面。因为用户使用产品的目的在于完成某种功能，而不是花费很多时间和精力去了解产品的工作原理。

可用性工程于 20 世纪 80 年代最先在一些大型 IT 企业中获得工业应用，并在 90 年代得到迅速普及。目前国际知名 IT 企业大多建立了规模较大的产品可用性部门，并配有专业的可用性人员。如 IBM 公司在 1969 年就在产品开发过程中采用了可用性工程方法，并逐步建立了自己的可用性工程规范。IBM 公司有一个口号是"可用性方面的投入是一本万利的"，说明了该公司对可用性工程的重视程度。微软公司的可用性部门成立于 1989 年，现在已有 14 个可用性实验室近 200 名可用性专业员工，可用性工程方法已被系统地运用于各类产品开发过程。

可用性工程是完整的用于改善产品可用性的迭代过程，贯穿于产品设计之前的准备、设计实现、产品投入使用以及维护阶段。上一节中我们介绍了可用性定义和相关的基本概念，在本小节中我们将重点介绍可用性度量和可用性工程的生命周期。有关可用性工程的详细内容，读者可参考 [Nielsen 1993]。

3.3.1　可用性度量

3.2.1 节介绍了常用的可用性指标，包括易学性、易记性、使用效率、低出错率以及主观满意度等。随之而来的一个问题是，我们怎样去衡量一个系统是否满足了可用性的需求呢？在这一节中将介绍一些常用的可用性属性度量方法。

一种常用的可用性度量方法是选择一些能够代表目标用户群体的测试用户，让这些用户使用系统执行一组预定的任务，然后比较任务的执行情况。如果测试用户的选取较为困难，那么也可以通过让真实用户在工作现场执行自己的日常任务的办法来进行度量。两种情况下都需要注意的一点是：可用性度量一定要针对特定的用户和特定的任务进行。因为当任务不同时，用户对可用性的结果预期也可能是不同的。举例来说，用户对用于编辑邮件的文字处理程序和用于编写数万页技术文档的文字处理程序的要求是不同的。因此，在进行可用性度量之前，首先要明确一组具有代表性的测试任务，只有相对这组任务，才能给出不同可用性属性的度量结果。

由于可用性不是一个一维属性，因此评估系统整体的可用性水平通常的做法是取每个可用性属性的平均值，然后与已经确定的某个最低标准进行比较。又考虑到不同用户之间的差异性，所以一个可行的做法是考虑可用性度量值的整体分布情况，而不仅仅只是一个平均值。例如，主观满意度的评价标准可以定义为在 1~5 分的 5 分制情况下平均值至少为 4；也可以要求至少 50% 的用户给系统打 5 分；或者是给系统打 1 分的用户不超过 5% 等。

下面针对 5 个常用的可用性指标，给出其相应的度量方法。

（1）易学性度量

初始易学性是可用性属性中最容易度量的属性。试验中可以找一些从未使用过系统的用户，然后统计他们学习使用系统直至达到某种熟练程度的时间。通常特定熟练程度以用户能够完成某个特定任务的方式来进行描述，或者当用户能够在特定的时间内完成一组特定任务时，称他们达到了一定的熟练程度。从图 3-2 中看到，学习曲线表示的是一段持续改进的用户绩效，而没有明确区分"学会和未学会"两种状态。而易学性的度量则是通过把某个特定绩效水平定义为用户已经学会系统并能够达到某个熟练水平的标志，并以度量用户达到这个水平所用的时间作为易学性的度量标准。

通常用户在只学习了部分界面功能就可以开始尝试使用系统，而不会一直等到学完整个用户界面的功能之后再来使用。基于用户这种直接上手使用系统的倾向，度量时不仅要度量用户需要花多长时间掌握这个系统，还应当度量需要花多长时间可以达到能够做些有用的事情的熟练程度。此外，测试用户的选取，一方面应该能够代表系统的目标用户，另一方面有必要对没有任何计算机使用经验的新手用户和具有一般计算机使用经验的用户进行分别度量。特别随着计算机的日益普及，后者的研究已经变得越来越重要。

（2）使用效率度量

效率可以描述为熟练用户达到学习曲线上平坦阶段时的稳定绩效水平。由于用户自身的原因，以及少量系统的操作十分复杂，因此并不是所有的用户都能够迅速达到最终的绩效水平。这种最终绩效水平可能对用户来说不是最佳绩效，他们可以花费更多的时间去学习一些额外的高级功能。而且有研究表明，学会这些高级功能后，他们在使用系统中节省的时间往往多于学习这些功能所需的时间，这意味着进行这种学习是十分值得的。

对效率的度量同样要区分不同的用户群体。如果希望度量的是有经验用户的使用效率，那么就需要挑选有经验的用户进行测试。"有经验"较为正规的衡量方式是通过使用系统的小时数来定义的。实际测试时可以先召集用户，然后让他们花上几个小时的时间使用系统，然后再度量其绩效水平，比如完成特定任务需要多少秒等；或者可以为用户绘制学习曲线，当发现用户的绩效水平在一段时间内不再提高时，就认为已经达到了该用户的稳定绩效水平。

综上所述，度量使用效率的一种典型方法是首先确定关于技能水平的某种定义，随后寻找一批符合该技能水平的有代表性的用户样本，最后度量这些用户执行某些典型测试任务所用的时间。

（3）易记性度量

初次使用系统的用户我们称为新手用户，与之相对应的，具有一定使用经验且达到某个绩效水平的用户我们称为熟练用户，除却上述两种用户类型，还有一类用户是那些间断使用系统的人。他们不同于新手用户，因其具有一定的系统使用经历，因此不必从头学起，而只需要基于以前的使用经验回忆系统如何使用；同时他们也不同于熟练用户，因为他们不需要频繁地使用系统，我们称这类用户为非频繁使用用户。一个系统的用户界面是否容易记忆，对这类用户至关重要。因而，对非频繁使用用户进行测试最能体现系统的易记性。

对界面易记性的度量主要有两种方法：一是对在特定长时间内没有使用系统的用户进行标准用户测试，记录下这些用户执行特定任务所用的时间；二是对用户进行记忆测试，例如在用户完成一个应用系统的特定任务后，让用户解释各种命令的作用，或者说出对应某种功能的命令选项，甚至可以要求用户画出相应的图标等。最终可以以用户回答正确的问题的个数对用户界面的易记性进行打分。

易记性测试看起来容易，实际上并不简单，这是因为现代用户界面设计的基本思想是尽可能让用户从界面上看到更多的东西。用户在使用这类系统的时候不用主动去记忆什么内容，因为系统在必要时会给予足够的提示。Mayes 等 [Mayes et al 1988] 进行的一项针对图形用户界面的研究表明，尽管用户离开系统后可能想不起来菜单的内容，但是当他们重新坐在系统前的时候，通常不会在使用菜单时遇到任何问题。在实际测量中应充分考虑该因素的影响。

（4）错误率度量

错误通常指不能实现预定目标的操作。而系统的出错率是在用户执行特定任务时通过统计这种操作的次数来进行度量的，因此可以在度量其他可用性属性的同时来度量系统的出错率。

按照错误发生可能带来的影响，可以将错误分为两种：一种错误发生后能够被用户立刻纠正，因而除了可能影响到事务处理的速度之外，不会对系统带来灾难性的影响；还有一种错误则不易于被用户发现，从而可能造成最终结果存在问题，又或者破坏了用户的工作并使之难以恢复。前一种错误的影响往往会被包含在使用效率的统计当中，因此没有必要在这里进行单独统计；通常错误率度量中需要考虑的都是后一种错误，设计人员在设计时也应该将其发生的频率降到最低。

（5）主观满意度度量

从任何一个用户的角度来看，满意度度量的评价都是主观的，而满意度评价本身具有的主观性特性使得以询问用户的方式进行度量似乎显得很合适，许多可用性研究中也采用了这种方法。为尽可能减少单个用户评价的主观性，可以把多个用户的结果综合起来取其平均值，以获得对系统令人愉快程度的一种相对客观的度量，极少数可能采用来自社会学或心理度量学等更为复杂的方法。满意度度量通常在用户测试完成后进行，可以给用户一份简单的调查问卷，要求用户对系统进行打分。需要注意的是，对新系统的评价一定要在用户使用系统执行真实的任务之后再来询问他们的看法，因为有研究表明，使用系统之前和使用系统之后对问卷的回答结果可能存在很大的差别 [Root and Darper 1983]。

为保证最高的结果返回率，满意度调查问卷通常都设计得较为简短，并以 1 ~ 5 或 1 ~ 7 的 Likert 度量尺度或语义差异尺度作为打分标准 [Lalomia and Sidowski 1990]。在使用 Likert 尺度时，问卷上会给出如"我觉得这个系统容易学习"等陈述句，要求用户给出他们认为同意或不同意的程度。在 1 ~ 5 分的评价尺度中，得分越高，说明认可的程度越高。具体来说，1 表示非常不同意，2 表示部分不同意，3 表示既不同意也不反对，4 表示部分同意，5 表示非常同意。Nielsen 和 Levy[Nielsen and Levy 1994] 对已经发表的有关用户界面主观满意度的工作进行了调研，发现 1 ~ 5 分的评价尺度的中值是 3.6 分（1 分满意度最低，5 分最高），而非直观上认为的 3 分。这里"中值"的含义是说一半的系统比该值好，还有一半比该值差。

由此可知，在使用评价尺度时，为评估定义一个锚点或基准点是非常重要的。如果有多个系统需要评价，或者存在同一个系统的多个版本，那么可以通过系统之间的比较确定哪个系统能够提供用户最愉快的使用体验。如果只对一个系统进行度量，那么考虑到用户在回答问题时通常是比较客气的，因此他们的回答会倾向于肯定评价较多，所以在对评价做出解释时应当非常谨慎。一种解决方式是对部分问题采用相反方式进行提问，即当用户给出肯定答复时表示对系统的评价是负面的，从而使结果加以抵消。

表 3-1 和表 3-2 列出了常用的用于度量主观满意度的问题样本。

表 3-1　使用 Likert 度量尺度时可以向用户提出的问题
（通常针对具体系统以系统的名字取代"这个系统"）

下面关于系统的陈述，请指出您同意或不同意的程度：

"很容易学会怎样使用这个系统"

"使用这个系统是一段让人很沮丧的经历"

"这个系统可以帮助达到很高的生产效率"

"担心使用该系统获得的结果存在错误"

"使用该系统工作让人感觉很愉快"

表 3-2　部分度量用户对计算机主观满意度的语义差异尺度 [Coleman et al 1985]

请在最能够体现您对这个系统印象的位置上做标记

愉快——————————气恼

完善——————————不完善

合作——————————不合作

简单——————————复杂

速度快—————————速度慢

安全——————————不安全

除了问卷调查的形式之外，还有少量研究通过获取脑电图、心率、血压和血液肾上腺素浓度等心理指标来评估用户在使用系统过程中的舒适程度 [Mullins and Treu 1991][Schleifer 1990]。但是考虑到上述方式的实验条件容易让人感到畏惧，因此这种方法在可用性工程研究中并不多见。

在进行主观满意度度量时，还需注意一个问题，即不论采用什么样的评价尺度，都应当在大规模测试前进行试点测试，以保证用户能够正确理解问题的含义并做出恰当响应，因为针对部分问题，设计人员与测试用户可能给出完全不同的理解。

有关上述可用性指标的度量方法及举例请参考本教材第三部分内容。

3.3.2　可用性度量举例

Bewley 等 [Bewley et al 1983] 进行了一组实验，对某图形用户界面的四套不同图标进行了可用性度量，实验中测试了每个图标的易学性、使用效率和主观满意度。其中，易学性度量采取了两种方式。首先，每次向用户展示一个图标，然后让用户描述图标的含义，测试每个图标的直觉性。其次，考虑到图标通常都不是孤立出现，所以通过向用户展示一整套图标来测试图标的可理解性。实验过程中告诉用户一个图标的名字及其功能的简要描述，要求用户指出与之最匹配的图标。另外给用户一整套图标名字，让用户完成图标名称与图像的配对。

被正确描述或配对的图标所占的比例即作为图标易学性的得分。

使用效率度量分两个测试。第一个测试中首先让用户学习待测图标的含义，随后随机给他们一个图标的名字，并告知用户该图标将会在计算机屏幕上显示。然后随机地显示图标，如果用户认为它是要寻找的图标就按"是"键，否则就按"否"键。第二个测试同时向用户显示多个图标，让用户点击与所给名字相符的那个图标。这两个测试中图标使用效率的得分记作用户的反应时间（秒）。

主观满意度也分两个测试。第一个测试中，让用户就图标是否容易识别逐个打分，主观满意度得分就是用户给该图标的打分；第二个测试让用户从四个可能的图标中选出与所给名称最为相符的图标，主观满意度得分记作选择正确图标的用户比例。

最终结果显示，在图标中包含命令名字的那套图标得分总是最高。这一结果并不出人意料，不过从图形上来说这套图标并不显眼，当把很多图标放在屏幕上时，使用起来就会比较困难。因此，最终设计者基于前面四套图标中的一套又设计了第五套图标。

以上实验表明，图标的可用性可以通过多种方法来定义和度量，没有一种方法和标准是适合所有情况的，实际操作中需要根据具体情况来进行选择。

3.3.3 四种主要技术

完整的可用性工程过程包括如下阶段：

1）了解用户。

2）竞争性分析。

3）设定可用性目标。

4）用户参与的设计。

5）迭代设计。

6）产品发布后的工作。

可以看出，可用性工程并不是能够在产品发布之前把用户界面一次性搞定的活动。理想情况下可用性工程是围绕产品的整个生命周期进行的一组活动，甚至在产品发布后还需继续收集重要的可用性数据，以进一步改善产品的可用性，并为后续版本的开发做准备。

尽管理想情况下的可用性工程过程更有助于确保最终产品的可用性，但是应用其进行开发的代价也可能是十分昂贵的，而且这种昂贵不仅仅包括金钱投入，同时还包括技能方面的投入。更多时候，可用性专家所使用的晦涩术语和精密的实验室设备都会使开发人员和产品经理望而生畏，甚至会因此错误地认为应用可用性工程必须掌握某些高深的理论，从而使可用性工作与实际开发过程渐行渐远 [Bellotti 1988]。作为提高产品可用性的一种有效途径，反倒是比较简单的方法可能更容易在实际的设计实践中被采纳和推广。

基于上述原因，Nielsen 在 [Nielsen 1989][Nielsen 1994b] 中对可用性工程进行了简化和概括，并提出了基于如下四种关键技术的"简易可用性工程"（Discount Usability Engineering，DUE）方法。Nielsen 认为这些花费较少且较易实现的方法更加容易被开发群体接受。这四种技术分别是：用户和任务观察、场景、简化的边做边说以及启发式评估。

（1）用户和任务观察

了解产品的目标用户是可用性工程的第一个步骤。开发人员应该访问真实的顾客现场，以便对产品将会被怎样使用有一个感性的认识。由于用户特征和任务特征是影响产品可用性的两大主要因素，因此有必要对他们进行认真的分析研究。在了解用户的过程中，需要注意的一个问题就是要直接与潜在用户进行接触，而不要满足于间接接触和道听途说。在一些项目中，开发人员可能会反复争论用户是什么样的，或者用户可能想要什么，并为此浪费了大量时间。与这种闭门造车的工作方式相比，直接从用户那里获取真实的信息反倒更为高效。

（2）场景

场景是一种简便易行的原型工具，通过省略整个系统的若干部分来减少实现的复杂性，与那些需要使用先进设计工具才能实现的复杂原型相比，这种工具格外节省时间和成本。通常来说，水平原型能够减少功能的深度并获得界面的表层，垂直原型则能够减少功能的数量并对所选功能进行完整实现。而场景的优点在于既能减少功能的深度，又能减少功能的数量。场景可以是纸质模型也可以是简单的 RAD 原型。同时由于场景的规模很小，可以方便地在测试和设计之间频繁进行迭代，从而最大限度增加确认可用性问题的机会。场景的用途体现在两个方面：首先，在界面设计过程中可以把场景作为用户最终如何与系统进行交互的描述手段；其次，在用户界面设计的早期评估阶段，可以在没有实际可运行原型的情况下通过场景来获得用户的反馈。

（3）边做边说

边做边说法可能是最有价值的单个可用性工程方法。它通常被心理学家和可用性专家在录影访谈受访者的时候使用。其基本思想是让真实用户在使用系统执行一组特定任务的时候，讲出他们的所思所想 [Lewis 1982]。这样观察人员不仅可以了解用户希望进行的工作，同时还可以了解他们为什么要这样做，并进而确定用户可能对系统产生的误解，从而可以对系统进行后续改进。Nielsen 进行的研究显示，从事软件设计的专业人员能够在接受少量培训之后，应用边做边说法对用户界面进行有效评估，并且发现许多可用性问题。这里，简化的边做边说主要指：对用户使用系统情况的分析可以基于实验人员所做的记录进行，而不仅仅局限于针对实验过程录像的数据进行分析。对大多数人来说，把自己的想法大声说出来似乎不是那么自然，因此实验人员需要不断地提示用户，让他们能够大声地说出他们的想法，又或者可以在测试开始前让他们先观摩一段简短的边做边说测试，以帮助他们进入角色。

为了帮助非专业的可用性人员有效完成可用性测试，许多可用性专家提出了上千条用于检验产品可用性的准则。为简化可用性工程过程，Nielsen 对其进行了总结，并最终提出了 10 条最基本的可用性原理。研究显示，这些评估依据在实际中能够发现许多可用性问题，而剩下的许多问题则可以通过简化的边做边说方法来发现。由于通常不同的人可能对不同的问题比较敏感，因此为确保个人的偏见不会影响整个过程，Nielsen 建议应当让多个不同的人来进行经验性评估。有关这十条评估准则的细节，我们将在 3.4.4 节中进行详细介绍。

（4）启发式评估

提到启发式评估，一个核心问题就是究竟需要多少个测试用户参与才算足够。为回答这一问题，2000 年 Nielsen 和 Tom Landauer 进行了大量可用性测试，得出 n 个测试用户能够发现的可用性问题数量可以表示为：

$$N\,(1-(1-L)^n)$$

其中 N 为设计中存在的可用性问题的总数，L 为单个参与者所能够发现的可用性问题的比例。在大量试验基础上可以得出，L 的取值约为 31%，据此可以得到测试用户与发现的可用性问题之间的关系如图 3-3 所示。

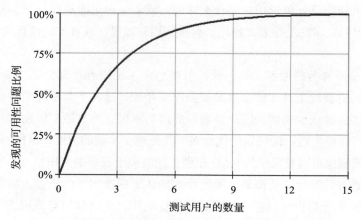

图 3-3　测试用户的数量与发现的可用性问题之间的关系

从图 3-3 中可以看到，主要信息都来自前六名测试者，随着参与者的不断增加，回报逐渐减小，表示此时所获得的信息大多与之前是重复的，因而，选用更多测试人员仅仅是浪费时间和金钱的行为。根据图 3-3，5 名用户能够发现约 80% 的可用性问题，因此被认为是最恰当的可用性测试用户数量；同时 Nielsen 还指出，在进行可用性测试时，最多可选取 15 个用户进行测试。但是他建议将测试分阶段进行，而不要一次性把所有用户都用上：首先请 5 位用户进行测试，随后根据测试结果对系统进行改进，再请另外 10 个用户对系统进行测试，这样就能够发现用户测试对系统设计的改进效果。

3.4　交互设计原则

与其他设计学科一样，交互式软件系统的设计也是由各种规则来指导的。设计规则能够为设计人员提供指导并帮助他们对设计问题做出决策，从而增加最终产品的可用性。专家和学者们总结了很多条重要的设计规则，也有很多方法对他们加以应用。这里首先介绍一些通用的设计规则，然后介绍交互设计领域比较有影响力的三条设计规则。需要指出的是，这些规则大多来源于提出者的经验和总结，它们不是完美无缺的，甚至有些会相互矛盾，在具体使用时，必须根据实际情况进行调整和细化。但是可以肯定的是，任何遵循这些简单规则的设计者，相对忽略这些规则的设计者，将会构建出更好的系统。

3.4.1　基本设计原则

交互设计原则能够解释为什么有些产品是成功的，以及可能是什么原因导致了某些产品的不成功。Dix 等 [Dix et al 1993] 列举了三类基本的用于提高产品可用性的交互设计原则，分别是可学习性、灵活性和健壮性。其中：可学习性是指新的用户能用它开始有效的交互并能获得最大的性能。灵活性是指用户和系统能以多种方式交换信息。健壮性是指在决定成就和目标评估方面对用户提供的支持程度。

（1）可学习性

可学习性是有关交互式系统的特性，使新用户在初始时明白如何应用交互式系统，其后如何获得最大程度的性能。表 3-3 包含了影响可学习性原理的总结。

表 3-3　影响可学习性原理的总结

原　理	定　义	举　例
可预见性	用户能够基于以往的交互经验确定系统可能的行为	图形工具包中含有许多图形对象（矩形、圆形等）。用户下一次使用的时候能够确定图形是由哪些图形对象构成的
同步性	支持用户在当前状态下评估过去操作的结果	系统应该对用户操作给出显式反馈，如用户执行文件复制或移动操作后，应该在目标文件夹显示一个新的文件名等
熟悉性	与新系统交互时，能应用其他系统或领域的知识的程度	隐喻是该原则的例子，如"桌面"将文件、文件夹等真实桌面任务相关的概念应用到计算机当中。屏幕上物体的形状表示了其功能
普遍性	用户能够从同一领域或跨领域应用的交互中使交互知识得到扩展	同一应用中，用户能够应用绘制矩形的经验绘制一个圆。另外不同应用之间的复制、剪切、粘贴命令是一个很好的跨领域普遍性的例子
一致性	能够从相似任务或情况中得出输入输出行为的相似性	同一系统中不同命令参数使用的一致性

（2）灵活性

灵活性表示终端用户和系统交互信息方式的多样性。表 3-4 包含了影响灵活性原理的总结。

表 3-4　影响灵活性原理的总结

原　理	定　义	举　例
能动性	原则上建议给用户更大的主动权，并减少系统的主动权	用户能够在交互过程的任意时刻开始或终止某个操作
多线程	允许用户同时执行多个任务的能力	窗口系统中，用户可以在一个窗口进行文本编辑，同时在另一个窗口进行文件管理
任务可移植性	用户与系统之间进行控制转移的能力	文档拼写检查既可以由系统自动完成，也可以由用户完成，或二者合作完成
可替换性	相等的输入或输出之间可以相互替换的能力	文档的页边距设置既可以以英寸为单位，也可以以厘米为单位
可定制性	用户或系统对界面的可修改能力	如用户可对 MS-Word 的工具条进行定制，以保证常用功能选项总是可见的

（3）健壮性

在一个工作或任务范围内，一名用户应用计算机是为了达到一些目标。交互的健壮性包括支持目标成功获得和评估的特征。表 3-5 为影响健壮性原理的总结。

表 3-5 影响健壮性原理的总结

原 理	定 义	举 例
可观察性	用户能够在多大程度上根据系统的表现推测系统的状态	从 ftp 上下载文件的时候会显示一个进度条表明下载进度。如果进度条从界面上消失，表明下载完成
可恢复性	当用户行为导致系统错误的时候，提供给用户执行正确操作的支持	MS-Word 中"undo"和"redo"功能能够帮助用户恢复到前一个或者后一个状态
反应性	用户能够在多大程度上预测系统的响应时间	任何系统中加载程序的时候都需要占用一定时间
任务一致性	系统提供给用户的帮助与用户要执行任务的一致性，以及任务自身与用户理解之间的一致性	系统需要向用户提供必需的服务，实现方面要满足用户对服务的理解

3.4.2 Shneiderman 的八条"黄金规则"

Ben Shneiderman[Shneiderman 1998] 在《用户界面设计》一书中，总结了八条界面设计规则，又被称为"黄金规则"。作为一个有用的指导，这八条"黄金规则"已经被广大学生和设计人员所接受，其主要内容如下：

（1）尽可能保证一致

在实际设计中，要完全遵循这条规则非常困难，因为一致性可能包括界面设计的方方面面，如术语的一致性、操作序列的一致性，以及颜色、布局和字体的一致性等。因此这条规则也是应用中最常被违反的。如删除操作中没有提供确认提示等。

（2）符合普遍可用性

设计要充分考虑用户操作的熟练程度、年龄范围、身体状况（如是否有残疾）等多方面的不同需求。当用户使用频率增加时，可能会希望减少每次操作的交互次数并提高交互的效率，因此可考虑为专家用户提供相应的缩写或快捷键操作，以丰富界面可感知的系统质量。相反，对新手用户应尽可能提供引导性的帮助信息，来帮助用户完成特定的交互任务。

（3）提供信息丰富的反馈

对所有用户操作提供相应的系统反馈信息。如果该操作较为常用，则反馈信息可以相对简短；而当操作不常用时，系统的反馈信息就应该丰富一些。界面对象的可视化表现的变化能够清晰地提供这一反馈。

（4）设计说明对话框以生成结束信息

设计能够终止的会话，让用户知道什么时候他们已经完成了任务。操作序列应当被分为开始、中间和结束三个阶段。每当一组操作结束后都应该有相应的反馈信息告诉用户系统已经准备好接受下一组操作。这不仅可以使用户产生完成任务的满足感和轻松感，而且有助于让用户放弃临时的计划和想法。举例来说，用户在电子商务网站购物时，最终网站将以一个清晰的确认网页来告知用户这次交易的完成。

（5）预防并处理错误

应当提供故障预防和简单的故障处理措施，尽可能设计不让用户犯严重错误的系统，并且即便用户犯了错误，也能够在清晰的指导下进行恢复。预防措施包括将不适当的菜单选项功能以灰色显示屏蔽，以及禁止在数值输入域中出现字母字符等。当错误出现时，系统应该能够检测到错误，并提供简单的、有建设性的、具体的指导来帮助用户进行恢复操作。比如，填写表单时如果用户输入了无效的邮政编码，那么系统应该引导他们对此进行修改，而不是要求用户重新填写整个表单。

（6）让操作容易撤销

尽可能让操作容易撤销，从而减轻用户的焦虑情绪，并鼓励用户尝试新的选项，对界面进行深入探索。撤销的操作可以是一个单独的数据输入操作，也可以是一组操作，如输入名字和地址等。

（7）支持内部控制点

Gaines[Gaines 1981] 曾提出避免因果性规则，并鼓励用户成为行为的主动者而不是响应者。这与该条设计规则是部分一致的。有经验的用户会希望对界面享有一定的控制权，并且也希望界面能够对他们的操作进行反馈。当系统出现奇怪的行为，或要求进行冗长的数据输入，又或者很难或无法得到所需信息时，用户将会感到焦虑和不满，这是我们不希望看到的。

（8）减轻短时记忆负担

根据 7 ± 2 法则，人凭借短时记忆存储的信息是非常有限的，因此界面显示应该尽可能简单，不同显示页面的风格应该统一，尽可能减少在窗口之间的移动，并且要确保提供用户足够的学习代码、记忆操作方法和操作序列的时间。同时，还可考虑提供适当的在线帮助信息。

3.4.3　Norman 的七项原理

Norman 在《设计心理学》中总结了交互设计应遵循的七项原理 [Norman 2002]，这些原理主要为其以用户为中心的设计思想进行了总结。读者可参考原书以获得对此更加全面的认识。这七项原理的主要内容如下：

（1）应用现实世界和头脑中的知识

当待完成任务的知识可以从外部获得时，无论是显式地或是通过环境强加以限制，人们通常都能工作得很好。当要提高任务的效率时，也需要使通常的任务变成内部的。因此，系统应该在环境内部提供必要的知识。

（2）简化任务结构

简化任务结构可避免复杂的问题求解和过多的内存负载。简化任务结构存在多种方式：一种方式是为用户提供帮助，让用户清楚复杂任务的发展进程；另一种方式是为用户提供尽可能多的反馈信息；第三种方式是在不减少用户经验的基础上，将全部或部分任务自动化。上述所有这些方式都要注意不应失去对用户的控制。

（3）使事情变得明显

在 2.2.1 节中我们讨论了 Norman 的执行与评估周期，并详细阐述了行为的七个阶段。这一原则要求界面使系统清楚能做什么事情以及如何完成，同时应该使用户清楚地看到这些操作在系统上的结果，其目的是架起执行和评估之间的桥梁。

（4）获得正确的映射

应该将用户的意图和操作清晰地映射到系统的控制和事件上，保持相互之间清楚的对应关系和对应程度。如对控制键和滑动键等而言，小的移动应该对应小的效果，大的移动则应对应较大的效果。

（5）利用自然和人为的限制力量

限制指除正确操作之外，禁止用户做其他事情。Norman 用智力拼图玩具来说明这一现象。在玩智力拼图时，只有一种拼板组合方式能够构成目标图形，这就是通过设计指导的物理限制来支配用户完成任务的例子。

（6）容错设计

由于人是会犯错误的，因此在设计时应预见用户可能犯的错误，并提供系统的恢复机制。

（7）当所有都不成功时进行标准化

如果没有自然的映射，则任意映射都应该被标准化，从而用户只需要学习一次。Norman 举了一个例子来说明这一现象：当驾驶员进入一辆从未驾驶过的汽车时，能够很快对其进行驾驶，这是因为主要的控制已经标准化了。尽管他可能在打开挡风玻璃的时候错误地选择打开了指示灯，但主要的控制器（加速器、刹车、离合器、方向盘）总是一样的。

3.4.4　Nielsen 的十项启发式规则

Nielsen 也提出了一些有关交互设计应遵循的规则 [Nielsen 1994][Nielsen and Molich 1990]。由于这些规则经常在系统设计完成后用于发现系统设计中的可用性问题，因此又被称为启发式（Heuristics）规则。在本小节中我们仅罗列相关规则的内容，我们将在本书最后的交互评估部分再对它进行详细讨论。

（1）系统状态的可见度

系统应该始终在合理的时间以适当的反馈信息让用户知道系统正在做什么。例如，如果一个系统操作要花费一定的时间，那么系统应该给出花费多少时间能完成多少任务的一个指示。

（2）系统和现实世界的吻合

系统应该使用用户的语言，应用用户熟悉的词、短语和概念，而不是使用面向系统的术语。应遵循现实世界中的惯例，让信息以一种自然且合乎逻辑的次序展现在用户面前。

（3）用户享有控制权和自主权

在前面讲到人的特性时我们谈到，人经常会犯错误，在使用系统时也是如此。为此，当用户执行错误操作后，系统应该在用户查看误操作延伸出来的对话时提供一个有明显标志的"紧急退出"操作以帮助用户离开异常状态。同时，系统还应支持"undo"和"redo"操作。

（4）一致性和标准化

系统设计应遵循特定平台的惯例并接受标准，从而避免用户无法确定不同词汇（或情境、动作）是否具有相同含义的情形出现。

（5）避免出错

一个能够事先预防问题发生的细致设计要比好的错误提示信息好很多，因此应尽可能使设计能够预防错误的发生。

（6）依赖识别而非记忆

使界面的对象、动作和选项都清晰可见。用户从对话的一部分到另一部分不必去记忆任何信息。系统使用说明在任何时候都应该是可见或容易获取的。

（7）使用的灵活性和高效性

允许用户定制可能经常使用的操作。快捷键能够加速交互过程，并且应该是为熟练用户设计的，对新手用户不可见。这样，系统就能同时迎合新手用户和熟练用户。

（8）有审美感和最小化设计

在对话中避免使用无关或极少使用的信息。这是因为任何一个额外信息都会与对话中的相关信息进行竞争，减少它们的可见性。

（9）帮助用户识别、诊断和恢复错误

应该使用简明的语言而非代码来表示错误信息，准确指出问题所在，并提出建设性的解决方案。

（10）帮助和文档

尽可能让用户可以在不使用文档的情况下使用系统，但提供帮助和说明仍然是必要的。这些信息应该易于检索，紧紧围绕用户的任务，列出要执行的具体步骤，并且篇幅不要太长。

习题

1. 抛开课本内容，你认为交互式软件系统的可用性包含哪些方面？
2. 十分钟法则是否适合用来评价交互式软件系统的易学性？请说明原因。
3. 列举几种可帮助用户减少需要记忆内容的方法。
4. 给出下列交互式软件的核心可用性目标和用户体验目标：
   a）用于帮助儿童之间进行交流和合作的移动设备。
   b）帮助公众访问其医疗记录的互联网应用。
   c）建筑师和工程师使用的计算机辅助设计（CAD）系统。
5. 设计一个实验，度量两款不同手机软件的图标设计的可用性。
6. 对用户测试而言，选取多少数量的用户是比较恰当的，并简述原因。
7. 对比"黄金规则"和"启发式规则"，看看两者之间有哪些相同点和不同点。
8. 黄金规则和启发式规则如何帮助界面设计者应用认知心理学？用实例对答案进行说明。

参考文献

[Bellotti 1988] Bellotti V. Implications of Current Design Practice for The Use of HCI Techniques[J]. Peple and Computers IV. Cambridge: Cambridge University Press, 1988:13-34.

[Bewley et al 1983] Bewley W L , Roberts T L, Schroit D, Verplank W L. Human Factors Testing in The Design of Xerox's 8010 'Star' Office Workstation[A]. In Proceeding of ACM CHI'83[C]. Boston 1983: 72-77.

[Carroll and Thomas 1988] Carroll J M, Thomas J C Fun. In ACM SIGCHI Bulletin[C]. 1988, 19(3): 21-24.

[Coleman et al 1985]Coleman W D, Williges R C, Wixon D R. Collecting Detailed User Evaluations of Software Interfaces[A]. In Proceedings of 29th Annual Meeting of Human Factors Society[C]. 1985:240-244.

[Constantine and Lockwood 1999] Larry L, Constantine, Lucy A D Lockwood. Software For Use: A Practical Guide to The Models and Methods of Usage Centered Design[M]. Addison-Wesley, 1999.

[Dix et al 2004] Alan Dix, Janet Finlay, Gregory Abowd, et al. Human-Computer Interaction [M]. Prentice Hall, 2004.

[Frohlich and Murphy 1999] Frohlich D, Murphy R. Getting Physical: What is Fun Computing in Tangible Form?[A]. In Computers and Fun 2 Workshop[C]. New York: 1999.

[Gaines 1981] Gaines B R. The Technology of Interaction: Dialogue Programming Rules [J]. International Journal of Man-Machine Studies, 1981, 14: 133-150.

[Heim 2007] Steven Heim. The Resonant Interface: HCI Foundations for Interaction Design[M]. Addison-Wesley, 2007.

[Lalomia and Sidowski 1990] Lalomia M J, Sidowski J B. Measurements of Computer Satisfaction, Literacy, and Aptitudes: A Review[J]. Human-Computer Interaction, 1990, 2(3): 231-253.

[Lewis 1982] Lewis C. Using The 'Thinking-Aloud' Method in Cognitive Interface Design[A] Research Report RC9265[R]. IBM T J Watson Research Center, 1982.

[Mayes et al 1988] Mayes J T, Draper S W, McGregor A M, et al. Information Flow in A User Interface: The Effect of Experience and Context on The Recall of MacWrite Screens[J]. People and Computers IV. Cambridge: Cambridge University Press, 1988:275-289.

[Mullins and Treu 1991] Mullins P M, Treu S. Measurement of Stress to Gauge User Satisfaction with Features of The Computer Interface[J]. Behaviour & Information Technology, 1991, 10(4): 325-343.

[Nelson 1980] Nelson T. Interactive Systems and The Design of Virtuality [J]. Creative Computing, 1980(11-12).

[Nielsen 1989] Nielsen J. Usability Engineering at A Discount. Designing and Using Human-Computer Interfaces and Knowledge Based Systems[M]. Amsterdam: Elsevier Science Publishers, 1989:394-401.

[Nielsen 1993] Jacob Nielsen. Usability Engineering[M]. San Francisco: Morgan Kaufmann, 1993.

[Nielsen 1994a] Nielsen J. Enhancing the Explanatory Power of Usability Heuristics[A]. In Proceedings of ACM CHI'94[C]. 1994:152-158.

[Nielsen 1994b] Nielsen J. Guerrilla. HCI: Using Discount Usability Engineering to Penetrate The Intimidation Barrier[A]. In Cost-Justifying Usability [M]. Academic Press,1994.

[Nielsen and Levy 1994] Nielsen J, Levy J. Measuring Usability-Preference vs. Performance

[J]. Communications of the ACM , 1990,37(4):66-75.

[Nielsen and Molich 1990] Nielsen J, Molich R. Heuristic Evaluation of User Interfaces. In Proceeding of ACM CHI'90 [C]. Seattle, 1990:249-256.

[Norman 2002] Donald Norman. The Design of Everyday Things[M]. Basic Books, 2002.

[Root and Draper 1983] Root R W, Draper S. Questionnaires as A Software Evaluation Tool[A]. In Proceedings of ACM CHI'83[C]. Boston, 1983:83-87.

[Schleifer 1990] Schleifer L M. System Response Time and Method of Pay: Cardiovascular Stress Effects in Computer-Based Tasks[J]. Ergonomics, 1990, 33: 1495-1509.

[Shackel 1991] Shackel B. Usability-Context, Framework, Definition, Design and Evaluation [A]. Human Factors for Informatics Usability[M]. Cambridge: Cambridge University Press, 1991:21-37.

[Sharp et al 2007] Sharp H, Rogers Y, Preece J. Interaction Design: Beyond Human-Computer Interaction[M]. 2nd ed. John Wiley & Sons Ltd., 2007.

[Shneiderman 1998] Ben Shneiderman. Designing the User Interface: Strategies for Effective Human-Computer Interaction[M]. 3rd ed.Addison-Wesley, 1998.

第 4 章

交互设计过程

4.1 引言

任何新产品的开发都不是一蹴而就的，而是由一系列基本开发活动所构成，交互式系统的开发也不例外。术语"生命周期"指的是这样一个模型，它体现了所涉及的各种活动以及活动之间的关系。复杂的模型含有文字描述，说明"何时"和"如何"从一个活动切换到另一个活动，每个活动有哪些输出等。这类模型之所以普及，是因为它使得开发人员（尤其是经理）能够从总体上把握开发过程、追踪开发进度、指定交付物、分配资源、设置目标等。

在现实中，即使批处理系统的实际开发过程也是迭代的。在迭代开发的生命周期中，一项设计活动的工作，会影响到生命周期中在其之前或之后活动的另一项工作。你可能要问，是否值得花费时间去理解交互式系统的设计过程，以及是否有证据表明花费时间在系统的交互设计过程上是值得的呢？ 1978 年 Sutton 和 Sprague 在 IBM 进行了一次著名的调查，其评估结果是设计者 50% 的时间花费在用户界面的编码设计上 [Sutton and Sprague 1978]。在 20 世纪 90 年代，由 Myers 和 Rosson [Myers and Rosson 1992] 所做的令人信服的调查确认上述发现是真实的。因此，提供理解、构建和改进交互式设计过程的结构和技术，是非常必要而且值得的。

本章的主要内容包括：

- 了解交互设计过程的基本活动和特征。
- 解释交互设计过程中的用户选取等若干关键问题。
- 复习软件工程领域的传统软件生命周期模型。
- 介绍交互设计领域的软件生命周期模型。
- 描述交互设计的过程管理。

4.2 交互设计过程

要学会交互设计，先要理解它涉及哪些活动，此外，了解这些活动之间的关系也是很重要的，这有助于我们理解完整的开发过程。

4.2.1 基本活动

交互设计的基本活动包括 [Sharp et al. 2007]：

（1）标识用户需要并建立需求。为了设计能够支持人们的产品，我们必须了解谁是目标用户，交互式产品应提供哪些支持。这些需要就构成了产品需求的基础，它们也是随后设计、开发的基础。在以用户为中心的方法中，这个活动是最基本的，对交互设计也非常重要。

（2）开发满足需求的候选设计方案。即提出满足需求的构思，这是设计的核心活动。这个活动可划分为两个子活动：概念设计和物理设计。概念设计就是要制作产品的概念模型。概念模型描述的是产品应该做些什么、如何运作、外观如何；物理设计考虑的则是产品的细节，包括要使用的色彩、声音和图像、菜单设计以及图标设计。在每个阶段都要考虑不同的候选方案。

（3）构建设计的交互式版本（以便进行通信测试和评估）。评价设计的最佳方法就是让用户与产品交互，这就需要我们构建设计的交互式版本，但这并不意味着它必须是能够运行的软件版本。可采用多种技术来实现"交互"，而且，不是所有这些技术都需要有可运行的软件。例如，构建纸张原型就非常经济、快捷，而且能够在设计的早期阶段，有效地发现问题。再如，通过角色模仿，用户就能切实体验到与产品交互时的情形。

（4）评估设计。即评估设计的可用性和可接受性。这要用到各种评估标准，包括：用户在使用时的出错数，产品是否吸引人，在何种程度上满足了需求等。交互设计要求用户参与整个开发过程，这能够提高产品的可接受性。在大多数设计中，你会发现有许多活动都与质量保证和测试相关，他们都用于保证最终产品能够"达到目标"。"评估"并不是要取代这些活动，而是要补充和增强它们。

这些活动是一般化的活动，也存在于其他行业的设计中。例如，在建筑设计中，"开始"阶段提出基本需求；"可行性研究"阶段要考虑不同的设计方案；"概要设计"阶段草拟建议书和设计方案，在这个阶段，可制作原型或者透视图，以便客户更好地理解设计；在"详细设计"阶段需要详细说明所有构件，并制作设计图纸。最后就是"实地建造"阶段。

图 4-1 给出了交互设计中各项活动间的关系，从中可以看出，开发候选设计方案、构建交互式版本以及评估设计，这三个活动是交织在一起的。我们需要使用设计的交互式版本来评估各个候选方案，并把结果反馈给后续的设计。"迭代"是交互设计过程的关键特征之一。

这个过程不是一成不变的，并

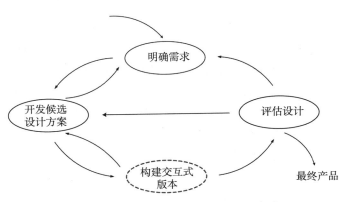

图 4-1　交互设计中各项活动间的关系

不是说所有的交互式产品都必须采取这个开发过程。这个过程是在对交互设计的观察以及搜集的研究报告的基础上提出的，代表了交互设计领域的实践经验，或者换句话说，它代表了一种通用的交互设计生命周期模型，相比较下文将提到的交互设计生命周期模型而言，它更贴近传统软件生命周期模型，更易于读者学习和掌握。

4.2.2   关键特征

交互设计过程含有三个关键特征 [Sharp et al 2007]，分别是：以用户为中心，稳定的可用性标准和迭代。

（1）以用户为中心

以用户为中心是当前交互设计领域的一个核心观点。虽然过程本身并不能保证让用户参与开发，但它能鼓励人们关注这些问题，并提供让用户参与评估和提出反馈的机会。

（2）稳定的可用性标准

在项目开始时，我们就应标识出特定的可用性和用户体验目标，并给出明确说明，而且也应就需求达成一致。这有助于设计人员选择不同的候选方案，并在产品开发过程中随时检查。

（3）迭代

通过迭代，我们就能利用反馈来改进设计。由于用户和设计人员都参与设计和讨论需求、需要、期望等，所以他们对需要什么、什么会有所帮助、什么方案可行等，会有不同的看法。这就需要进行"迭代"，以便各个活动能够相互启发，并重复进行。不论设计人员多么优秀，也不论用户对新产品多么有想象力，都必须使用反馈来修正构思，而且需要反复若干次。在设计创新产品时尤其如此。创新的思路并不是一开始就是完整的、可以实施的，它需要时间来逐步演进，需要经历尝试、失败的过程，也需要极大的耐心。迭代是不可避免的，因为设计人员不可能一次就找出正确的解决方案 [Gould and Levis 1985]。

4.3   设计过程中的问题[⊖]

4.3.1   如何选取用户

前面我们提到，交互设计的主要目标是优化人们与计算机产品的交互，这就要求我们应支持用户的需要，满足用户的期望并且扩充交互能力。以上我们也指出了，"标识用户需要并建立需求"是交互设计的基本活动。然而，除非我们知道用户是谁，他们想达到什么目标，否则在这方面不会有多大进展。因此，我们的出发点就应该是：找出应向谁询问以及他们有什么需求和需要。

找出用户似乎是一件容易的事，但实际上，关于"用户"的定义，有着多种解释。最明显的定义就是"直接与产品交互、以期望完成某个任务的人"。大多数人都会同意这个定义，但是用户也可能包括其他人。

⊖   本节内容主要整理自 [Sharp et al 2007]。

Eason[Eason 1987] 把用户分为三类：主要用户、二级用户、三级用户。主要用户是那些经常使用系统的用户，二级用户是那些偶尔使用系统或者通过中间人使用系统的用户，三级用户是指引入系统会影响到的人员以及影响系统购买的人员。

我们使用"涉众"（Stakeholders）来描述"被系统影响的、而且对系统需求有直接或间接影响的个人或机构"[Kotonya and Sommerville 1998]。Dix 等 [Dix et al 1993] 观察到了一个与用户为中心的开发方法密切相关的现象，即"经常会有那么一种情况，正式的'客户'，即购买系统的人，受系统的影响程度往往非常小。要非常提防从某些涉众手中取得权利、影响或控制，而又没有返回某些有切实意义的需求"。

以电子日历系统为例。根据以上描述，系统的用户组只有一位成员——就是你。而涉众包括：与你约会的人，你要记住生日的亲友，甚至是生产记事本的公司，这是因为电子日历的出现可能加剧竞争，从而迫使他们改变运作方式。就单一的系统而言，最后这一点似乎有些夸张，但如果把所有的事务都电子化，放弃纸张日历，你就会发现引入这类系统对这些公司造成的冲击。

涉众是相当广泛的！这并不意味着建议在使用以用户为中心的方法时，需要让所有的涉众都参与开发。但是，你应该了解产品会造成多大范围的冲击，这很重要。找出具体项目的涉众就意味着，你可以做出明智的决策，即让什么人在何种程度上参与开发。

4.3.2　如何明确需求

在 20 世纪 90 年代末，如果你在街头询问人们"需要"什么，我想他们可能不会提到交互式电视、装备了通信设备的夹克衫或者智能冰箱。但如果你提出这些可能性，问他们愿不愿意购买时，回答可能就不同了。可见，为了找出用户的需求，我们不能简单地问："你需要什么"，然后提供它，因为人们未必知道什么是可能的。更合适的方法是，我们必须理解用户的特征和能力，了解他们想要达到什么目标，目前如何达到这些目标，若提供不同的支持，他们能否更有效地达到目标？

用户的能力、特征在许多方面都有所不同，这将影响产品的设计。个人的身体特征可能会影响设计，例如，手掌大小可能影响输入按钮的大小和位置。在设计儿童玩具时，力量就很重要——一般操作不应要求很大的力气，但是，对应该由成人完成的操作，如更换电池等，就应该要求更大的力气，以免儿童自行操作。由于文化和经验上的差异，不同的目标用户组也可能习惯使用不同的术语，而且对技术的接受程度也不相同。有关交互式需求的更多内容将在第 5 章进行详细讨论。

若是开发新产品，那么，确定产品的用户和有代表性的任务就较为困难。例如，在发明微波炉之前，你根本找不到用户询问需求，也不存在代表性的任务。因此，发明微波炉的人就必须想象谁会使用它以及用它来做什么。

Isensee 等人 [Isensee et al 2000] 发现，开发人员往往倾向于创建自己想要的产品或者是过去开发过的类似产品，但他们的想法与目标用户的想法未必一致，所以设计人员必须咨询目标用户的代表。

这时，当前或过去的行为是对未来行为的很好启示。为人们的生活引入新东西，特别是供"日常使用"的新东西，就要求目标用户群完成一种文化上的转变，而这需要很长的时间。例如，在手机普及之前，原本并没有可供研究的用户和代表性任务，只有标准的普通电话。因此，研究标准电话就是一个很好的开始，有助于人们理解使用它执行什么任务，有哪些相关任务。除了打电话之外，用户也需要查找电话号码，代人记录留言，找出刚打来电话的人的号码。根据这些行为，人们设计了电话存储器、应答机和手机信息服务。

4.3.3　如何提出候选设计方案

人们的普遍倾向是坚持使用自己了解的东西。我们很可能会意识到或许存在更好的解决方案，但接受熟悉的东西要更容易，因为我们知道它如何工作，而且它也"足够好"。虽然"足够好"的解决方案并不一定就是"差"的解决方案，但它可能把其他更好的方案排除在外，这就不是我们所希望的。那么，这些候选方案要从何而来呢？

这个问题的一个答案是，它们来源于个别设计人员的才干和创造力。的确有些人能够在其他人还在苦思冥想之时就提出非常好的设计，但是，这个世界上极少有全新的东西。通常，创新来自于结合不同的应用，通过使用经验和观察结果来改进现有的产品，或者直接借用其他类似产品。例如，考虑字处理器的演化过程。目前，办公室软件的能力与最初的情形相比已经有了很大发展。最初，字处理器只是电子打字机，后来，又逐渐增加了其他功能，如拼写检查、辞典、样式表、绘图功能等。正如 Schank 所说 [Schank 1982]，"所谓'专家'，指的是那些能够从先前的经验中找到正确灵感并应用于当前工作的人"。而这些经验可能是设计人员自己的，也可能是其他人的。

因此，关于"设计方案由何而来"的更实际回答是：候选方案来自考虑其他相似的设计。设计人员的经验积累以及借鉴其他人的构思、方案，都有助于激发灵感和创造性。灵感可能来自于非常相似的新产品，如竞争对手的产品，也可能来自类似系统的早期版本，甚至来自完全不同的东西。

在某些情形下，候选设计方案是有限的。例如，在设计运行于 Windows 操作系统的软件时，需要满足一些设计约束，使得系统与 Windows 的"外观、质感"相符合，此外还要满足其他条件，使得 Windows 应用程序对用户来说是一致化的。

如果是升级已有的系统，那么就面临其他一些约束，如保持用户熟悉的元素，使用同样的"外观、质感"。然而，这并不是一成不变的原则。Kent Sullivan 就指出 [Sullivan 1996]，在设计 Windows 95 操作系统以取代 Windows 3.1 和 Windows Work groups 3.11 时，通过放弃与原有系统的一致性，开发团队最终使得用户在 Windows 95 上的交互效率提升了大约一倍。

4.3.4　如何在候选设计方案中进行选择

从候选方案中作出选择，即称为"设计决策"。例如，设备应使用键盘输入还是使用触摸屏？是否提供自动记忆功能？在作出这些决策时，要考虑已搜集的有关用户和任务的信息，此外，也要考虑技术的可行性。

概括地说，决策可分为两类：第一类决策是关于外部特征的，它们是可见、可测量的；第二类是关于内部特征的，除非是剖析系统，否则它们是不可见、不可测量的。

交互式产品中也存在类似的可见、可测量的外部因素以及对用户隐藏的因素。例如，检索数据库（或网页）时，响应时间为什么是 4 秒呢？这基本上取决于构建数据库时的技术决策。但是，从用户的角度来看，重要的就是响应时间为 4 秒。

在交互设计中，用户与产品的交互方式是设计的推动力，所以我们要把注意力集中在可见、可测量的外部行为上。而在某种程度上，产品内部的工作详情只有在牵涉外部行为时才是重要的。但是，这并不意味着关于系统内部行为的设计决策是次要的，而是要说明，用户要执行的任务对设计决策的影响，并不亚于技术问题对设计决策的影响。

那么，如何选择候选方案呢？一种回答就是：让用户和涉众与各种方案相交互，并听取他们的体验、偏好和改进建议等。这是以用户为中心的开发方法的基本步骤。这同时也意味着，应使用用户可以理解的形式来表示设计，以便于他们进行评估，应避免采用难以理解的技术性术语或表示法。

在许多行业的设计中，制作原型能够避免用户产生误会，也有助于测试设计方案的可行性。原型能让用户获得更好的使用体验，这是简单的描述无法做到的。

选取候选方案的另一个出发点是"质量"。人们对什么是符合质量的产品有不同看法，而且通常是不成文的。当我们使用某个产品时，都会期望或要求产品达到某个层次的质量标准，而且我们都在有意识或无意识地使用它来评价各个选项。例如在下载网页时，若等待时间过长，你很可能就会放弃，并尝试另一个网址——这里，你使用的是某种与时间有关的质量标准来做衡量。再比如如果某种手机可方便地执行关键功能，而另一种手机却要求使用复杂的组合键，那么你很可能会买前者而不是后者。这里，你使用的是与有效性相关的质量标准。

虽然所有的涉众可能有着共同的目标，如"系统应能够快速响应"，或"菜单结构应易于使用"，但他们的确切含义很可能不同。这样，在开发的后期，就不可避免地要发生争执，因为有些人认为"快速"是"少于 1 秒"，而其他人可能认为是"2 秒至 3 秒"。若在开发初期就使用明确、无歧义的语言来描述这些含糊的标准，那么，你已经成功了一半。这有助于澄清用户的期望，也可提供一个质量基准，以便在开发过程中随时评估产品。此外，它也是我们选择不同候选方案的依据。

4.4　交互设计生命周期

在 20 世纪 60 年代和 20 世纪 70 年代，传统软件工程生命周期从需求出发，提供大型软件系统开发的结构。当时，生产的大部分大型系统和商业中数据处理应用程序相关。这些系统没有非常多的交互，大多数是批处理系统。因此，从用户的角度来看，可用性的问题不十分重要。在 20 世纪 70 年代后期，随着个人计算机的出现并且获得巨大的商业成功和承认，今天开发的大多数系统有了更多的交互。对那些不期望知道系统如何设计的人来说，易于操作是产品成功的关键。在工作中，现代用户有大量技能，但不必具备软件开发的技能 [Dix et al 2004]。

不论看起来简单或复杂，任何生命周期模型都是现实的简化表示，是现实的一种抽象。所有好的抽象都只包含了与当前任务相关的必要细节。任何机构若要实现某个生命周期模型，就需要根据实际环境和文化，扩充具体细节。

有许多交互设计的方法，他们来自不同领域如软件工程、人机交互和其他的设计学科。有人尝试标准化交互设计的过程，这包括各种生命周期模型：如瀑布模型、螺旋模型、动态系统开发方法，这些起源于软件工程领域；星型生命周期模型是由 Hartson 和 Hix 提出的，它起源于人机交互领域。

这些模型在完善度和复杂度方面各有差别。对只需要几位有经验开发人员的项目，简单过程可能就足够了。但是，对涉及数十位或数百位开发人员、且面向数百或数千用户的大型系统，简单过程不足以提供开发高可用性产品所需的科学管理和协调机制。不同模型有各自的特点。了解这些模型的共性，我们将更好地了解一个设计项目的结构，并且以一个更加正式的方式应用这方面的知识 [Nielsen 1993]。

4.4.1 传统软件生命周期模型

在软件工程领域，人们已经提出许多生命周期模型，包括瀑布模型、螺旋模型和快速应用开发（RAD）。在瀑布模型出现之前，并不存在大家一致认可的软件开发方法，但是，在随后的几年中，人们设计了许多模型，体现了软件开发方法的蓬勃发展。以下所选模型是产业界广泛使用的代表模型，但是他们均不适合用于交互式软件系统的开发，读者应着重体会它们与 4.4.2 节介绍的交互设计生命周期模型的区别。

1. 瀑布模型

瀑布模型最初是由 Winston Royce 在 20 世纪 70 年代基于软件开发经验而创建 [Royce 1970]，其贡献之一在于把分析和编码这两个当时最新的软件开发方法作为该模型的两个主要组成部分。瀑布模型可以说是第一个得到广泛承认的模型，同时也是许多其他生命周期模型的基础。它体现了一个线性顺序的软件开发方法，只有完成前一个步骤，才能够开始进行下一个步骤。例如，只有完成了需求分析后才能开始设计过程。由于瀑布模型的每一个阶段都是清晰定义的，因此它易于理解和实现；同时先考虑需求，随后设计，再进行编码和测试的顺序也符合人类工作的正常逻辑。Royce 认为，瀑布模型对规模较小的软件以及由开发者本身使用的程序开发过程而言是有效的，但是当把模型中对时序过程的限制应用于大型软件项目开发时则注定是要失败的。

瀑布模型描述了软件开发的渐进过程，尽管不同人对这些步骤的名称及其精确定义有不同的看法，但是基本上瀑布模型的生命周期都始于需求分析，然后是设计、编码、实现、测试和维护。传统瀑布模型基于这样一种假设，即一旦需求被确定，那么在开发过程中需求将不再发生改变。事实上，在实际应用中，需求随着时间、产品的运行环境以及处理业务的不同而始终处于变化之中。这意味着把需求固定几个月甚至一年直至开发过程完成是毫无道理可言的 [Heim 2007]。在瀑布模型推广不久之后，人们发现为之前的步骤提供一些反馈是有必要的，即在设计团队审查之后允许对先前阶段进行调整。如图 4-2 所示，瀑布模型中以虚线表示

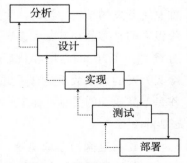

图 4-2　带反馈的瀑布模型

阶段之间有限制条件的迭代过程。

瀑布模型的另一个特点在于它的开发过程中没有正式考虑用户参与，因此它不是以用户为中心的模型。瀑布模型适合于编辑器和操作系统等软件开发，但不适合于开发由普通用户使用的交互式软件产品。

2. 螺旋模型

1988 年，Barry Boehm [Boehm 1988] 基于开发 TRW 软件生产力系统引入了螺旋模型。TRW-SPS 是一个集成的软件工程环境，它的首要目标是增加软件生产率。Boehm 在报告中指出，使用这个模型设计的系统，在所有的项目中至少增加了 50% 的生产力。

从图 4-3 中可以看出，螺旋模型的基本思想就是使用原型及其他方法尽量降低风险。螺旋模型以降低风险为中心，并将一个项目分解为若干个子项目。模型引入了"迭代"思想，它从一个价值命题开始，这个价值命题通常确定了一个可以被技术改进的具体任务。它对每一周期使用交替设计原型来进行风险分析。风险分析从高层次问题开始分析，随后再分析低风险软件元素。如果风险测试失败了，那么就终止项目；否则，这个过程持续到最后的实现，将再一次查看实现是否符合标准，并且确认进一步的改善和维护问题。每一次迭代都可基于不同的生命周期模型。

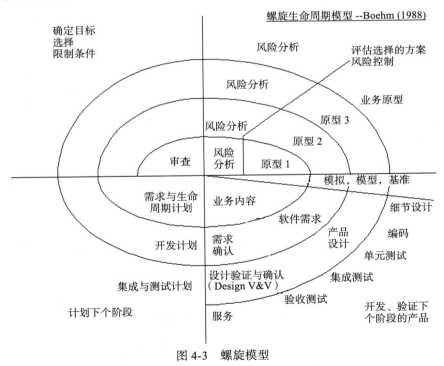

图 4-3　螺旋模型

值得注意的是，螺旋模型引入了"迭代"思想是为了找出风险和控制风险，而非出于让用户参与的目的，同时模型的复杂性使得普通用户很难参与其中。

3. 快速应用开发

在 20 世纪 90 年代，人们越来越重视用户，因此提出了一些新的开发方法，快速应用开发（RAD）方法就是其中之一。RAD 采用的是以用户为中心的方法，目的是要把由于需求在开发过程中不断变化而导致的风险降至最低，它的提出也是为了弥补线性的瀑布式生命周期模型的不足。RAD 项目有两个关键特征：

1）周期时限大致为 6 个月。在结束时，应交付完整或部分的系统，这称为"时间框"。实际上，RAD 是把大型项目分解为许多较小的项目，以便逐步交付产品。RAD 允许开发人员使用更为灵活的开发技术，它也能提高最终系统的可维护性。

2）用户和开发人员共同参与 JAD（联合应用开发）专题讨论，研究并确定系统需求。JAD 专题讨论是搜集需求的过程，其间需要解决各种难题，并作出决策；每个涉众组都应派代表参加专题讨论，这样才能考虑到所有相关意见。

4. 原型法

有几个较小结构的模型可以用在小型项目上，它们使用原型作为主要的迭代工具。基于原型的开发允许设计者从一个屏幕到另一个屏幕来讨论诸如外观和感觉、范围、信息流等设计问题，并且通过具体的展示目标系统如何实现这些功能来显示产品概念，而不仅仅是理论上讨论这些问题。从原型的使用方式上来分，原型可以分为如下两类：

1）**抛弃原型模型**：该模型在客户不清楚项目范围和客户不能精确描述项目需求时使用。建立这个模型的主要目的是引出需求，然后模型即被抛弃。此后这个项目可以继续开展其他的设计过程。

2）**进化原型模型**：这是一个"概念验证"模型。它以半运转原型的方式创建出设计方案，然后随着项目的进展不断进化，直到实现最终产品。

原型法的出现可以认为是对用户意见的一种尊重，渴望产品设计能够得到用户的认可。同时相比较快速应用开发，原型法更便于用户参与到开发过程中。但是原型法也存在缺点，比如不适合那种技术层面难度远大于分析层面难度的系统开发，同时由于用户需求的不确定性和多变性，原型开发人员很难确定当前原型是否圆满完成了任务，因此实际使用时需对开发周期进行严格控制。图 4-4 为在一个在线广播应用的纸质原型。

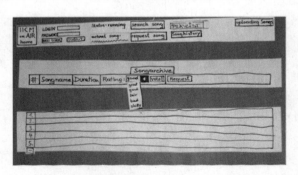

图 4-4　一个在线广播应用的纸质原型（图片来自 [Andrews 2012]）

传统软件生命周期是一种原则性较强的设计方法；也就是说如果从开始就知道想要生产什么，则为了达到目标，可以构建我们自己的设计方法。在此，有一个郑重的声明，即一个交互式系统的所有需求在开始时是无法确定的 [Dix et al 2004]，并且有许多令人信服的论据支持这一点。为确定怎样的系统更有用处，必须建造系统，并且要观察和评估用户与系统的交互。

交互式系统设计的一个很重要原则是早期要能够对用户期望执行任务的设计有一个清晰的理解，这在以后的章节中会多次强调。这项假设存在一个问题，即只有当一名用户熟悉执行这些任务的系统后，才知晓所执行的任务。鸡与蛋之谜适合于任务和执行该任务的制品。例如，在字处理软件出现之前，一台打字机不能提供执行这项任务的能力，那么，一名设计师如何知道在设计第一个字处理软件时应该支持这项任务呢？

对一名用户在一个系统中执行的任务，也许设计者从未将其作为明显的一项加以考虑。举一个绘图软件包的实例，将一幅结构图分成不同的层次：一个层次用于构建整个对象的图形描绘，例如一个圆或一个正方形，也用于处理这些对象并保留其标识；另一个层次用于绘制图画，而图画只是点的集合。为了生成复杂的图画，用户可以在不同的层次之间切换，分别是部分对象和部分绘画场景。但是，由于两个层次之间的图像重叠、相互影响，也可能图画的一部分在一个层次上隐藏，在另一个层次上显示。正如开关一盏灯能产生影子的效果，这样一个设备可以让用户进行简单的模拟。可以肯定的是，设计者不可能在产品设计的最初就想到这种支持生成复杂图画的方案。

4.4.2 交互设计生命周期模型⊖

与传统软件生命周期模型相比，交互设计领域提出的生命周期模型较少。不难想象，"以用户为中心"是这个领域的传统。以下我们将描述两个模型：第一个是星型模型，它是从解决 HCI 设计问题的种种方法中归纳出来的，体现了一个非常灵活的、以"评估"为核心的开发过程；相比之下，第二个模型——可用性工程生命周期模型，则体现了更为结构化的开发方法，它源自可用性工程。

1. 星型生命周期模型

当软件工程领域在寻找瀑布模型的替代模型时，HCI 领域也在寻找设计界面的不同方法。1989 年，Hartson 和 Hix 在研究了界面设计师如何进行设计之后，提出了星型生命周期模型（见图 4-5）。他们归纳了两种不同的活动模式：分析模式和合成模式。前者的特征是与以下概念相联系的：自顶向下、组织化、判定和正式化，它是从系统到用户的方法。后者的特征是：自底向上、自由思考、创造性，这是由用户至系统的方法。在设计界面时，设计人员会从一种模式切换至另一种模式。这也是软件设计人员的通常做法 [Guindon 1990]。

与前面介绍的生存周期模型不同，星型生命周期模型没有指定任何活动次序。事实上，它的活动是密切相连的，

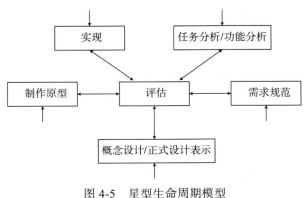

图 4-5 星型生命周期模型

你可以从一个活动切换至任何一个活动，但必须经由"评估"活动。这反映了经验研究的发

⊖ 本小节内容主要整理自 [Sharp et al 2007]。

现。"评估"是这个模型的核心，每当一个活动结束时，都必须对它的结果进行评估。因此，项目可以开始于需求搜索工作，也可以开始于评估现有的情形，或者是分析现有任务等。

2. 可用性工程生命周期

"可用性工程生命周期"是 Deborah Mayhew 在 1999 年提出的 [Mayhew 1999]。许多研究人员都发表了关于可用性工程的论文，正如 Mayhew 自己所说的："'可用性工程生命周期'这个概念不是我发明的，我也没有发明它所包含的任何可用性工程任务……"。但是，她提出的生命周期模型体现了可用性工程的总体概念，详细描述了如何执行可用性任务，并且说明了如何把可用性任务集成到传统的软件开发生命周期中，所以对那些没有多少可用性经验的人来说就特别有用，因为它说明了如何把可用性任务与传统的软件开发活动相联系。例如，Mayhew 把模型的各个阶段与源自软件工程的一个通用开发方法（快速制作原型法）和一个特定方法（面向对象的软件工程，OOSE）相联系。

可用性工程生命周期模型包含三个基本任务（见图 4-6）：需求分析、设计/测试/开发、安装。中间阶段（即设计/测试/开发）最为复杂，涉及最多子任务。注意，第一项任务应提出一组可用性目标。Mayhew 建议用风格指南的形式来表示这些目标，然后应用于整个项目开发，以确保时时满足这些可用性目标。

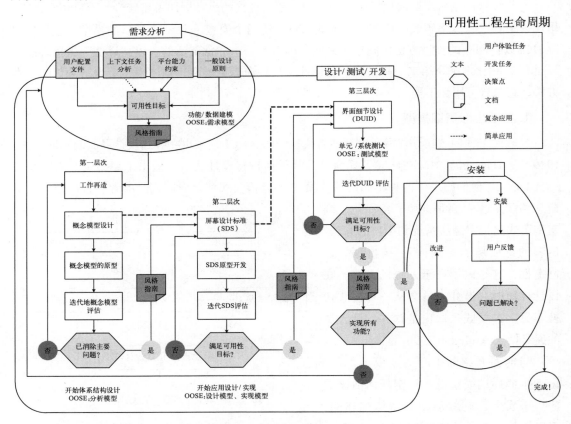

图 4-6　可用性工程生命周期

这个生命周期与我们提出的交互设计模型有相似的脉络，都包含标志需求、设计、评估和制作原型阶段，但它包含了更多细节，并明确指明了以"风格指南"作为可用性目标的表示机制。Mayhew 意识到有些项目不需要完整的生命周期层次结构，所以她建议应根据开发的系统，跳过一些不必要的、过于复杂的子步骤。

基于上述两个模型，我们大体能够窥探交互设计的灵活性。与传统软件工程生命周期模型相比，星型模型显得过于简单和随意，而可用性工程生命周期又略显呆板，读者在实践中可结合具体需要来裁减恰当的生命周期模型以完成交互式系统的设计开发。值得注意的是，以上两个模型都强调了评估的重要性，这一点需要引起读者的注意。

4.5　交互设计过程管理[⊖]

实际上，有许多软件开发项目都没有实现其目标。据估计，失败率高达 60%。大多数的问题可以追溯为开发者和他们的商业委托人或者说开发者和他们的客户之间缺乏沟通。

成功的开发者会仔细地工作以便了解商业的需要，并在非技术商业管理人员那里得到精确的需求来提高他们的技术。此外，由于商业管理人员可能缺乏足够的技术知识来理解开发者的提议，所以有必要通过对话来减少做设计决策的机构所产生的混乱。

成功的开发者在软件开发的早期阶段就能重视"以用户为中心"这一设计要点，这样可以显著地减少开发的时间和成本。以用户为中心的设计能使系统在开发过程中产生尽可能少的错误，具有开发费用少和维护成本低的特点。这种设计更易于学习、执行速度更快并能够大大降低用户产生错误的可能性，鼓励用户在掌握了系统基本功能后还能够有信息去探索更多的系统功能。除此以外，以用户为中心的设计习惯能帮助组织按照商业需求和优先级来排列系统的功能。

软件开发者已经学会始终如一地按照已制定的开发方法来帮助他们满足预算和进度等方面的要求 [Sommerville 2000][Pfleeger 2001]。虽然软件工程中的方法在推动软件开发进程上是很有效的，但却不足以提供清晰的进程来研究用户，理解他们的需要和开发出具有良好可用性的界面。专门研究以用户为中心设计的小咨询公司发明了一些创新的方法，例如指导开发者的场景调查 [Beyer and Holtzblatt 1998]。同时一些大公司也将以用户为中心的设计结合到他们的实践中，例如，IBM 的简化使用法适合于他们现有的所有方法。

这种面向商用的方法学为设计的各个阶段制定了详细的规则，并且具有成本 / 效益及投资回报（ROI）一体化分析的功能，从而使决策的制定更加容易。它们还提供管理策略，既保证工程进度，又能使包括商家和技术参与者的团队更易于高效合作。由于以用户为中心的设计只是整个开发过程中的一部分，所以现在任何以用户为中心的设计方法学必须与各种服务于工业的软件工程的方法学结合使用。

虽然现在有许多公开的开发方法（例如 GUIDE、STUDIO 和 OVID），但是我们关注的是 LUCID（合理的以用户为中心的交互设计），它是 Cognetics 公司经过很好测试和广泛使用的方法，以前又称为高质量可用性工程（QUE）[Kreitzberg 1996]。它为设计过程定义了六个阶段：

1）预想：将所有带有组织策略的涉众的日程以及"极端可用性"的需求加以调整，发展

⊖　本节内容主要节选自 [Shneiderman 1998]。

一种清晰、共享的产品场景，使概念草案具体化。

2）发现：研究用户以决定高端的用户需求、术语和智力模型。

3）设计基础：发展概念设计，创造关键屏幕画面原型来传达视觉形式。以可用性来测试设计、修改和重现。

4）设计细节：将高端设计加以充实，形成完备的详细说明书。

5）构建：通过回顾和后期改变管理方式来支持生产过程。

6）发布：通过有力的推广来支持用户向新产品的过渡；进入最后的可用性测试。

关于这六个阶段的详细内容，详见图4-7。

第一阶段：预想

调整所有当事人的议程，平衡需求以满足商业目的和管理技术约束，支持用户的需要以得到高效的实用产品

在当事人之上发展一种清晰、共享的产品场景

识别和处理那些隐藏的可能会削弱开发团队高效合作能力的问题

开始以概念草案为基准设计程序

第二阶段：发现

为产品用户开发出可理解的、具有特性的各个不同的部分

理解目标用户的职能、需要的信息、使用的术语、他们的优先级以及他们的智力模型

分析收集到的数据，创造产品的用户需求

第三阶段：设计基础

开发和验证产品的基本概念设计

开发产品的视觉外观

陈述完善的设计作为关键屏幕画面原型

第四阶段：设计细节

完成类型知道，包括图形设计和 UI 策略决定

将高端设计加以充实，形成完整的详细说明书

对具体的屏幕和工作流产生可用性评估

产生对每个屏幕的详细规划，针对每个屏幕的每一元素编写细节说明书

第五阶段：构建

如果需要，在编码和重新设计屏幕期间，要回答问题并支持开发者

如果需要，要对于受批判的屏幕进行可用性评估

通过回顾和后期改变管理的方式来支持生产过程

第六阶段：发布

通过有力的推广来支持用户向新产品的过渡

生产"出盒"的可用性评估或者安装经验

测量用户的满意程度

图 4-7 Cognetics 公司的 LUCID[Kreitzberg 1996]

LUCID 有特色的一个地方就是它将注意力集中在关键屏幕画面原型上，这个原型把预想

设计的系统呈现给用户，由他们评估并提出改进意见。关键屏幕画面原型通常会引起各方面较大的反响，促进用户的早期参与，并为项目的进展创造动力。

LUCID 和大多数以用户为中心的设计方法一样，采用了快速原型法和可重复的可用性测试。由于快速原型法是安排进度和预算的关键，所以 LUCID 依赖于用户界面开发工具。原型的开发往往是由软件工程小组的一名程序员完成，他的任务之一就是确定界面设计中的关键问题，这些关键问题往往都与产品的技术体系结构有隐藏的关联。当原型完成并被用户认可后，它就成了软件工程师程序说明书的一部分。

最后，LUCID 描述了一种基于组织转变理论的软件发布方法。项目负责人应该认识到软件推广中的障碍并制定出改进措施，其目的就是要让广大用户能够积极地接受此软件。

LUCID 作为一种管理策略，使以用户为中心设计的承诺更加明确化，并且通过加强对开发、交付和评审等方面的重视，强调了可用性工程在软件开发过程中的地位。LUCID 经过多个项目的验证和改进，已经相当完善。它所提供的模板和技术可以帮助设计团体构建他们的活动和交付。但是每个项目都有其特殊的需求，因此任何设计方法学都只是项目管理的一个起点。LUCID 的目标是用于促进有序的开发过程，即在一个阶段里不断地重复某些过程，而经过不同阶段后将会实现预期的进程，框架需要适应具体项目和机构的实际情况。而且从一个阶段到另一个阶段的流的概念对于组织化的以用户为中心的设计活动来说是很有用的，因为如果产品概念的某些元素发生戏剧化的改变，某些项目可能需要设计团体返回到早期阶段重新开始。

习题

1. 请简述交互设计过程的关键特征。
2. 除 4.3 节讨论的问题外，设计过程中还会遇到哪些实际问题？
3. 列举两个熟悉的生命周期模型，看看他们是否适合用于开发交互式软件系统，并简要说明原因。
4. 参考自身的交互设计经验，提出一种生命周期模型，并与文中模型进行比较。
5. 星型生命周期模型有哪些特点？为什么会有这些特点？
6. 列举你曾经参与开发过的交互式软件系统，说说当时的开发基于什么生命周期模型，以及存在哪些问题。

参考文献

[Andrews 2012] Andrews K. Lecture Notes of Human-Computer Interaction, 2012[J/OL]. http://courses.iicm.tugraz.at/hci/hci.pdf

[Beyer and Holtzblatt 1998] Beyer H, Holtzblatt K. Contextual Design: Defining Customer-Centered Systems[M]. San Francisco: Morgan Kaufmann Publishers, 1998.

[Boehm 1988] Boehm B W. A Spiral Model of Software Development and Enhancement [J]. IEEE Computer, 1988, 21(5): 61-72.

[Dix et al 1993] Dix A, Finlay J, Abowd G, and Beale R. Human-Computer Interaction [M]. 2nd ed. London: Prentice-Hall Europe, 1993.

[Dix et al 2004] Alan Dix, Janet Finlay, Gregory Abowdet al. Human-Computer Interaction[M]. Prentice Hall, 2004.

[Eason 1987] Eason K. Information Technology and Organizational Change[M]. London: Taylor and Francis, 1987.

[Gould and Levis 1985] Gould J D and Lewis C H. Designing for Usability: Key Principles and What Designers Think [J]. Communications of the ACM, 1985, 28(3): 300-311.

[Guindon 1990] Guidon R. Designing the Design Process: Exploiting Opportunistic Thoughts [J]. Human-Computer Interaction, 1990, 5(2-3): 305-344.

[Heim 2007] Steven Heim. The Resonant Interface: HCI Foundations for Interaction Design [M]. Addison-Wesley, 2007.

[Isensee et al 2000] Isensee S, Kalinoski K, Vochatzer K. Designing Internet Appliances at Netpliance[A]. In Information Appliances and Beyond[C]. San Francisco: Morgan Kaufmann, 2000.

[Kotonyag and Sommerville 1998] Kotonyag G, Sommerville I. Requirements Engineering: Processes and Techniques[M]. Chichester: John Wiley & Sons, 1998.

[Kreitzberg 1996] Kreitzberg C. Managing for Usability[A]. In Multimedia: A Management Perspective[C]. Belmont: Wadsworth, 1996:65-88.

[Mayhew 1999] Mayhew D. The Usability Engineering Lifecycle: A Practitioner's Handbook for User Interface Design [M]. Morgan Kaufmann, 1999.

[Myers and Rosson 1992] Myers B A, Rosson M B. Survey on User Interface Programming[A]. In Proceedings of CHI' 92[C]. 1992: 195-202.

[Nielsen 1993] Jacob Nielsen. Usability Engineering[M]. San Francisco: Morgan Kaufmann, 1993.

[Pfleeger 2001] Pfleeger S L. Software Engineering: Theory and Practice[M]. 2nd ed. Englewood Cliffs, Prentice-Hall, 2001.

[Royce 1970] Winston W Royce. Managing the Development of Large Software Systems[A]. In Proceeding of IEEE WESCON [C]. 1970.

[Schank 1982] Schank R C. Dynamic Memory: A Theory of Learning in Computers and People[M]. Cambridge: Cambridge University Press, 1982.

[Sharp et al 2007] Sharp H, Rogers Y, Preece J. Interaction Design: Beyond Human-Computer Interaction[M]. 2nd ed. John Wiley & Sons Ltd., 2007.

[Sommerville 2000] Sommerville I. Software Engineering[M]. 6th ed. Boston: Addison-Wesley, 2000.

[Sullivan 1996] Sullivan K. Windows 95 User Interface: A Case Study in Usability Engineering [A]. In Proceedings of CHI'96[C]. 1996:473-480.

[Sutton and Sprague 1978] Sutton J A, Sprague R H. A Study of Display Generation and Management in Interactive Business Applications [R]. Technical Report RJ2392. IBM, 1978.

第二部分

设 计 篇

　　本部分关注交互式软件系统开发中需要注意的问题。第 5 章涉及交互式软件系统的需求工程过程，读者应重点学习人物角色的构建方法，以及结合场景剧本的需求获取方法，坚决杜绝由设计人员对用户需求进行猜测和臆想。第 6 章为系统设计过程中的一些细节信息，其中设计框架帮助设计人员避免从一开始即陷入界面细节，设计策略能够有效降低产品的复杂度。第 7 章讲述如何对常用界面组件进行选择和组织。第 8 章阐述了人机交互领域中常用的模型和理论，既从心理学和认知学的角度对用户行为进行了分析，同时应用软件工程中的数学表示法分析了交互式软件系统的抽象描述。第 9 章围绕目前广为关注的以用户为中心的设计思想展开讨论，重点引导读者思考这种设计方法的优点和局限性。

第 5 章

交互式系统的需求

5.1　引言

交互式系统设计项目的目标可能是要更新已有系统，也可能是开发一个全新产品。在项目开始时，可能已经有了一些初始需求，也可能没有，所以要从零开始。不论初始情形如何、项目的目标是什么，我们都必须讨论、提炼、澄清用户的需要、需求、期望等，这包括了解用户及其对产品的使用能力，产品相关的所有目标，产品的使用条件，产品性能需求等。

然而找出用户的需要并不是件容易的事，建立需求也不只是列出用户期望的特征那么简单。由于技术在人们执行任务时将会影响人们与其他人的交互，故在需求获取阶段必须理解目标系统对人们执行任务的影响，把这个作为一个真正的需求获取过程是很重要的 [Heim 2007]。需求获取人员对于何种类型的系统是恰当的，以及何种技术适合任务的工作流程应能灵活把握。

需求获取是交互式系统设计项目的第一阶段。在这一阶段，设计小组必须通过丰富的细节来确定和记录现有的工作流程，这是"收集"部分。然后，这个小组查看收集到的信息，并且将信息组织起来以方便将其文档化。文档用于描述当前工作是怎样完成的，它从整体的视角涵盖了工作的各个方面，这是"描述"部分，它最终形成了新系统的需求文档 [Heim 2007]。

前面章节中我们已经讨论了设计对用户的重要性。但是将人一般化是不可能的，那么在设计中如何处理人的多样性问题？人有不同的能力和弱点，有不同的背景和文化，以及不同的兴趣、观点和经历，并且人的年龄和身高不同，这些都影响到一个人应用一个特殊的计算机应用程序的方式 [Dix et al 2004]。例如，如何设计一个能由聋人使用的系统，或有助于工作在噪声环境中或没有声音设备的人使用？采用怎样的访问屏幕读取系统的设计才能使网站对移动用户和老年浏览者效果更佳等。然而由于用户人数众多，如何选取有代表性的用户为设计所用，以及产品自身特性对需求提出了哪些特殊的要求等，这些都是交互式系统设计人员在需求获取阶段需要充分考虑的因素。

本章的主要内容包括：

- 说明不同类型产品和不同特性用户对交互式产品需求的影响。
- 解释人物角色的选取和构建过程。
- 介绍观察和场景等常用的交互式需求获取和分析方法。
- 描述应用人物角色和场景剧本的需求定义。
- 让读者学习并掌握层次化任务分析方法。
- 使读者能够正确选取恰当原型对需求进行验证。

5.2 交互式需求

确切地说，需求是关于目标产品的一种陈述，它指定了产品应做什么，或者应如何工作 [Sharp et al 2007]。需求活动的一个目标是提出尽可能具体、明确和无歧义的需求。例如，"完整下载任何网页的时间应少于 5 秒"，这是网站项目的一项需求。"女孩们应觉得这个网站吸引人"则是一项不那么精确的需求，对这项需求，我们需要进一步调查女孩们到底喜欢什么网站。

那么如何决定需求呢？这个设计活动有两个目标：一个是要尽可能理解用户、用户的工作、工作的上下文，这样，正在开发的系统才能保证用户达到他们的目标，我们称这个过程为"标识需要"；另一个是要从用户需要中提炼出一组稳定的需求，作为后续设计的坚实基础。需求不一定是主要文档，也不是一成不变的限制，但是，我们要保证在设计以及搜集反馈的过程中，需求不会根本改变。这项活动的最终目标是提出一组需求，因此，Sharp 等将其称为"需求活动" [Sharp et al 2007]。

在需求活动开始时，我们知道有许多待发掘、澄清的事项。在需求活动结束时，我们应得到一组稳定的需求，供后续的设计活动使用。在需求活动进行的过程中，涉及的活动有数据搜集、解释或分析数据、表达研究发现（以便进一步表示为需求）。这些活动是依次进行的，首先是搜集数据，接着解释，再从中提取某些需求。实际情况更为复杂，因为随着迭代的进行，这些活动是相互影响的。一方面，在着手分析数据时，你可能会发现需要更多数据，以澄清或肯定某些想法。另一方面，所用的需求形式会影响分析的结果，因为不同的需求形式在标识和表示需求方面有不同作用。例如，使用数据流表示法有助于分析数据流，而不是数据结构。分析过程需要以某种框架、理论或假设作为参照系，这就不可避免地要影响到提取的需求。解决方法是使用数据搜集技术和数据解释技术作为补充，并且经常修改和改进需求。需求有不同的类型，每一类都可以使用不同的技术去处理。

"数据搜集"是需求活动和评估活动的重要组成部分。数据搜集的目标是要搜集充分的相关数据，从而提出一组稳定的需求。即使已存在一组初始需求，我们仍然需要进行数据搜集，以便扩充、澄清和证实这些初始需求。数据搜集需要涵盖多个方面，因为我们要建立许多不同类型的需求。我们需要了解用户当前执行的任务，任务的目标，执行任务的环境以及工作原理等。

数据搜集的技术并不多，但它们非常灵活，可以以多种方式组合、扩充。因此，实际的数据搜集方式是多样化的，包括问卷调查、访谈、专门小组、专题讨论、自然观察和研究文档。其中一些（如访谈）需要涉众的积极参与，而另一些（如研究文档）则不需要他们的参与。此外，在搜集数据的过程中，可以使用各种"道具"，如任务描述、新功能的原型等。在下文中，我们将对观察、场景、原型以及任务分析技术进行重点阐述，同时我们还将考虑产品特性和用户个体差异引起的不同需求。

5.3　产品特性

不同类型的产品往往在需求方面也存在较大差异。理解交互式产品的功能需求是非常重要的，如"应能够提示黄油已用完"，这是智能冰箱的一项功能需求，而"系统应支持多种格式"是字处理器的一项功能需求，它又可分解为更具体的需求，详细指定要求的格式，如段落、字符、文档的格式，甚至是非常细节的层次，如"应提供 20 种字体，且都带有粗体、斜体和标准体选项"。字处理器的非功能需求，形如"系统应能够运行于 Windows 平台（或 Mac、UNIX 平台）"，或者"系统应能够在 64MB 内存的机器上运行"。也存在另一类的非功能需求，如"开发商应在 6 个月内交付系统"，它限制的是开发过程本身，而不是待开发的产品。

一般而言，交互式设备涉及许多类型的非功能需求，如大小、重量、颜色、有效性等。例如，在开发 PalmPilot 时，首要的需求是"系统应尽可能小"，因为它要附带电池和 LCD 显示屏。此外，屏幕大小有很大限制，因为可用的像素数目非常有限。某些格式化线条和字体就因为屏幕像素不足而不可用。

与此同时，交互式系统设计要求我们理解必要的功能以及关于产品操作或开发的限制。环境同样可影响交互式产品的需求。环境需求指的是交互式产品的操作环境。应考虑 4 个环境因素。第一个因素是物理环境，如操作环境中的采光、噪音和尘土状况。又比如"用户是否需要穿防护衣、戴手套和安全帽？"这可能影响交互范型的选择。再如，环境中的拥挤程度如何。ATM 是设立在人来人往的公共场所中，因此在 ATM 系统中使用声音与客户进行交互显然不合适。

第二个因素是社会环境。在开发中，我们需要考虑协作和协调等社会因素。例如，是否要共享数据？若需要的话，那么，共享是同步的（所有用户都能立即看到数据），还是异步的（两个人轮流编辑、扩充一份报告）？还有其他因素，如小组成员的物理位置，协调员是否需要进行远程通信？

第三个因素是组织环境。例如，用户支持的质量、响应速度如何？是否提供培训资源或设施？通信基础设施是否有效、稳定？管理的层次结构如何？

最后一个因素是技术环境。例如，产品应能运行于何种平台上？应与何种技术兼容？存在哪些技术限制？

举例来说，开发供潜水员使用的水下 PC 时，要考虑的主要环境因素是设备是泡在水中的！然而，对开发 WetPC（世界上第一个可穿戴式水下使用的通用计算机，最初的开发目的是帮助研究人员能够更有效地收集生物数据）的设计人员来说，最主要的问题不是防水，而是界面设计。潜水员通常只能用一只手操作计算机，而同时要在水中上下游动。因此，传统的界面设计不合适。他们尝试了使用语音识别技术的 PC 原型，但发现气泡噪声过大，会干扰语音。另外，跟踪球也不合适，因为潜水员不是在水平表面上工作的。这些都成为产品设计中独特的特性。

5.4 用户特性

第 2 章讨论心理学的部分，我们做了这样的假设，即每个人的能力和局限性是相似的，从而可以得出一般性的结论。某种程度上，这是正确的，我们前面讨论的心理学的原理和性质可以适用于大多数人。尽管如此，我们也要注意到，用户并不是完全相同的。交互产品设计人员应该意识到个性的差异，从而可以在设计中尽可能地体现这些差异。这些差异可能是长期的，如性别、身体的能力以及智力。另一些差异则是短期的，包括用户感到的压力或者疲劳。还有一些差异（例如年龄）会随时间变化。在设计中应该考虑这些差异。以下我们将讨论用户特性对交互式产品设计中的一些特殊需求。

5.4.1 体验水平差异

通常，程序员只创造适合专家的界面，而市场人员要求只适合新手的交互。但正如我们已经看到的，数目最多、最稳定和最重要的用户群是中间用户（或称主流用户）[Cooper et al 2003][Colborne 2010]。

想到大多数实际用户通常被忽略是令人吃惊的，但情况经常就是这样，你可以在很多企业和基于软件的商业产品中看到这种情况。整体设计偏向于专家用户，而与此同时，一些令人厌烦的工具，如将向导（Wizard）和夹子助手先生（Clippy）捆绑在一起，以满足市场部分对新用户的理解。专家级用户很少使用它们，而新手则希望尽快摆脱这些令人不安的有关他们无知的提示，但是永久的中间用户则需要永久地面对他们。

我们的目标既不是吸引新手用户，也不是将中间用户推向专家层。我们的目标有 3 个方面：即首先让新手快速和无痛苦地成为中间用户；其次避免为那些想成为专家的用户设置障碍；最后，也是最为重要的，让永久的中间用户感到愉快，因为他们的技能将稳定地处于中间层。

（1）新手用户

不可否认，新手是敏感的，而且很容易在开始有挫折感。但我们必须记住，不可将新手状态视为目标。没人希望自己永远是新手，它只不过是每个人必须经历的一段过程。好的软件缩短这一过程，并且不将注意力集中在这一过程上。

作为一个交互设计师，你最好能想象一下用户——尤其是新手——非常聪明并且非常忙。他们需要一些指示，但不是很多，学习过程应该快速且富有针对性。如果一个滑雪教练一开始就讲授高山生态学和气象学，学生们会跑掉，不论他们的滑雪天分如何。用户想要学习如何操作程序，并不意味着他需要并且愿意学习其中的工作机制。

一个新手必须迅速掌握程序的概念和范围，不然他会彻底放弃，所以设计师的头等大事就是确保程序充分反映了用户关于任务的心智模型。如果界面的概念结构与其心智模型一致，用户虽然可能想不起到底使用哪个命令来执行特定的那个对象，但是会确切地想起某个操作和对象之间的关系。

让新手转变为中间用户需要程序提供特别的帮助，而一旦成为中间用户，这种帮助反过来会妨碍用户。这意味着，无论你提供什么样的帮助，它都不应该在界面中固定下来。当不再需要这种服务时，这种帮助应该消失。

在向新手提供帮助时，标准的在线帮助是一个很糟糕的工具。帮助的主要功能是为用户提供参考。新手不需要参考信息，包括概括性的信息，比如一次全局的界面导游。

单个的指南工具（一般显示在对话框中）是交流大体情况、范围和目标的好工具。当用户开始使用这种工具时，对话框显示程序的基本目标和工具，告诉用户基本的功能。要将这种引导持续集中在新手所关注的问题。对帮助新手来说，只要避免那些只有中间用户和专家用户才关心的问题应该就足够了。

新手也彻底依赖菜单来学习和执行命令，可能菜单执行起来很慢，而且沉闷。但他们彻底而详细，让人放心。菜单项发起的对话框应该是解释性的，并且有方便的"取消"按钮。

（2）专家用户

专家也是非常重要的人群，因为他们对缺少经验的用户有着异乎寻常的影响。当一个新用户考虑产品时，他会更加信赖专家，而不是中间用户的看法。如果专家说这个产品不好，可能意指"这个产品对专家来说不好"。但是新手不知道这些，他会考虑专家的建议，即使这些建议对他并不适用。

专家可能会不时寻找深奥的功能，并且会经常使用其中的一些。对经常使用的工具集，他们要求能快速访问，这个工具集可能非常大。换句话说，专家需要几乎所有工具的快捷方式。

任何一个人一天花几小时使用某个数字产品，都会快速记住界面的细微差别。并不是他们主动想将所有经常使用的命令记在脑子里，但是，这却不可避免地发生了。频繁的使用需要记忆，也促进了记忆。

专家用户持续而积极地学习更多的内容，以了解更多用户自身行动、程序的行为，以及表现形式三者之间的关系。专家欣赏更新的且更强大的功能，对程序的精通使他们不会受到复杂性增加的干扰。

（3）中间用户

永久的中间用户需要工具，因为他们已经掌握了这些程序的意图和范围，不再需要解释。对中间用户来说，工具提示是适合中间用户最好的习惯用法。它没有限定范围、意图和内容。它只是用最简单的常用用户语言来告诉你程序的功能，而且使用的视觉空间也最少。

永久的中间用户知道如何使用参考资料，只要不是必须一次解决所有问题，他们就有深入学习和研究的动机。这意味着在线帮助是永久中间用户的极佳工具，他们通过索引使用帮助，因此索引部分必须非常全面。

永久的中间用户会界定其经常使用和很少使用的功能。这些用户可能会遇到一些模糊的特性，但会很快地识别出自己经常使用的功能（有些甚至是下意识地识别）。中间用户通常要求将这些常用功能中的工具放在用户界面的前端和中心位置，容易寻找和记忆。

永久的中间用户通常知道高级功能的存在，即使他们可能不需要，也不知道如何使用这些功能。但是软件具有这些高级特性的事实让永久的中间用户放心，让他们确信，投资购买这个程序是正确的选择。如果普通的滑雪者知道在那片树林之后有一个真正高难度的黑钻专家雪道，他们会感到很放心。即使从来不曾想过用到那个跑道，这也会让他们感到充满了梦想和向往。

你的程序代码必须同时解决业余爱好者和专家可能会遇到的各种情况，但不要让这样的技术需求影响你的设计理念。是的，你必须为专家用户提供特定功能，你也必须为新手提供支持。但更重要的是，你必须将你大部分的才智、时间和资源为大部分代表用户——永久的中间用户而设计，为其提供最好的交互。

5.4.2 年龄差异

我们已经考虑了人们在一定程度上怎样区分感知、身体和认知能力。然而，有多个其他领域影响我们设计界面的方式，例如年龄就是其中之一。特别是在谈到交互技术时，老年人和儿童有特殊的需求 [Dix et al 2004]。

（1）老年人

现代社会人口中老年人的比例正在稳定增长。与往常的一成不变相反，没有证据显示老年人不愿意应用新技术。因此，这一群体成为交互式应用程序的一个主要的和逐步增长的市场。人们越长寿，就越有更多的空闲时间和可花费的收入，并且老年人的独立性也一直在增长。所有这些因素都导致了老年用户的增加。

但是，老年人的需求与其他人群有着显著不同，并且，老年人自身也有很大的区别。残疾人的比例随着年龄的增大而增加：65 岁以上的老年人中一多半有某种残疾。我们应该像对青年残疾人一样，采用交互技术为老年用户提供对其残缺部位的支持，如听觉、言语和灵活性。在缺乏灵活性或有语言障碍的情况下，新的通信工具（例如电子邮件和即时信息）能提供社会交往。在这些情形中，缺乏灵活性或讲话困难降低了面对面交往的可能性。

一些老年人并不是反对新技术，而只是因为不熟悉和畏惧学习。他们发现，手册中应用的术语和培训书籍难以理解或是有不同的含义，他们所感兴趣和关心的问题也与年轻人用户不同。

在此，最基本的通用设计原理仍然很重要，信息访问应该采用多种方式，且必须利用冗余来支持不同访问技术的应用。设计必须清楚、简单并且容许出错。此外，应该抱有同情心，而相关训练的目标应针对用户当前掌握的知识和技能。

无论交互技术对老年用户有何种潜在利益，直至今日，对这一领域的关注仍然相当少。这一领域所研究的问题包括相关技术如何支持老年用户、键盘设计问题以及老年人如何有效地参与到设计过程之中 [Brewster and Zajicek 2002]。在未来，这一领域的重要性很有可能增长。

（2）儿童

如同老年人一样，涉及技术时，儿童作为一个群体有不同的需求，他们的需求也是多种多样的。一名三岁儿童与一名十二岁儿童的需求有很大的不同，用于获得需求的方法也不相同。儿童不同于成年人，他们有自己的目标、喜好和憎恶。且由于他们并不明白设计人员的专业词汇，也不能准确表述他们的想法，因此为儿童设计本身就充满挑战。在为儿童设计交互式系统时，将儿童包括在内，让他们成为设计组的成员很重要。Alison Druin 的合作请求方法 [Druin 1999]，即是基于上下文询问以及参与设计。儿童参与到"两代人参与"的小组中，该小组主要是理解和分析上下文。小组成员（包括儿童）应用绘图和笔记技术记录他们观察到的事物。应用儿童们熟悉的纸上原型能使大人和孩子们一起在相同的立足点上参与建立和提炼原型设计。这一方法已经有效地应用于为儿童们开发一定范围内的新技术。

儿童们也有他们自身的喜好和憎恶，而他们的能力与成年人不同。例如，越小的孩子应用键盘的困难越大，因为他们的手眼协调功能没有完全发育。基于笔的界面是一种有用处、可选择的输入设备。在设计孩子们能应用的界面时，通用设计原理可以给我们指导。允许多种输入模式（包括触觉或手写）的界面对孩子们而言比键盘和鼠标更容易使用。通过文本、图形和声音等多个通道呈现信息也将有效增强他们的体验。

5.4.3　文化差异

文化差异同样会导致不同的交互需求。虽然年龄、性别、种族、社会等级、宗教和政治，所有这些都作为一个人的文化身份，但这些并非都是与一个系统的设计有关。因此，如果要实行通用设计，可以抽出一些需要仔细考虑的关键特征，包括语言、文化符号、姿势和颜色的应用。

应用不同语言资源数据库的工具箱可以容易地将菜单项、错误信息和其他文本翻译成地方语言，这不完全涉及语言问题。规划和设计可能反映一种语言从左向右、从上到下读取，对不遵循这个模式的语言则是不可使用的。例如，希伯来语就是遵循自右向左，自上到下的书写习惯。

同样，在不同的文化中符号有不同的意思。在一些文化中，勾（√）和叉（×）分别表示肯定和否定，而在另一些文化中其意义却改变了。不能假设每个人都以同样的方式解释符号，应该确定符号可选择的意义对用户不产生问题或混乱。对符号意义的研究称为符号语言学（Semiotics），对学习通用设计的读者是一种有价值的转换。

多样性能引起误解的另一领域是姿势的应用。举个例子来说，某位教授在给来自多个国家的学生上课时，惊讶地看到坐在前排的一位学生一边微笑一边摇头。课后，这名学生找到老师问了一个问题。每次老师问这名学生是否明白他的解释时，学生总是摇头，老师就做进一步的解释，这样更使这名学生感到不安！几分钟之后，事情就很清楚了：这名学生来自印度，他的姿势习惯是在同意时摇头，正好与欧洲的姿势解释相反。姿势的应用在录像和动画片中相当普遍，而我们要关注于他们之间的差别。在虚拟现实中开始应用姿势交互时，这类事情就变得更明显了。

最后，在界面中时常应用颜色反映通用约定，如红色表示危险、绿色表示通行。但是，这些约定如何通用呢？事实上，红色和绿色在不同的国家意味着不同的事物。除危险以外，红色表示生命（印度）、喜庆（中国）和皇室（法国）。绿色是丰产（埃及）、年轻（中国）和安全（英裔的美国人）的象征。给出颜色的通用解释很困难，但是通过冗余，即为同样的信息提供多种形式，可以支持和阐明特定颜色的指定意义。

5.4.4　健康差异

据估计，每个国家至少有 10% 的人口有残疾，这影响到与计算机的交互。计算设备的拥有者和制造商在提供可用产品时不但有道德方面的责任，而且也有法律上的责任。在许多国家，法律规定工作间要设计成适合所有人，即软件和硬件的设计不应该限制残疾人的使用[Dix et al 2004]。

以下简要分析感官、身体和认知的损伤，以及出现在界面设计中的事项。

（1）视觉损伤

最吸引研究者注意力的感官损伤是视觉损伤，因为只要关注交互，就必须考虑弱视问题。图形界面应用的增加将阻碍视觉损伤用户的使用。在基于文本的交互中，应用合成语音或点字输出设备的屏幕阅读器对计算机提供完全访问：输入依赖触觉打字，同时提供输出的机制。然而，目前的标准界面是图形的，屏幕阅读器和点字输出很难解释图形界面，因此对有视觉损伤的人，过多的计算机访问会带来很大阻碍。

有两种提供访问的关键方法：声音的应用和触觉的应用。对视觉受损伤的人，多数系统应用声音提供对图形界面的访问，一些应用方法包括言语、耳标和声标。

声道是最早应用非语音声音的一个实例，为一种字处理软件提供了一个听觉界面。事实上，这种应用的主要局限性在于这只是一个专业系统，无法添加到现有的商业软件中。在理想情况下，残疾用户可以和任何人一样访问相同的应用程序。Outspoken 是苹果公司开发的应用程序，它应用综合语音使该公司的其他应用程序同样能适用于视觉损伤用户。这类程序的一个共同问题是要描述全部信息。由于所有有声信息都要存放于用户的脑海中，这加重了记忆的负担，使浏览变得很困难。

最新的发展是界面中触觉的应用。这种技术有两项关键的进展，从而能够支持有视觉缺陷的用户。在电子点字显示中，触觉交互已经得到了广泛应用，电子显示是表示通过动态点字输出在屏幕上的显示。如果能够克服构造高分辨率触觉设备这一工程挑战，触觉交互就能用于提供有关图形和形状的更多信息。力反馈设备对于改进有视觉缺陷的用户访问很有潜力，因为接触界面中的元件时，边、质地和行为都可用于表示对象和动作。到目前为止，这种技术的局限性在于对象必须应用专业软件再现显示，目的是为使用设备计算返回给用户的适当的力。这也意味着偏离，即将一般应用程序的应用转变成为专业的应用程序。因此，未来主要的应用程序将可能变成"使用触觉的"。

（2）听觉损伤

视觉残疾对于图形界面交互的影响很明显；相比之下，听觉损伤对界面应用的影响较小。毕竟，主要应用视觉通道而不是听觉通道。在一定程度上这是真实的情况，并且计算机技术能真正增强有听觉损伤的人通信的机会。电子邮件和即时消息在很大程度上是机会均等的，听觉正常的用户和聋人用户能同样使用。

姿势识别已经建议将手语翻译成语音或文本，目的是改进和非手语的人之间的通信。

然而，具有讽刺意义的是，界面中多媒体的增加和声音的应用，已经对有听力问题的人产生了访问方面的困难。许多多媒体表示包含听觉陈述。如果没有文字标题的补充，听觉损伤的用户就会错过这些信息。给听觉内容（已经没有一个图形或文字版本）加标题的好处包括使音频文件简易，可以进行有效地索引和搜索，并且能增强所有用户的经验。这也是一个良好的通用设计。

（3）身体损伤

身体残疾的用户在控制和应用手的移动方面存在差别，但是，许多人发现要用鼠标进行精确控制很困难。语音输入和输出对那些没有语言障碍的人是一种选择。另一种选择是应用凝视（Eyegaze）系统，通过跟踪眼睛的移动来控制光标，此外还可以在头上佩戴一个键盘驱动器，如果用户不能控制头的移动，可以通过姿势的跟踪进行控制。如果用户受限于键盘的使用，一个预测系统能帮助预测要打字输入的命令，并且提供如何执行。预测要基于用户在当前或以前会话中已经打字输入的内容。因此，预测是在用户当前工作的环境中进行。

（4）语音损伤

对有语音和听觉损伤的用户，多媒体系统提供多种通信工具，包括合成语音和基于文本的通信与会议系统。文本通信速度慢，而且通信效率低。预测程序已经用于预见要用的词并将其填入，目的是减少需要打字的量。约定习惯有助于提供面对面通信中失去的上下文，例如":-)"表示一个微笑。允许建立轮流谈话协议的设备有助于自然通信。语音合成必须快速地反映自然会话的步调，由此我们能提前规划响应，选择应用单一的转换键。

（5）诵读困难

有认知残疾（如诵读困难）的用户难以找出上下文的信息。在严重的情况下，语音输入和输出能减少读写的需求，并且允许更精确的输入 / 输出。在问题不很严重的情况下，拼写更正设备能够帮助用户。因此，拼写更正设备需要认真加以设计：因为传统的拼写识别程序不能识别特殊词的结构方法，通常这些程序对诵读困难的用户没有好处。诵读困难的用户可以依照语音学进行拼写，或进行简单的字符转换，修改程序必须能处理这些错误。

对有诵读困难的用户，一致性的导航结构和清晰的标识提示也很重要。在一些情况下，颜色编码信息很有帮助，图形信息提供对文本的支持从而易于获得原文的意思。

5.5 用户建模

我们在广大世界中了解到用户的生活、动机和环境之后，一个大问题出来了，即如何使用这些研究数据来设计出最终成功的产品呢？我们把所有用户的谈话和观察都记录了下来，似乎每个谈过话的用户都彼此略有差异。而日后我们做设计决定时，很难想象要在数百页的笔记中挖掘，即使有足够的时间，这些笔记提供的信息是否有助于思考也还不一定。

研究发现，用上述研究结果来生成关于用户描述性的模型是交互设计中一种独特且强有力的工具，Cooper 把这些用户模型叫做"人物角色"（Persona）[Cooper et al 2007]。

5.5.1 人物角色

用户的行为如何？他们怎样思考？他们的预期目标是什么？以及为何如此？对这些问题，人物角色提供给我们一种可以精确思考和交流的方法 [Cooper et al 2007]。人物角色并不是真实的人，但他们具有我们观察到的那些真实人的行为和动机，并且在整个设计过程中代表真实的人，是在人种学调查收集到的实际用户的行为数据的基础上形成的综合原型。在研究阶段我们观察用户的行为模式，在建模阶段我们将其模型化，之后便生成了人物角色。我们在研究阶段发现人物角色，然后在建模阶段定型。通过人物角色，我们可以理解在特定情境下用户的目标，而情境也是将用户研究变换为设计框架的关键工具。

人物角色的概念虽然简单，但使用起来却相当复杂。按照固定套路草草地拼凑出几个用户档案是不行的，更不能在职位旁边贴个头像照片就称之为"人物角色"。要想让人物角色成为设计的利器，必须要十分严格和精细地辨别用户行为中那些显著的和有意义的模式，并且把他们转变成能够代表大多数各种类别用户的原型。

人物角色是非常强大的多用途的设计工具，能够有效地克服当前数字产品开发中的很多问题，它可以在以下方面帮助设计师：

1）确定产品应该做什么，以及产品应具有的行为。人物角色的目标和任务提供了设计的基础。

2）与利益相关者、开发者和其他设计者交流。人物角色为讨论设计决策提供了一种共同语言，并且可以有效地保证设计过程中的每一个阶段均以用户为中心。

3）在设计中达成意见一致和承诺，共同的语言带来了共同的理解。人物角色减少了对详细图形模型的需求，通过人物角色使用的叙述结构，能够更容易理解用户行为的很多细微差别。简言之，由于人物角色和真人是相似的，将他们和真人联系起来，要比把功能列表、流程图和真人联系起来更容易。

4）衡量设计的效率。我们可以在人物角色上对设计方案进行测试，就像在正式过程中针对真实用户一样。虽然这不能替代真实用户测试的需要，但却为设计师提供了强有力的现实检查工具，从而帮助设计者解决设计问题。这允许设计在白板上反复、快速且低成本地进行，并且在日后进行实际用户测试时，可以产生更强壮的设计基线。

5）促进产品其他方面的相关工作，比如市场推广和销售规划。我们已经看到使用这种方法的客户重新调整其组织内的人物角色，为销售活动、组织结构及其他策略规划活动提供信息。产品开发之外的其他业务部门也期望对用户有完善详细的了解，因此他们通常对人物角色也非常感兴趣。

人物角色也解决了在产品开发过程中出现的 3 个设计问题：

（1）弹性用户

"用户"一词并不严密，因此使用它作为一种设计工具是危险的——产品团队的每一个人都有对用户及其需要的不同理解。当到了做产品设计决定时，该"用户"变为弹性的。结果为了适应团队中强势者的观点和假设，设计决策很容易被扭曲变形。

当产品开发小组感觉到用户使用树形控制来显示操作嵌套层次的文件夹比较容易时，他们就会将这些用户定义为通晓计算机的"专家用户"。而当程序员发现用户借助向导工具才能够克服最困难的过程时，他们又将这些用户定义为"不成熟的新手"。为弹性用户设计赋予了开发者根据自己的意愿编码，而仍然能够为"用户"服务的许可。然而我们的目标是设计合适地能满足实际用户需要的软件，实际用户及代表他们的人物角色并不是弹性的；相反他们有基于目标、能力和情境的具体需求。

即使产品开发目标不是集中在具体原型上，而是集中在用户职责和职位上，也有可能给设计工作带来低效率的弹性。比如在设计医院产品时，可能有些人会考虑设计一个能够满足所有护士的产品，因为他们有着相似的需求。可是如果你稍微懂一些医院知识的话，你就会知道外科护士、儿科重症护理护士，以及操作间护士等都是十分不一样的，每种工作都有不同的态度、专长、需求和动机。对用户了解不够精确，就会导致产品功能的定位不够清晰。

（2）自参考设计

自参考设计是指设计者或者程序员将自己的目标、动机、技巧及心智模型投射到产品的设计中，大多数很"酷"的产品设计归于此类。用户不会超越像设计师这样的专门人员，这种设计方式仅仅适合很少数的产品，但完全不适用于大多数产品。同样，当程序员创建基于实现模型的产品时，应用的是自参考设计。对这类产品，程序员很满意，因为他们能完美地理解产品的工作方式，但在非程序员中很少会有同样的感觉。

（3）边缘情况设计

另外一种人物角色能够预防的问题是为边缘情况设计——这种情况经常会发生，但通常不会发生在人物角色上。通常在设计和编程时，我们必须考虑边缘情况，但它们又不应该成为设计的关注点。人物角色提供了设计的现实检查，我们能够问："Julie 会经常进行这种操作吗？她会进行这种操作吗？"了解了这些，我们能够非常清晰地对这些功能进行优先级排序。

5.5.2　人物角色实例

人物角色是一个抽象表示：它是由那些与系统有某种特定关系的用户来扮演的，包括由与某个系统有关的用户假定的一组公共需要、兴趣、期望、行为模式和责任 [Wirfs-Brock 1993]。这样一组属性可能是若干用户所共有的。需要、期望、行为或责任的不同组合就构成了不同的用户角色。应当记住：人物角色是一个抽象表示，他不是真实的人，不是一个工作头衔，不是一个职务，也不是一个职责。它甚至不是一组真实的人，它是通过与系统的一种特定关系来定义的一个抽象类型。

一个人物角色可以由任意个不同的人所扮演；同一个用户也可以扮演某个系统的任意不同角色。例如，我们是频繁使用文字处理软件的用户。我们经常扮演的是写作者的角色。在这一角色下，对软件的期望只是记录和保存键入的内容，而并不关心其他事情。软件不应当在进行内部索引时让系统出现死机以及出现让用户感到意外的举动，或者每当出现拼写错误时就发出警告声，从而对创造性思维的流动产生妨碍。这样做的主要目标是通过最简单的即时编辑功能来支持快捷、方便的输入。

我们有时还会作为编辑者来使用同一个文字处理软件。在这一角色下，所需要的首要功能是修改和重新安排文字内容。可能还需要排版和语法检查辅助功能。排版者是对同一个软件来说的另一种用户角色。在这一角色下，比方说作为一个公司新闻简报的排版人员，我们的主要兴趣在于图文材料在纸页上的布局和外观。

简单说来，一个角色模型或用户角色模型只不过是一个系统所要支持的用户角色清单，而每一个角色则是通过刻画该角色的需要、兴趣、期望、行为以及责任来描述的。我们给每个用户角色取一个名字，这个名字通常由两个或三个词来组成，表达该角色的基本特性。我们还给每个角色提供一个有关其最主要特性的简要描述。

我们对人物角色模型的建造是通过提问一些关于我们自己、用户或其他信息提供者的问题来进行的。这些问题可以如下所述：

　　谁将使用系统？

　　这些用户属于哪些类型的人群？

　　是什么因素决定他们将怎样使用系统？

　　他们与软件的关系有什么特征？

　　他们通常需要软件提供什么支持？

　　他们对软件会有怎样的行为？他们对软件的行为有什么期望？

我们经常是从我们想起的某个特定用户开始来形成抽象角色。例如，我们可能正在设计运行在笔记本电脑上的一个演示程序包。我们想到一个可能的用户，即销售部的一位同事。推而广之，我们又想到公司的销售代表，他们创建的漂亮而简单的材料，用来在访问客户的时候进行演示。最后我们意识到，有许多从事不同工作的用户在使用演示软件包时有类似的要求。他们经常需要在屏幕上进行演示，尽管工作不尽相同，但都期望开发者能提供一个简单的演示程序。他们需要能快捷方便地创建标准格式的简单幻灯片，诸如带有一系列符号项目的文字内容或用简单图表来表示的量化数据。当需要用图形对幻灯片进行一些美化的时候，他们往往依靠软件所提供的标准图形库。我们也许可以将这一角色归纳为以下形式：

● 日常最低要求演示者

经常使用；快速、方便操作；简单使用。

简洁、标准格式：带有项目符号的列表、条形图、饼图等标准图形库。

5.5.3　人物角色的构造

构造人物角色的基本过程是很简单的：倾听、学习、建模、展示给用户、获得反馈、改进模型。当然，现实情况比这要复杂得多。对用户说什么，提什么问题，应当怎样进行对话？有一种极端的观点认为：作为专业开发人员，我们知道什么可行，知道什么对用户最合适，用户是无知的，至少他们会误导我们。

我们认为，过分依赖用户或者怀疑用户都不会带来最好的设计。与用户的对话是交流协商的过程，是在相互了解基础上的循环过程。这种对话需要技术方面技能和人机沟通技能的结合。这里我们将基于由这种对话而建立的模型，而不是基于对话本身。

不论是通过什么方法来了解用户，开发人员对用户感兴趣，是因为他们与所要设计和建造的系统息息相关。我们想要帮助他们，使他们过得更好，但这是通过提供适合他们的软件来实现的。许多用户可能是善良有趣的人，但他们的生活中与我们系统不直接相关的部分在设计过程中是不会引起开发人员注意的或是不重要的。

根据我们的经验，建造基本用户角色模型的最好办法是先从构思一系列带有最少量细节的候选角色开始着手。给每个角色取一个名字来刻画这种用户与系统的关系。获得正确的理解比取一个好名字更重要，因此在取名字上不应有过多争论，也不必为候选角色的重复、重叠或细微差异而担心。最初的候选角色清单不过是一些待选择的东西，还没有做出最后的选择。

在产生了最初的候选角色清单以后，应当对它进行整理，将类似或相关的角色归到同一组，看看是否可以对模型进行简化和泛化，以及是否可以消除重叠或重复的情况。接下来是填充细节，尽可能地描述出每个角色特征性的需要、兴趣、期望和行为。在描述用户角色的时候，所关注的应当是那些与软件用户界面设计有关的角色特征。例如，在为滑雪场索道售票终端系统进行用户角色分析的时候，我们可能注意到，属于"单张票购买者"用户角色的那些人倾向于戴白帽子或用 K2 滑雪板。尽管这种信息对广告和市场营销人员是有用的，但对设计售票终端系统的用户界面来说，却没什么太大的用处。

在描述所确定的每个用户角色的过程中，我们还需要特别关注使角色之间彼此相区别的那些特征。在我们试图描述的是什么特征使某个角色与其他角色不同的时候，却经常发现具有不同名字的两个角色在本质上实际是相同的。通过合并类似的角色，消除那些微不足道的差别，可以使用户角色模型简单而有效。

最后，审查细化后的模型，再一次进行简化和泛化，这样，就可以认为这种最基本的非形式化用户角色模型的建造工作已经完成。不过，在开始进一步的建模工作之前，还需要确定一组焦点人物角色。

在帮助构思和定义用户界面这方面，焦点人物角色起着特殊的作用。对用户界面设计过程来说，有的角色的作用比其他角色更加重要。有些角色是无处不在的，而有的角色很特殊，尽管在真实的用户当中也不太常见，但却需要在设计当中予以考虑。

焦点角色是那些少数的用户角色，他们被认为是最常见、最典型的角色，或者是从业务、风险或其他技术角度来看特别重要的角色。例如，我们也许知道，对酒店预订系统来说，最常见的用户是接待人员；或者，在设计一个新的医院药房管理系统的时候，必须特别关注医院管理人员角色，尽管这种用户并不多。对大多数应用程序来说，只有一个或很少几个（两到三个）角色会被确定是焦点角色。

在许多情况下，哪些角色适合作为焦点角色是明显的。但在那种具有许多不同角色或者信息含混或有限的情况下，焦点角色的选择就会比较困难。在这种情况下，我们发现卡片分类方法有助于解决这一问题。

根据许多年来在各种应用领域的经验，我们发现，如下顺序的开发过程可以大大方便建模工作，这对于由一组开发人员共同进行的建模工作，效果更加明显。这一建模过程由以下四个步骤组成 [Constantine and Lockwood 1999]：

1）拼凑。首先是产生一些零碎概念或模型的片段，诸如用户角色，而不必进行讨论和争辩。可以采用头脑风暴方法，或者像笔记风暴 [Constantine 1993] 那样的变种方法来帮助产生一些零碎概念，先不去考虑他们的细节。主要的目的是尽快捕获尽可能多的材料。

2）组织。当完成拼凑工作之后，仔细审视最初得到的片段集合，以便更好地理解这些片段以及它们之间的关系。将这些片段按照所构造模型的需要进行分组和分类，归并或删除那些冗余重叠的东西，并对阶段性结果进行总结和整理。

3）细节。在组织好这些概念或片段之后，需要补充更多的特殊细节，建立和完善相应描述，补充遗漏的数据。

4）求精。最后对组织好并补充了细节的模型进行推敲，以便改进和完善。仔细斟酌，以保证得到一个全面、一致和正确的模型。在必要的情况下，还可以对模型进行重新组织。

这个过程是循环反复进行的，在任何时候都可以返回到前面某个阶段。细节可能会揭示隐藏的关系，求精可能会引出新的想法或带来对基本模型的进一步细化和完善。

5.6 需求获取、分析和验证

5.6.1 观察

人们常常注意不到每天做的事情，他们常常认为这是理所当然的。除此之外，我们常常难以解释习惯做的事情。举例来说，尝试描述骑一辆脚踏车的过程：你怎样保持你的平衡？你使用什么肌肉来进行引导？在数据收集过程中，你不能够忽略这类信息，因为它对工作流程时常起决定性的作用。这类信息通过访谈或问卷调查也不是那么容易获得的，所以你需要观察他们在实际工作环境中的工作方式。你可以通过陪同他们工作而直接获得信息或使用视频／录音间接获得信息。

直接观察技术借鉴了源自人类学的民族志观察的方法。民族志方法包括到工作现场观察参与工作的人，以及观察支持工作流程的基础设施。这与一个画家到户外根据他们所看到的景象作画而不是在画室里凭记忆去创造相类似。画家在现实世界里观察到的灯光和阴影的细微差别是复杂且相互关联的，这使得他们是不可能通过想象就能画出来的。

你还可以使用在工作场所安置录音设备这种间接的观察方法。间接观察有时候由于它的客观性而带来一些问题，比如人们不喜欢被监视。间接方法的使用可能需要一个很大的透明度并且需要在设计团队和被观察者之间进行沟通，使得被观察者在这样的环境中感到舒服。

不论采用哪种观察方法，重要的是使潜在的用户接受这个过程，以便能在观察人员面前尽量表现自然，而不受观察者的影响，以免测试结果出现偏差 [Heim 2007]。同时在记录观察到的内容前需要发表声明和获得用户的许可。你也必须小心不要成为一个令人讨厌的人或成为一个阻碍交流的人，否则可能会影响调查并且有可能遭遇被观察者的疏远。你也必须允许他们与其他同事交流的私人社交时间。这时你可能会错过一些信息，但是如果你需要进行后续观察，这将有助于你同你的观察对象之间维持一个良好的关系并且留下良好的印象。更多有关观察的内容将在第 12 章进行详细讨论。

5.6.2 场景

"场景"指的是表示任务和工作结构的"非正式的叙述性描述" [Carroll 2000]，特点在于丰富和真实。它以叙述的方式描述人的行为或任务，从中可以发掘出任务的上下文环境、用户的需要、需求。其形式可以类似于一篇故事、一个小品或者在给定环境下按照时间顺序的一段情节，被广泛应用在软件设计当中 [Carroll 1995]。它没有明确描述如何使用软件或其他技术设备来完成任务。使用用户的词汇、措辞意味着涉众能够理解场景说明，也因此能够参与开发过程。实际上，由涉众提出场景说明通常是建立需求的第一个步骤。

设想你应邀与一组用户会面，他们负责大学招生办公室的数据录入工作。你走进会场时，主管人 Sandy 跟你打招呼，接着做了如下开场白：

"唔，入学申请表都是寄到我们这里。在高峰期，我们每天可收到约 50 份申请。Brian 负责打开申请表格，检查是否完整，也就是看它是否含有所有材料。在处理申请之前，我们需要检查相关学校的成绩单和工作经历证明。根据这个初步审查结果，我们再把这些申请表格转交给……"

"讲故事"是人们解释自己做什么或者如何执行某个人物的最自然方式，它便于涉众理解。这类"故事"的焦点通常是用户希望达到的目标。通过理解用户为什么这么做、想达到什么目的，我们就能专注于用户的活动，而不是与技术的交互。

这并不是说开发的新产品就一定要体现用户的这些活动，而是说理解用户做什么是一个很好的开始，有助于发掘实际操作中的约束、上下文、用户反映、工具等。从中我们能确定这个活动涉及哪些涉众和产品。例如，若场景说明不断提到某个特定形式、书、行为或者地点，这就表明它是这个活动的核心内容，我们必须了解它是什么、起什么作用。

图书馆目录服务系统的潜在用户可能会提出以下场景：

"我要查找 George Jeffries 写的书，但不记得书名，只知道它是在 1995 年之前出版的。我在目录系统中输入口令。我不明白为什么要输入口令，但不这么做我就无法进入图书馆系统，使用目录服务。系统确认了口令之后，显示了一些检索选项，如根据作者或日期检索，但不能结合两者进行检索。我选择了基于作者的检索，因为根据日期的检索通常会返回过多的书目。约 30 秒后，系统返回了结果，说没有找到 George Jeffries 写的书，也列出了一些最接近的匹配书目。在浏览了这个清单后，我发现把作者的名字弄错了，应该是 Gregory 而不是 George。于是。我选择了想要的书目，系统即显示了它的位置。"

从这个关于已有系统的场景说明中，我们注意到了一些事项：正确输入作者姓名的重要性；用户对输入口令感到反感；应提供更灵活的检索方法；在匹配不成功时，应给出相近的检索结果。在设计新的目录系统时，这些都是可改进之处。这个场景描述了目录系统的一个（很可能是普遍的）用法，即根据作者的姓名检索一本不知名的书。

场景描述的细致程度是不同的。应包含多少内容，或至少应包含多少内容，对此并无具体的指导原则。场景说明通常来自专题讨论或者访谈，目的是解释或讨论有关用户目标的一些问题。场景既可以用于设想新设备的适用情形，也可用于捕捉已有的行为。场景不是捕捉完全的需求，它是非常个人化的解释，只提供了一种观点 [Sharp et al 2007]。

编写场景的过程有点像讲故事，可能是由于这个原因，因此那些倾向于艺术和文学思维的分析人员经常喜欢采用这种方法。尽管场景通常采取连续叙事的形式，但也可以用情节串联图板那样的一连串图画来表示。

5.6.3　应用人物角色和场景剧本的需求定义

这里讨论的方法基于用户角色的场景剧本的方法论，由 Cooper 公司的 Robert Riemann、Kim Goodwin、Dave Cronin、Wayne Greenwood 和 Lane Halley 建立 [Cooper et al 2003]。

需求定义阶段由下面 5 个步骤组成：

1）创建问题和前景综述。

2）头脑风暴。

3）确定人物角色的期望。

4）构建情境场景剧本。

5）确立需求。

虽然这些步骤大致按次序执行，但实际上他们代表一个迭代的过程。设计师可能需要从步骤 3 到步骤 5 循环多次，直到需求变得稳定。这是这个过程的必要部分，不应该缩短。每一个步骤的详细描述如下：

1. 创建问题和前景综述

在构思过程开始之前，对设计师来说，最重要的是要有明确的目标和方向。目标导向的方法以完全通过用户角色、场景剧本和需求定义产品为目标，在这时定义场景剧本和需求应该指向哪个方向是非常有用的。这时，我们对于哪些是目标用户、他们的目标是什么已经有了感觉，但是还是缺乏明确的产品要求，这样仍然会产生严重的混淆。问题和前景综述提供了这种要求，这样非常有助于在设计过程向前推进之前，在利益相关人之间达到理解的一致。

在较高层次上，问题综述定义设计的目标 [Newman and Lamming 1995]。设计问题综述应该简明地反映需要改变的情况，来服务人物角色和提供产品给人物角色的商业组织。通常商业关注点和人物角色关注点之间存在因果关系，如下例。

X 公司的顾客满意率低，市场占有率从去年开始已经下降了 10%。因为用户没有充足的工具完成 X、Y 和 Z 任务，而完成这些任务则能帮助用户满足其目标 G。

商业问题和可用性问题之间的关系对利益相关人加入设计，以及形成根据用户和商业目标的设计方面非常关键。

前景综述高层次的设计视图和需求是问题综述的倒置，你从用户需要开始，转向如何用设计视图满足商业目标。

设计新的产品 X 会帮助用户实现目标 G，这让用户能更好地（精确度和效率等）完成 X、Y 和 Z 任务，并且不会产生其现在遇到的 A、B 和 C 等问题。从而会有力地改善 X 公司的顾客满意度，并且会增加市场占有率。

问题和前景综述的内容应该直接从研究和用户模型中获得，用户目标和需要应该从首要和次要人物角色中推导出，而商业目标则应该从与利益相关人的访谈中提取。

当你重新设计已有产品时，问题和前景综述最为重要。然而即使对新技术产品，或者针对市场设计但尚未开发的产品，当你用问题和前景综述系统地表达用户的目标和需求时，你也在帮助团队在随后的设计活动中达成一致。

2. 头脑风暴

在需求定义阶段的早期进行头脑风暴在某种程度上呈现出一种说反话的意图。我们在领域和用户研究以及建模方面可能已经进行好几天甚至几个星期的工作，关于解决方案是什么样子，脑子中不可能没有形成先入为主的偏见和成见。然而，我们希望在创建情境场景剧本时，摒弃这些偏见和成见，并且真正地将注意力集中在我们的人物角色可能怎样融入产品中。因此，我们在此阶段的这个点上进行头脑风暴的真正原因是，我们需要把这些想法从脑子中拿出来，这样我们才可能公正地记录它们，并让他们随着时间的推移自然发展。

这里的基本目标是尽可能地去除成见，允许设计师以开放和灵活的方式想象来构建场景剧本，使用他们的思维从场景剧本中得到需求。头脑风暴的另一个好处是将你的头脑置于"解决问题模式"中，在用户研究和建模阶段的大部分工作是以自然地方式分析的，实现创造性的设计需要不同的方法。

头脑风暴应该是不受约束且不加以评判的，将你所有能想到（甚至那些没有想到）的想法都说出来，并将这些想法整理并记录下来，妥善保管直到过程的后期。最后可能不会所有的想法都有用，但其中可能会有一些精彩的内容适合你后来设计的框架。Karen Holtzblatt 和 Hugh Beyer 描述了一种称之为"Grounded Brainstorm"的方法，在启动头脑风暴会议方面非常有用，特别是当团队中包括非设计师时 [Holtzblatt and Beyer 1998]。

不要在头脑风暴中花费太多时间，几个小时已经足够你和你的团队成员从系统中获得疯狂想法。如果你发现你的想法已经开始重复，或者想法出现得越来越慢，那就是停止头脑风暴的好时机。

3. 确定人物角色的期望

一个人的心理模型是他们思考或者解释事物的方法，是其对现实的内部表达。心理模型通常是根深蒂固的，而且会影响一个人的一生。人们对产品的期望和对产品工作方式的想象大部分来自于他们的心理模型。

界面的表现模型——设计的行为和表达——与用户的心理模型尽量匹配是非常重要的，这种匹配甚至比反映产品内部实际上是如何构造的实现模型更为重要。

为了达到这个目标，我们必须正式记录这些期望。他们将会是需求的一个重要来源，对每一个基本和次要人物角色，你必须确定如下内容：

1）影响人物角色愿望的态度、经历、渴望，以及其他社会、文化、环境和认知因素。

2）人物角色在使用产品体验方面可能有的一般期待和愿望。

3）人物角色对产品行为的期待和愿望。

4）人物角色认为什么是数据的基本单元或者元素（例如，在一个电子邮件程序中数据的基本元素也许是信息和人）。

从你的人物角色的描述中可能得到充分的信息，可以直接回答其中的一些问题，然而你的研究数据是一个极其丰富的资源。你还是应该使用研究数据来分析如何定义用户主体并描述对象和动作的语言及其可用语法。需要理清的问题如下。

1）主体首先提到的是什么？

2）他们使用哪些动作单词（动词）？

3）他们没有提及的对象中的哪些中间步骤、任务或者对象？

4. 构造情境场景剧本

场景剧本是人及其活动的故事。实际上，情境场景剧本是我们使用的三种类型的场景剧本中最像故事的那种，它关注人物角色的活动，及其心理模型和动机。情境场景剧本描述了展现使用模式的广泛场景，并且包括了环境和组织（对企业系统来说）方面的考虑 [Kuutti 1995]。

正如我们以前讨论过的，这就是设计开始的地方。当你开发了情境场景剧本，你的注意力就要集中在设计的产品中怎样能够最好地帮助你的人物角色达到目标。情境场景剧本建立了在一天中或者在其他有意义的一段时间中，首要人物角色和次要人物角色与系统之间（或者通过系统和其他人物角色之间）的主要接触点。

情境场景剧本在范围上应该是广而浅的，它们不应该描述产品或交互细节，而是应该专注于高层次的从用户角度描述的行动。首先映射大的图景是非常重要的，这样我们能够系统地定义用户需求。只有那时，我们才能够设计合适的交互行为和界面。

情境场景剧本解决了以下的问题：

1）产品使用时的设置是什么？

2）它是否会被使用很长一段时间？

3）人物角色是否经常被打断？

4）一起使用的其他产品是什么？

5）人物角色需要做哪些基本的行动来实现目标？

6）使用产品预期的结果是什么？

7）基于人物角色的技巧和使用的频繁程度，可允许多大的复杂性？

情境场景剧本不应该像当前系统一样表达行为，这些场景剧本代表构思大胆且耳目一新的目标导向的产品世界。所以特别在初始阶段应集中关注目标，而不要担心事情如何得以确切完成。

大多数时候可能不止需要一个情景场景剧本，尤其是当有多个首要人物角色时，但有时单个首要人物角色也可能有两个或者多个不同的使用场景。

场景剧本也完全是文本的，我们还没有讨论形式，而仅仅是用户和系统的行为，这种讨论最好通过文本性的叙述来完成。

下面是一个 PDA 和电话合成设备和服务的首要人物角色的情境场景剧本的第 1 次迭代的例子。人物角色 Vivien Strong 是印第安纳波利斯市的一个房地产代理商，她的目标是平衡工作和家庭生活，紧紧抓住每一个交易机会并且让每一个客户都感觉自己是 Vivien 的唯一客户。

Vivien 的情境场景剧本如下：

1）在早晨做好准备，Vivien 使用电话来收发电子邮件。它的屏幕足够大，并且网络连接很快。因为早上她同时要匆忙地为女儿 Alice 准备带到学校的三明治，这样手机比计算机更方便。

2）Vivien 收到一封电子邮件，来自最新客户 Frank，他想在下午去看房子。Vivien 在几天前已经输入了他的联系信息，所以她现在只需要在屏幕上执行一个简单的操作，就可以拨打他的电话。

3）在与 Frank 打电话的过程中，Vivien 切换到免提状态，这样她能够在谈话的同时看到屏幕。她查看自己的约会记录，看看哪个时段自己还没有安排。当她创建一个新的约会时，电话自动记录下这是与 Frank 的约会，因为它知道她是在与 Frank 交流。谈话结束后，她快速地输入准备看的那处房产的地址。

4）将 Alice 送到学校之后，Vivien 前往房地产办公室收集另一个会面所需的信息。她的电话已经更新了其 Outlook 约会时间，所以办公室里的其他人知道她下午在哪里。

5）一天过得很快，当她前往即将查看的那处房地产并准备和 Frank 见面时，已经有点晚了，电话告诉她约会将在 15 分钟之后。当她打开电话时，电话不仅显示了约会记录，而且还显示出与 Frank 相关的所有文件，包括电子邮件、备忘录、电话留言、与 Frank 有关的电话日志、甚至包括 Vivien 作为电子邮件的附件发送的房地产的微缩图像。Vivien 按下呼出键，电话自动连接到 Frank。因为它知道 Vivien 立即就要和 Frank 见面，她告诉 Frank 她将在 20 分钟之内到达。

6）Vivien 知道那处房地产的大致位置，但不是很确切。她停在路边，在电话中打开存在约会记录中的地址，电话直接下载了从她当前地址到目的地的微缩地理图像。

7）Vivien 按时到达了访谈处，并且开始向 Frank 介绍这处房地产。她听到从坤包中传出电话铃声，通常当她在约会时会自动将电话转到语音信箱。但 Alice 可以输入密码跨越这一过程。电话知道这通电话来自 Alice，并使用了特别的响铃声。

8）Vivien 拿起了电话——Alice 错过了公交，需要 Vivien 接她。Vivien 给她的丈夫打电话看他能否代劳，可是访问的却是其语音信箱，他肯定是不在服务区内。她给自己的丈夫留言，告诉他自己和客户在一起，看他能否去接 Alice。5 分钟后，电话发出了一个简短的铃音。从音调中，Vivien 可以判断出这个短信是丈夫发给她的。她看到了丈夫发出的短消息："我会去接 Alice，好运！"

需要注意的是，这里场景剧本处于较高的层次，并没有涉及太具体的有关界面和技术的信息。在技术允许的范围内创建场景剧本是重要的，但在这一阶段，现实状况的细节内容还不是太重要。我们希望为真正的创新方案打开大门，总是有机会返回到细节部分，我们最终是企图描述一个最理想的，但仍然可行的体验。值得注意的是，这里场景剧本中的活动是如何与 Vivien 的目标相关的，并且尽可能除去了不相关的任务。

"假设界面有魔力"是场景剧本开发早期阶段的一个强大的工具。如果产品有魔术性效能来满足你的人物角色的目标，界面会多么简单？这种思考方法有助于设计师跳出框架看问题。这种魔术方案显然是不够的，但是能够以创造性方式在技术上尽可能地实现接近魔术方案的交互（从人物角色的角度看）是伟大的交互设计的实质。对用户来说，产品实现目标并只受到最小的侵扰几乎是魔术般的。前面的场景剧本中的一些交互看起来有点像魔术一样，但在今天的技术条件下都是可能的。这是目标导向的行为，而不仅仅是技术创造了这种魔术性的效果。

5. 确立需求

在你对自己的情境场景剧本的初稿满意的情况下，可以开始分析它并且提取人物角色的需求。这些需求包括对象和动作以及情境 [Shneiderman 1998]。注意，正如先前讨论过的，我们不倾向于将需求等同于功能和任务。因此从 Vivien 的情境场景剧本角度看，需求可能如下：

直接从约会记录（情境）中拨打电话（动作）给某个人（对象）。

如果你习惯于以这种方式提取需求，那很好；否则你可以像下面的一些小节描述的那样将他们区分成数据的、功能的和情境的需求。

数据需求：人物角色的数据需求是必须在系统中被描绘的对象和信息。利用上面讲到的例子的格式，数据需求可以被看作是与对象相关的宾语或形容词。数据需求的例子有账号、人、文档、邮件、歌曲、图片，以及它们的属性比如状态、日期、大小、创建者、主题等。

功能需求：功能需求是针对系统对象必须进行的操作，它们最终会转化为界面控件，这可以被看作是产品的动作。功能需求也定义了界面中的对象或者信息应该在何位置和容器内被显示（其中当然不包含行动，然而常常是由行动引起的）。

其他需求：在你经历了"假设界面有魔力"这一过程后，获得有关设计产品的业务和技术现实要求的坚定想法很重要。（虽然，我们希望当技术选择直接影响用户需求目标时，设计师能影响技术选择。）这些需求如下所示：

1）业务需求可能包括开发时间表、规则、价格结构以及商业模型。

2）品牌和体验需求反映了你希望用户或顾客将你的产品、公司或组织联系起来的体验的特征。

3）技术需求可能包括重量、大小、形式要素、显示、容量限制和软件平台选择。

4）顾客和合作伙伴需求可能包括易于使用、维护和配置，承受成本和许可权协议。

进行过上面的这些步骤之后，现在你应该有一个用情境场景剧本的形式来描述产品如何满足用户目标的粗略的、创造性的大纲；一个从你的研究、用户模型和场景剧本中提取出来的需求和要求的简化列表。现在，你可以进一步钻研你的产品行为的细节，并且开始考虑如何表达产品及其功能。

5.6.4　任务分析

我们已经探讨了如何收集信息，现在需要知道如何组织这方面的信息，以使其在设计阶段有用。

任务分析是记录人们如何完成任务的一种方式。我们可以利用任务分析来了解通过观察和访谈目前参与工作流程的人收集到的数据。这种方法有助于我们理解过程、功能、对象和参与到工作中的人，并且给我们一个确定需求的框架和基础。

任务分析主要用于调查现有情形，而不是展望新系统或设备；其作用是分析基本原理，了解人们想要达到什么目标，如何达到这些目标。任务分析所搜集的信息描述了现有任务的执行情况。以此为基础，我们就能建立新的需求或者设计新任务。

任务分析涉及工作流程的各个方面，包括自动化的计算机系统的外围设备。它将帮助我们了解新的系统如何融入现有的工作流程中，以及它们怎样受外部过程的影响。

在设计过程的这一个阶段，任务分析以全局的观点来看用户的活动和值得注意的行为。它用来探讨目标系统的需求和组织数据收集阶段的结果。

"任务分析"是一个内涵较广的术语，涉及许多调查认知过程和物理活动的技术，可用于导出高抽象层次的说明或细致的描述。在实践中，任务分析技术是相互组合使用的。"层次化任务分析"（HTA）是应用最广的任务分析技术。

层次化任务分析最初用于标识培训过程的要求 [Annett and Duncan 1967]，是把一项任务分解为若干子任务，再把子任务进一步分解为更细致的子任务。之后，把他们组织为一个"执行次序"，说明在实际情形下如何执行各项任务。HTA 关注的是可观察的物理活动，包含考察与软件（或交互式设备）根本无关的活动。它的出发点是找出用户目标，接着，找出与达到这些目标相关的主要活动，并且在适当的时候把这些任务分解为子任务。

一个 HTA 可以理解如下：

1）一个组件在另一个组件之上，这描述了我们想做什么（上层目标）。

2）这个组件在另一个组件之下，这描述了它怎样完成。

3）计划控制子目标的流动。

以图书馆目录服务为例，"借书"这项任务可分解为以下子任务："访问图书馆目录"，"根据姓名、书名、主题等检索"，"记录图书位置"，"找到书架并取书（假定书在书架上）"，最后是"到柜台办理借阅手续"。这一组任务和子任务的执行次序可以有所变化，这取决于你掌握了多少有关这本书的信息以及你对图书馆、书库的熟悉程度。图 5-1 概括了这些子任务，也说明执行这些任务的不同次序。图 5-1 中的缩进编排格式体现了任务及子任务间的层次化关系。

```
0. 借书
  1. 前往图书馆
  2. 检索需要的图书
      2.1 访问图书馆目录
      2.2 使用检索屏
      2.3 输入检索准则
      2.4 找出需要的图书
      2.5 记录图书位置
  3. 找到书架并取书
  4. 到柜台办理借阅手续
执行次序 0：执行 1-3-4；若图书不在期望的书架上，则执行 2-3-4。
执行次序 2：执行 2.1-2.4-2.5；若未查到书，则执行 2.2-2.3-2.4-2.5。
```

图 5-1 "借书"的层次化任务分析的文字描述

读者应注意任务分析是如何使用编号的：执行次序中的编号对应于步骤编号。例如，执行次序 2 说明了步骤 2 中的子任务顺序。不存在"执行次序 1"，因为步骤 1 不含子任务。

我们也可以使用方框 – 线条的图示来表示 HTA。图 5-2 就是图 5-1 的图形表示，它把子任务表示为带有名称和编号的方框。图中的竖线体现了任务之间的层次关系，不含子任务的方框下有一条粗横线。图中也在竖线（代表任务的分解）边上注明了执行次序。例如，在图 5-2 中，"执行次序 2"标注在"检索需要的图书"框下面的竖线边上。

任务分析的结果是人们执行的任务的细分目录，取决于分析使用的技术，包括使用的物品、计划、执行任务的动作次序等。这些结果的利用方式主要看具体放在哪里使用。下面简单描述一下任务分析结果的三种用处：编制手册和教学资料，获取需求和系统设计，详细的接口设计。这些用处中只有第一个的目的是现有系统的分析，后面两种都是为了设计一个新系统而分析一个已存在的系统。

（1）编制手册和教学资料

任务分析中一些最早的技术就是教新手如何执行一项任务。尤其是，在军事训练中这很重要。例如，怎样拆卸、擦净来复枪。训练必须迅速而有效，因为士兵在和平时期只能服役几年，在战争阶段甚至只服役几个月。

任务分析作为人机交互学科的一部分和上述稍有不同，但是培训仍然是一项重要的应用。HTA 的层次结构可以用作手册或者教学资料的结构。例如，要写一个基于图 5-1 所示的层次任务分析图的新手沏茶手册。可以将任务分解的每一级和相关的计划放在一页之上，得到一个如图 5-2 所示的结构化的手册。

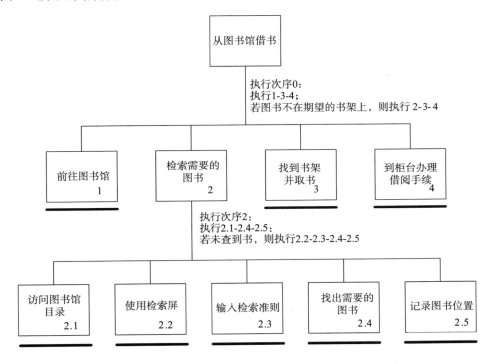

图 5-2 "借书"的层次化任务分析的图形表示

这种"如何做"的手册对最初的培训非常有用，但是对于系统化的课程或者更高级的培训材料，一个概念化的手册结构将会更好。这种基于知识的分析技术就很有用，其分类结构可以直接使用。例如，一门关于汽车的课程开始时要讲解方向盘控制，然后讲述引擎控制等等。这样严格采用 either/or 树结构的分类就很有用。一般说来，可以做一个简短的一般对象和动作的列表，用作手册提纲。

除了用来编制手册和教学资料，任务分析还可以用来帮助用户从一个系统转移到另外一个系统。假设对两个系统进行任务分析，分析结果中的不同将是训练的重点部分。简单的功能比较是不够的，最重要的不同也许存在于工序中。另一方面，两个系统中的细节命令和表达可能完全不同，但在高级概念、使用模式上却可能相似。应该指出这些共同的特征，从而可以帮助用户将知识从一个系统迁移到另一个系统。

（2）需求获取和系统设计

任务分析可以用来指导新系统（可能不是创新）的设计。需求获取是一个得出新系统应该做什么的过程。任务分析本身不是一种需求获取，因为所参照的是现有系统，不是一个计划的系统，而且包含了许多不在系统中的因素。不过，对需求的完整表达有很大的贡献。典型情况下，客户给出的原始需求会提到必需的新因素，并且可能已经参照了现有系统及其功能。系统开发人员得到的进一步信息也许就是关注系统应该做什么，而不是系统要怎样使用。

现有系统的任务分析能够在两个方面给予帮助。首先，分析者可以问："现有的哪一个对象、任务应该在新系统中存在？"其次，事务现有状态的形式表达会帮助客户搞清楚新特点是什么。决定是自动化整个任务，角色，还是某个简单子任务？

在高层系统升级中，任务分析一直起着作用。例如，TDH（Task Description Hierarchy，任务描述层次）的分类结构能够帮助设计者选择一个和用户预期相符的系统内在模型。当然，后面还会对其进行修改以满足新特点，但至少给出了一个合理的初步结构。

对新系统会有一些预设。考虑系统包含的组件以及计划的行为，也许要搞清楚它们怎样和现有的工序交流，包括信息如何在新系统中输入／输出。一些工序也许能够保持原样，但是一些工序也许要重新设计，尤其是系统要设计成模拟旧的非自动化系统的时候。

（3）详细的接口设计

类似于手册设计，任务和对象的分类也许会用于菜单设计。TDH树在这方面最有用。顶级菜单可以使用顶级分解的结果来标注，子菜单用次一级的分解来标注，依次类推。TDH树首先简化为一棵either/or树，这样保证每个对象／动作准确地在一个菜单之下。作为选择，可以使用更复杂的采用了AND、OR和XOR分支的树，这样，一个对象／动作可能在多个菜单路径下找到。

一种菜单框架是基于角色的，并且任务也是按角色分派的。在这种框架中，一些动作可能在多个角色／任务下发现。对用户来说，更倾向于用新系统执行新任务，这种新任务要求的动作在新系统中也许很难发现，并且是分散分布的。如果很好地定义各种可能的任务，那么这种菜单框架将是有意义的，而且这样的框架和系统设计将非常高效。

如果使用了一个面向对象的接口，那么对象和动作之间的联系特别有用。对每一个对象，一个相关动作的菜单将会显示出来，由该菜单可以看出这个对象是施事者还是受事者。对每个对象的默认动作可以按照执行的频率选出来（以便提高效率），而且用通用分类表传达信息（方便学习）。在大多数系统，一般性动作和双击联系起来，表达"打开"这个对象以进行编辑。然而，在专业领域中不这样做可能更合适。

从任务分解得到的任务顺序可以在设计系统对话中使用。子任务执行的顺序可以用来反映原始工作的顺序。即使界面的风格更用户化，并且设计者没有定义对话顺序，任务分解和计划也是有用的。如果知道某个任务频繁执行，就会让用户能够很容易地按照合适的顺序执行子任务。对用户来说，如果频繁改变状态，在不同的菜单之间移动将是不可接受的。

任务分析从来都不是完善的，因此它不应作为界面结构和风格的唯一评价标准。然而，一个做得很好的任务分析能做出一个很好的、易于支持人们想要的工作方式的界面。

5.6.5　需求验证

在执行需求获取之后，很重要的一项工作是检查获取的需求是否真正符合用户的要求，这项工作称为需求验证。相比较需求评审、测试用例等需求验证技术，原型能够给用户一个更加直观的产品形象，是用户乐于接受并愿意与设计人员合作的一种需求验证方式，特别对交互方面的需求验证，原型可谓最恰当的验证工具。

原型的重要性体现在：用户往往不能准确描述自己的需要，但在看到或尝试某些事物后，就能立即知道自己不需要什么。在搜集了有关工作实践的信息，了解了系统应做什么、不应做什么之后，我们就需要制作原型来检查得到的信息是否真的和用户想要描述的一样。同软件工程中的很多阶段类似，需求验证过程也是迭代式的，通过向用户展示原型，获得用户的反馈意见，进而再请用户检查修改后的原型，从这里也可以看出，原型不仅可用于检查需求获取结果是否存在偏差，同时对设计方案也有很好的验证效果。

原型指在某一方面和真正产品比较接近、以便人们能对这一方面的各种技术方案进行不断评估和改进的一种接近于实际产品的模型。提到术语"原型"，你可能会想到房屋、桥梁的缩微模型，或是频频出故障的软件。但是，原型也可以是画在纸张上的一组屏幕草图，电子图像，任务的视频模拟，用纸张或纸板制作的工作站三维模型，或超链接的屏幕图像等。应设计何种类型的原型取决于准备把原型应用于什么目的。例如，如果要说明如何执行一组任务，并证明你提议的设备能够支持这些任务，就可以制作纸张原型。

实际上，原型可以是任何东西。例如，设计 PalmPilot 掌上电脑时，Jeff Hawkin 用木头雕刻了一个与设想的形状、大小相仿的模型（见图 5-3）。他随时携带这个模型，不时"假装"用它输入信息，以体验拥有这样一个设备是何种感觉 [Bergman and Haitani 2000]。这就是一个非常简单的原型，但它能够模拟使用场景。

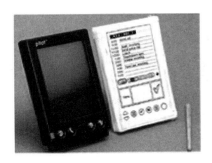

图 5-3　PalmPilot 掌上电脑及其木雕模型（图片来自 [Protyping]）

总之，原型是设计的一种受限表示，用户可尝试与它交互，从中获得一些实际的使用体验，并发掘新思路。同时它也是设计小组成员之间的交流工具和有效的测试工具，有助于仔细检查设计 [Schön 1983]，并选择不同的候选方案。许多行业的设计人员都认为制作原型是一个重要的设计步骤 [Liddle 1996]。

原型可以分为低保真原型和高保真原型两类。"低保真原型"指的是与最终产品不太相似的原型。它使用与最终产品不同的材料，如采用纸张、纸板而不是电子屏幕和金属。前面提到 PalmPilot 掌上电脑的木雕原型和打印机纸盒模型就属于低保真模型。

低保真原型的优点是简单、便宜、易于制作，这也意味着它易于修改，适合于尝试不同的设计方案。在开发初期，如概念设计阶段，这些特性尤为重要，因为用于发掘设计思路的原型应非常灵活，以鼓励而不是限制各种探索和修改。最终产品不能照搬低保真原型，它们只是用于探索和尝试。除纸质原型外，低保真原型还包括情节串联图、草图、索引卡、模拟向导等。

高保真原型与最终产品更为接近，它们使用相同的材料。例如，使用 Visual Basic 开发的软件系统的原型要比纸张式的原型更为真实，而使用塑模工艺制作的带有键盘的掌上电脑原型要比木制原型更为逼真。

Marc Rettig 认为 [Rettig 1994] 多数项目应使用低保真原型，因为高保真原型存在一些固有问题，如：制作时间长；评测员容易专注于表面问题，而不是本质问题；开发人员不愿意修改花了很长时间才制作的东西；软件原型可能会把目标定得过高；高保真原型中的一个错误就可能打断整个测试过程等。

高保真原型适用于向其他人讲解设计和测试技术问题。但在探索设计内容和结构问题时，应鼓励使用纸张式原型和其他原型。这是因为制作可运行的原型（即可自动与用户交互的原型）存在一些风险，即用户会认为原型就是系统，而开发人员可能认为已找到了一个用户满意的设计，因而不再考虑其他方案。制作原型时做出的让步是不容忽视的，尤其是那些不太明显的让步。因为我们的目的还是开发高质量的系统，所以必须遵循良好的工程原则。

习题

1. 如果要求为老年人和残疾人设计电话，这些残疾包括认知障碍、肌无力、精细操作障碍、语言障碍、听觉障碍和手臂颤抖等。那么请指出这类电话应包括哪些特征？
2. 提出一些促进成人和儿童合作的方法，使得他们能融洽共处并且相互认同。
3. 编写一份场景，说明如何为多人安排一次会议。
4. 给出使用共享日历系统为多人安排会议过程的 HTA 的文字描述和图形描述。
5. 给出使用吸尘器打扫房间的层次化任务分析的文字描述和图形描述。
6. 为一个帮助儿童学习数学运算（如 10 以内加减法）的软件系统制定人物角色和关键情境场景剧本。有哪些核心的可用性准则？如何度量？
7. 设计人员通过制作和评估原型，可明确哪些问题？

参考文献

[Annett and Duncan 1967] Annett J, Duncan K D. Task Analysis and Training Design[J]. Occupational Psychology, 1967, 41:211-221.

[Bergman and Haitani 2000] Bergman E, Haitani R. Designing the PalmPilot: A Conversation with Rob Haitani[A]. Information Appliances[M]. San Francisco: Morgan Kaufmann, 2000:81-102.

[Brewster and Zajicek 2002] Brewster S, Zajicek M. A New Research Agenda for Older Adults[A]. In HCI[C]. 2002.

[Carroll 1995] Carroll J M. Scenario-Based Design: Envisioning Work and Technology in System Development[M]. New York: Wiley, 1995.

[Carroll 2000] Carroll J M. Scenario-Based Systems Development[J]. Interacting with Computers, 2000, 13(1): 41-42.

[Colborne 2010] Colborne G. Simple and Usable Web, Mobile, and Interaction Design[M]. New Riders, 2010.

[Constantine 1993] Constantine L L. Software by Teamwork: Working Smarter[J]. Software

Development, 1993, 1(1).

[Constantine and Lockwood 1999] Constantine L, Lockwood L. Software for Use: A Practical Guide to the Essential Models and Methods of Usage-Centered Design[M]. Addison-Wesley, 1999.

[Cooper et al 2003] Cooper A, Reimann R, Cronin D. About Face 2.0: The Essentials of InteractionDesign[M]. 2nd ed. Indianapolis: Wiley, 2003.

[Dix et al 2004] Alan Dix, Janet Finlay, Gregory Abowd, et al. Human-Computer Interaction[M]. 3rd ed. Prentice Hall, 2004.

[Druin 1999] Druin A. Cooperative Inquiry: Developing New Technologies for Children with Children[A]. In Proceedings of CHI 1999[C]. 1999:592-599.

[Edwards. 1995] Alistair D N Edwards. Intelligent Systems for Speech and Language Impaired People: A Portfolio of Research[A]. Extra-ordinary Human-Computer Interaction[M]. Cambridge: Cambridge University Press, 1995.

[Heim 2007] Steven Heim. The Resonant Interface: HCI Foundations for Interaction Design[M]. Addison-Wesley, 2007.

[Holtzblatt and Beyer 1998] Karen Holtzlatt, Hugh Beyer. Contextual Design: Defining Customer-Centered Systems[M]. Morgan Kaufmann, 1998.

[Kuutti 1995] Kuutti, K. Work Process: Scenarios as A Preliminary Vocabulary [A]. Scenario Based Design: Envisioning Work and Technology in System Development [M]. John Wiley & Sons, 1995: 19–36.

[Liddle 1996] Liddle D. Design of the Conceptual Model [A]. Bringing Design to Software [M]. Addison-Wesely, 1996: 17-31.

[Newman and Lamming 1995] Newman W, Lamming M. Interactive System Design[M]. Addison-Wesley, 1995.

[Prototyping] http://www.eat.lth.se/fileadmin/eat/MAMA15/Prototyping.pdf

[Rettig 1994] Rettig M. Prototyping for Tiny Fingers[J]. Communications of the ACM, 1994, 37(4): 21-27.

[Schön 1983] Schön D A. The Reflective Practitioner: How Professionals Think in Action[M]. New York: Basic Books, 1983.

[Sharp et al 2007] Sharp H, Rogers Y, Preece J. Interaction Design: Beyond Human-Computer Interaction[M]. 2nd ed. John Wiley & Sons, 2007.

[Shneiderman 1998] Shneiderman B. Designing the User Interface[M]. 3rd ed. Addison-Wesley, 1998.

[Wirfs-Brock 1993] Wirfs-Brock R. Designing Scenarios: Making the Case for A Use Case Framework[A]. Smalltalk Report[R]. 1993, 3(3).

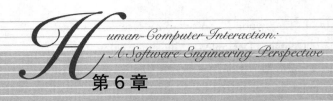

第 6 章

交互式系统的设计

6.1 引言

在建立了一组需求之后，设计活动即将开始。当涉及复杂的行为和交互设计时，过早把重点放在小细节、小部件和精细的交互上会妨碍产品的设计，并导致无法有效地开发出可以包含产品全部行为的综合框架 [Cooper et al 2007]。建议采取自上而下的方式，首先把重点放在大的方面，生成低保真且不包含具体细节的方案。这样才可确保设计者和利益相关人在开始时关注核心内容，即满足人物角色的目标和需求。

研究表明，人类会自发地与周围表现出交互性的物体产生交互行为。类似地，如果设计人员能够使软件表现得像一位举止得体的人，或是像身边帮助和支持自己工作的同事，那么用户就会喜欢我们的软件。优秀的软件不仅能够主动承担起应负的责任，还应该主动告知我们任务完成过程中可能潜在的问题和所需的时间。然而，如同不存在十全十美的人一样，软件设计也很难做到面面俱到，很多时候设计人员都需要在一系列因素之间进行权衡比较。

一般性的设计原则和具体的交互模式对将需求转变为功能元素是很关键的。这些工具都是积累了多年的设计经验，忽略这些常识就意味着会在早已熟知解决方案的问题上浪费不必要的时间。此外，偏离标准设计模式，可能会导致用户要从零开始学习使用这个产品每一个特有的交互方式，这样就没有利用到用户在其他产品中早已熟知的操作，也没有利用到用户原有的经验。当然，有时也有必要为一些老问题发明新的解决方案。除非你有十足的理由，否则你还是应该遵从标准来进行设计。

本章的主要内容包括：

- 介绍一种用于完成从需求到设计的交互设计框架。
- 说明交互式软件系统设计中个性化和配置、本地化和国际化以及审美与实用等设计考量。
- 描述了交互式软件系统设计中应注意的细节。
- 简要介绍交互设计模式的由来与注意事项。

6.2　设计框架

Allan Cooper 建议在设计的一开始不要立即进入到细节的工作，而是先站在一个高层次上关注用户界面和相关行为的整体结构，并称该阶段为"设计框架"。举例来说，如果要设计一栋房子，那么在开始阶段我们首先需要关心的是房子应该有几间屋子、它们之间的相关布局如何，以及每间屋子应该有多大等，此时还不会考虑每个房子内的细节，如门把手、水龙头等的放置。

Allan Cooper 提出的交互框架不仅定义了高层次上的屏幕布局，同时定义了产品的工作流、行为和组织。它包括 6 个主要步骤，分别是 [Cooper et al 2007]：

（1）定义外形因素、姿态和输入方法

框架的第一步是定义产品的外形因素，即要设计什么样的产品？是高分辨率屏幕上显示的 Web 应用？还是轻便、低分辨率且在黑暗和阳光下都要能看得见的手机产品？这种产品的特点和约束对设计提出了什么样的要求？如果不能给出明确的答案，可以回想以下人物角色和场景剧本，以便能够理解产品的使用情境和具体环境。

定义产品外形时同时需要考虑产品输入方法。输入方法是产品与用户互动的形式，既取决于产品的外形，也取决于人物角色的能力和喜好。输入方法包括键盘、鼠标、触摸屏、声音等。仔细考虑一下哪种方式或者组合更适合设定的人物角色。

（2）定义功能和数据元素

功能和数据元素是在需求定义阶段确定的，并通过界面展现给用户。尽管对需求的描述可能采用的是日常词汇和语言，但从人物角色角度来看，它们需要按照用户界面的表现语言来描述。

数据元素通常是交互产品中的基本主体，包括相片、电子邮件、订单等，是能够被用户访问和操作的基本个体。理想情况下，应该符合人物角色的心理模型。对数据对象分类十分关键，因为产品的功能定义通常与其有关。此外，考虑数据元素之间的关系也很有用，有时一个数据对象包含其他数据对象，有时不同数据对象之间还存在更密切的联系。比如，相册包含照片、歌曲在播放列表中等。

功能元素指对数据元素的操作及其在界面上的表达。一般来说，功能元素包括对数据元素操作的工具，以及输入或者放置数据元素的位置。通过将功能需求转换到功能元素，会使设计变得更加清晰。情境场景剧本就是设计者想要给用户带来的整体体验的载体，而设计者让这种体验变得真实和具体。

一个需求可以由多个界面元素来满足，如前面我们提到的智能电话人物角色 Vivien 要给她的联系人打电话，满足其需求的功能元素如下：

1）声音激活控制（声音数据和联系人关联起来）。

2）快速拨号键。

3）从地址簿中选择联系人。

4）从电子邮件、约会项以及备忘录中选取联系人。

5）在某些情境下自动拨号键（比如即将到来的约会事项）。

注意，必须使用场景剧本中的人物角色目标和心理模型来检验你的解决方案是否合理。面对每一个确定的用户需求都可能有多种解决方案，这时要问问自己哪个方案最为可行。

（3）决定功能组合层次

接下来可以对定义的高层次功能和数据元素进行分组，并决定其层次。元素分组的目的是更好地在任务中和任务间来帮助促进任务角色的操作流程。此时需要考虑的问题包括：哪些元素需要大片的视频区域、容器如何组织才能优化工作流、哪些元素是被一起使用的，等等。

在分组的同时还要考虑一定的产品平台、屏幕大小、外形尺寸和输入方法的影响。如果容纳对象的容器之间有比较关系或是要放在一起使用，则其应该是相邻的；表达一个过程中多个步骤的对象通常也要放在一起，并且遵循一定的次序。

（4）勾画大致的交互框架

勾画的最初阶段，界面的视觉化工作应该非常简单。Allan Cooper 提出了"方块图阶段"。它使用粗略的方块图来表达并区分每个视图，如窗格、控制部件（如工具栏），以及其他高层次的容器，可以为每个方块图添加上标签和注解（见图 6-1），并描述每个分组或者元素如何影响其他分组和元素。

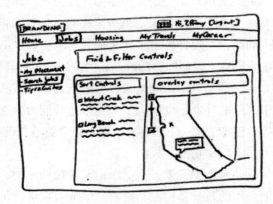

图 6-1　交互框架草图（图片来自 [Cooper et al 2007]）

开始阶段一定要看到整体且高层次的框架，不要被界面上某个特殊区域的细枝末节分散了精力。Allan Cooper 指出：企图过早地涉足于界面细节会带来风险，以至于当工作向前推进时会发现设计缺乏一致性。

一旦草图具体到一定程度的细节，即可开始运用计算机上的工具来制图。常用的可用来画高层次的界面草图工具有 Adobe 的 Fireworks 和 Illustrator，Microsoft 的 Visio 和 Powerpoint，以及 Omni Group 的 OmniGraffle 等。关键是使用自己顺手的工具，这样可以快速并简要地画出草图。更多有关交互式系统设计的工具将在第 8 章中进行详细介绍。

（5）构建关键线路场景剧本

关键线路场景剧本描述了人物角色使用交互框架语言如何同产品交互，这些场景剧本描述了人物角色最频繁使用界面的主要路径，其重点在任务层，比如，在一个电子邮件应用中关键线路的活动主要包括读和写邮件，而不是配置邮件服务器。

和基于目标的情境场景剧本不同，关键线路场景剧本是基于任务的，广泛关注情境的场景剧本中描述和暗示的任务细节。关键线路场景剧本必须在细节上严谨地描述每个主要交互的精确行为，并提供每个主要线路的走查。如果需要的话，还可以使用低保真草图序列的故事板来描述关键线路场景剧本，图 6-2 为一个电话软件的故事板，描述了使用该软件完成拨打电话的主要过程。

（6）通过验证性的场景剧本来检查设计

验证性的场景剧本不用具备很多细节，而是包含一系列"如果怎样，将怎样"的问题。

这一步骤的目标是对设计方案指指点点，并根据需要对方案进行调整。

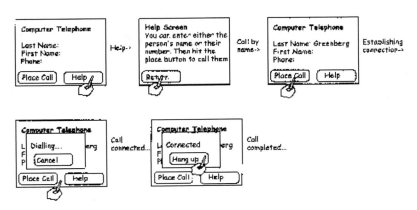

图 6-2 一个电话软件的故事板

下面介绍三种验证性的场景剧本：

1）关键线路的变种场景剧本。它是关键途径的替代，如第 5 章讲到的智能手机场景，如果 Vivien 决定不给 Frank 打电话，而是发电子邮件，这就是一个关键线路的变种场景剧本的例子。

2）必须使用的场景剧本。指必须要被执行但又不是经常发生的情况，如清空数据库、配置等请求都属于这个类别。智能电话的例子中，如果该手机被二手买卖，则需要删除原用户所有个人信息的功能。

3）边缘情形使用的场景剧本。指非典型情形下产品必须要有、但是却不太常用的功能。如 Vivien 想添加两个同名联系人，这就是一个边缘情境场景剧本的例子。

上述过程不一定是线性的，可以允许循环往复，特别是步骤 3 ~ 5 有可能随设计者思维方式的改变而改变。

在设计框架中除了要定义交互框架，同时还需要定义产品的视觉设计框架和工业设计框架。视觉设计框架中要确定界面使用的颜色、类型、小部件以及整体的外形尺寸等；工业设计框架则涉及原型产品的构建和输入方法方面的研究工作。限于篇幅，本章在此不再赘述，感兴趣的读者可以参考 [Cooper et al 2007]。

6.3 设计策略

在实际生活中我们发现，很多交互设计人员和程序员总是倾向于不断地向软件中增加功能。他们认为，功能越多，意味着软件越强大，因此就越能获得用户的青睐和喜爱。然而现实是：增加的功能越多，就越难发现对用户而言真正有价值的功能，同时还可能使遗留代码变得越来越沉重，导致系统的维护成本越来越高。

对大多数用户而言，简单的产品更加容易使用。本节将介绍的 Giles Colborne 的三种交互设计策略——删除、组织和隐藏 [Colborne 2010]，目的就是让软件产品变得简单，并借此提高大多数用户的用户体验。

6.3.1　删除

删除指去掉所有不必要的组件，直至减到不能再减。美国专门从事跟踪 IT 项目的权威机构 Standish Group 在 2002 年发表过一份研究报告，报告中称有 64% 的软件功能"从未使用或极少使用"，可见删除的必要性。

如果你仍然坚信功能多的产品会打败功能少的产品，不妨思考一下 iPhone 手机成功的例子。iPhone 刚刚发布的时候，与诺基亚和黑莓等其他同类手机相比只有很少的功能，但却引起了极大轰动，吸引了大量用户。根本原因在于 Apple 公司通过删除手机上面杂乱的特性，从而让设计师可以心无旁骛地专注于把有限的功能做好，以及让用户能够专心地完成自己的目标。

删除的时候要避免错删，特别是不应该盲目删除一切难于实现的功能。因为这样做可能会使得产品变得平庸。此时不妨按照优先级对功能进行排序，要时刻记住用户认为那些关系到他们日常使用体验的功能最有价值，并且在开发团队资源有限的情况下，保证这部分功能的正常交付。

提到用户，另一个经常遇到的问题就是当你在删除某项功能的时候，总有人会说"如果某某用户需要它呢？"于是讨论的结果往往是所有功能都是不可或缺的。这里需要注意的是，我们的产品并不是指望能够讨所有用户的欢心，而是希望对大多数用户而言能给他们一个良好的用户体验。因此在执行删除之前，只需要搞清楚这个功能是否对大多数用户而言都是重要的，也许你的人物角色能帮你做出正确的决定。

删除实现得不理想的功能也是非常重要的。认为删除不完整的功能或内容会导致已经付出的时间和努力白费的观点，经济学上称之为"沉没成本误区"。因为事实是用于创建这部分的成本是不可能收回来的，所以在删除的时候不应该问"为什么要删除它"，而应该问"为什么要留着它"。

与删除相关的另一个问题是：在某些时刻你的用户会提出增加某种功能的要求。尽管设计人员明白功能多了之后可能导致其他方面的牺牲，而用户则不会考虑这方面的问题。一种可行的做法是先搞清楚用户到底遇到了什么问题，然后再分析这个问题是否应该由软件解决，以及应如何解决，盲目听从用户需要而增加功能是不可取的。

删除策略不仅适用于界面上的功能，还适用于界面上的文字。通过删除多余文字，能加速用户的阅读速度，还能让重要的内容变得"水落石出"。

Giles Colborne[Colborne 2010] 指出，多余文字常出现在以下位置：引见性文字，如"欢迎光临我们的网站"；不必要的说明，如"填写完相关字段后，请按提交按钮把申请表提交给我们"；繁琐的解释，如"回答几个简单的问题，即可帮您找到合适的产品"；以及描述性链接，如可以用链接内容的标题本身取代"更多内容"等描述方式。

6.3.2　组织

组织策略指按照有意义的标准对界面组件进行分组。相比较删除策略，组织一般不需要太大投入，只是简单改变一下界面的布局和标签即可，它也不会面临像删除功能一样艰难的抉择。

提到组织，我们首先想到的就是分块。用户界面设计离不开分块，通过分块，可以把繁琐的功能组织成清晰的层次结构。根据格式塔心理学原理，一个经典建议是把界面元素组织到"7±2"个块中，但是也有不少心理学家认为人类的瞬间存储空间其实大约只有 4 项 [Cowan 2001]。唯一可以肯定的是，分块越少，选择越少，用户的负担就越轻。

除了常用的基于时间和空间线索的组织方式，利用不可见的网格来对界面元素进行组织，也是吸引用户注意力的一种有效方式，而且无需改动一个标签，或多编写一行代码。网格越简单，效果就越明显。但要注意网格布局可能会让人感觉局促和受压制。要解决这一问题，可以将布局设计为非对称的，例如包含奇数列等。

组件的大小和位置同样会影响网格布局的效果。重要的元素不妨大一些，不太重要的元素就设计成小一些。有这样一个规则：如果一个元素的重要性为 1/2，那就把它的大小做成 1/4。相似的元素应该放在一起，这样用户就可以更容易集中注意力，而不必在屏幕上东张西望。

感知分层也是一种有效的组织策略，可以帮助你在非常小的空间内显示大量信息。比如城市的地铁线路图，通过给每条地铁线路使用一种不同的颜色，让它看起来好像位于独立的一层之上。用户在无意识的状态下，只会感知到自己关心的那条线路的颜色，而将其他线路排除在外。需要注意的是，在使用感知分层技术时，应尽可能使用较少的层，并让任意两层之间的差别最大化。

随着"搜索"功能的大量使用，有些设计者认为不需要花费过多时间对界面内容进行组织。实际上很多情况下由于找到一个恰如其分的关键词比较困难，因此用户只有在缺乏有效导航的情况下才会使用搜索，而且搜索功能实现起来要比组织界面内容困难得多。如果想要设计简单的用户体验，那么最好先对内容进行有效组织，然后再考虑如何设计搜索。

6.3.3　隐藏

隐藏指把不是最重要的组件和信息以某种方式隐藏起来，避免分散用户的注意力。相比较组织而言，隐藏有一个明显的优势：用户不会因不常用的功能分散注意力。另外隐藏还可能是应用删除策略的开始，即先把不需要的功能以某种方式隐藏，如果确实不会对用户工作产生过大影响，那么就可以删除它。但是由于隐藏意味着在用户和功能之间设置了一道障碍，可能给用户使用造成不必要的麻烦，因此必须仔细权衡要隐藏的功能。

要做到良好的隐藏，需要注意以下两点：第一，尽可能彻底地隐藏所有需要隐藏的功能；第二，只在合适的时机和位置上显示相应的功能。

那些中间用户很少使用、但自身需要更新的功能，通常最适合隐藏。比如，对邮件服务器进行配置、修改绘图应用的单位或对时间和日期等需要频繁自动更新的信息等。

为隐藏的功能选择一个标签并不是一件容易的事情，日常生活中经常可以看到为隐藏功能打上如"高级"之类的标签，这会让用户产生自己什么都不懂的感觉，另外大量使用业内术语同样不是一种好的交互方式。相比较标签命名，把标签放在哪里还要重要得多。研究表明，用户在遇到问题的时候，往往过于关注屏幕上的问题区域，Jef Raskin（Macintosh 最初的发明人之一）称其为"用户关注点"。认识到这一点，我们就知道为什么对某些设计而言，虽然按钮设计得已经很大了，但用户仍然对其视而不见，原因在于：该按钮被放置在了用户的关注点之外。

渐进展示是一种不错的隐藏策略。通常一项功能会包含少数中间用户使用的控件，另外还有一些是为专家用户准备的扩展性的精确控制组件，把这些精确的控制部件隐藏起来是让设计简单的不错选择。比如"保存"对话框的核心功能无非就是给文件起个名字和将其保存在哪里。但是专家用户想要的功能会更复杂一些，如为文挡创建新的文件夹等。通过为中间用户只显示核心功能，并允许专家用户单击扩展图标寻找自己想要的功能不仅能够简化设计，而且也是一种强大的交互手段。

以上讨论的三种设计策略可以用一句话将其完美地结合起来：删除不必要的、组织要提供的以及隐藏非核心的。

6.4 设计中的折中

6.4.1 个性化和配置

交互设计者经常面临这样的难题，即是否应该让他们的产品具有用户定制功能。这个问题不能一概而论：术语"个性化"描述的是持久对象的装饰。一方面用户想要按照自己的方式来做事，个性化使我们工作的地方更可爱并更可亲，使它们更人性化和令人愉悦。软件也是这样，为用户提供个性化装饰能力，既有趣，又可以作为有用的导航助手。另一方面当熟悉的界面元素被移动位置或者被隐藏起来又很容易造成导航困难。举例来说，如果某天物管人员进入你的房间重新布置你的工作室，第二天早上你要想找到需要的东西可能要颇费周折。

这是明显的矛盾吗？并不是。

术语"配置"概括了移动、添加或者删除持久对象，可以理解为让软件实现个性化的一种途径。配置是更富有经验的用户所期望的，传统的导航助手已经不能满足其需求，因为这些有经验的用户对产品非常熟悉。永久的中间用户在建立了工作集之后希望能够配置界面，使那些功能可以更容易地找到并使用。他们还会调节程序的速度和易用性。但是无论如何定制，配置的百分比应该是适度的。

移动工具栏中的控件是个性化的一种表现形式，但是工具栏最左侧的 3 个控件在许多程序中对应新建文件、打开文件和保存文件，现在普遍认为它们是持久对象。用户通过移动这些控件来配置其程序，也就是使工具栏个性化的过程。从这里可以看出，在配置和个性化之间有一个灰色的区域。

个性化工具必须简单易用，在用户确定选择之前给他们一个预览的机会。其次，它必须容易撤销，让用户改变颜色的对话框应该提供恢复默认设置的功能。

在软件中的许多地方都会有默认设置，用户界面配置也可能需要在不同的使用条件之下进行改变。处在提高阶段的中间用户，在逐渐熟悉用法的过程中，可能尝试不同的默认值和工具栏排列。熟练用户可能会临时地为某个特定项目而改变设置，或者在希望使一个反复执行的特定任务完成起来更容易时也会这么做。每个用户都可能偏爱一套自己独特的默认设置，这样使用时会觉得更容易和自然。

可以根据渐进用法的逐渐熟练的程度和越来越多的支持，来对界面配置管理方案安排次序。在整个等级序列的底部是不能由用户进行任何有意义的配置的界面。更高级的配置形式包括 [Constantine and Lockwood 1999]：

1）单一永久配置：所有的改变将成为永久改变。

2）单一可选的永久配置：用户在改变配置的操作过程中，可以选择退出时保存或者放弃所作的改变。

3）单一可恢复配置：用户能够放弃所有的改变并且随时可以恢复到开发商出厂预设的标准配置。

4）双重可选配置：用户可以在最近一次保存的配置和生产商出厂预设的标准配置之间进行选择。

5）多级层叠配置：用户可以在生产商出厂预设的标准配置和先前保存过的多个级别的配置之间进行选择。

6）多个已命名配置：用户可以在以前命名并保存过的配置或者生产商出厂预设的标准配置之间进行选择。

7）根据上下文进行的多个配置：根据公司、已登记用户和特定的项目和数据，自动进行配置。

应该总是给用户提供是保存还是放弃一次操作过程中所作改变的选择权（方案 2），原因是用户尤其是处在提高阶段的中级用户，在改变配置时经常会犯错误或者改变主意。许多商业软件包允许把定制好的配置恢复到生产商原来的出厂设置（方案 3），但这只是一厢情愿的想法，没有什么必要非拘泥于这种最基本的能力，同时它也很少能充分满足真正的定制需要。通常，如果用户恢复了生产商的出厂设置，他们就将失去所有定制过的东西。我们没有什么借口不允许用户在标准配置和个人配置方案之间来回切换（方案 4）；一旦可恢复的配置得到支持，为达到这个能力所增加的那点编程工作将是微不足道的。如果使用了配置文件，就可以简洁明快地实现多级别的配置（方案 5）和通过名字来访问（方案 6）这些配置。用户定义和命名的界面配置，让正在提高的中间用户安全而习惯地逐步试探各种个人配置方案，也让高级的熟练用户可以快速地在各种配置间切换。命名过的配置（方案 6）也对使用同一软件的多个用户提供支持，即不同用户使用同一个软件时可以使用各自不同的配置，还可以让这些用户根据特定的项目或者数据来定制相应的配置。最"高级"的可配置性（方案 7）很难在编程上做到，对用户也较少有通用性。

对于几乎所有准备出厂的软件产品，两种可选的配置形式绝对不能少：退出时保存（方案 2）与在生产商提供的配置和用户定制的配置之间进行可恢复的切换（方案 4）。这只增加了一点点的编程工作量，却给用户带来很大的灵活性。恢复软件最初的设置、临时设定配置或者进行某个配置的尝试等，所有这些操作都不要丢失已建立好的配置。

所有按照自己的偏好定制的配置或者默认的配置，都需要能被用户容易地使用。使用带多个标签页的对话框，就是一种完成这些设置的方便而又明智的机制，它能提供对默认配置和自定义配置的全部访问表格。普通的带多个标签页的对话框把所有的设置集中在一系列功能组中，每个组对应于共享对话框中的一个标签页。不论是通过菜单还是对话框中的按钮来调用，名为"设置"（Settings）的带多个标签页的对话框都应该直接打开所需的页面。不管用户如何到达那里，设定中的任何一页都应该能让用户进行选择，并且在一个主要的对话框中进行改变。在 Windows 95 及后续操作系统中，许多地方都用到了这个技术。

通常，企业的 IT 管理者很看重配置功能，它允许他们巧妙地强制企业用户来执行同样的方法。他们欣赏在菜单及工具栏中添加宏和命令的能力，这样他们在现有的软件基础上能够更加紧密地结合企业建立的过程、工具和标准。许多 IT 管理者购买软件的基本决策就是要买那些有配置能力的软件，如果他们在购买一万或两万份拷贝，他们肯定认为程序应该能够适应他们特殊的工作风格。因此，微软办公应用程序获得最易配置套装软件的头衔绝对不是偶然的 [Cooper et al 2007]。

6.4.2　本地化和国际化

在信息领域，国际化与本地化是指调整软件，使之能适用于不同的语言及地区的过程。国际化是指在设计软件，将软件与特定语言及地区脱钩的过程。当软件被移植到不同的语言及地区时，软件本身不用做内部工程上的改变或修正。本地化则是指当移植软件时，加上与特定区域设置有关的信息和翻译文件的过程。国际化和本地化之间的区别虽然微妙，但却很重要。国际化意味着产品有适用于任何地方的"潜力"；本地化则是为了更适合于"特定"地方的使用，而另外增添的特色。对一项产品来说，国际化只需做一次，但本地化则要针对不同的区域各做一次。这两者之间是互补的，并且两者合起来才能让一个系统适用于各地。

界面设计需要本地化还是国际化，这确实是网络时代的一个重要话题。如果你住在德国，而且只用德语与其他德国人交流，那么，如果软件销售商已经针对德语对系统进行了本地化工作，则你的问题应该已经解决了。尽管许多用户觉得对单一地区的支持已经够了，但仍然存在许多需要多地化界面的用户。这种用户包括那些搬到国外居住或到国外访问的人，以及需要和其他国家的人交流或交换信息的人。

乍一看，当前使用图形界面和用图标取代文字的发展趋势似乎能够解决国际化的使用问题。然而实际并非如此，因为图标和颜色包含的含义并不通用。如，邮箱图标经常被用在电子邮箱应用程序中，但不同国家的邮箱看起来差别很大，因此不同国家对表示这个物理实体的图标会有不同的设计。尽管在越来越国际化的今天，特定图标有着广泛的国际基础，但却可能不为一些国家所知。有数据显示，在日本只有 13% 的人知道红十字标志是急救图标 [Brugger 1990]。正是由于不同国家有不同的俗约，使用图标会使界面设计的可用性大打折扣，尽管有时很难不使用这种用法 [Nielsen 1993]。

在理想情况下，每个运行界面和数据文件都应该与某个地区联系起来，这个地区能够定义与当前用户进行交互所需要的本地化信息。如果有一位新用户开始使用系统，或者打算把数据传送到其他国家，那么就可能选择一个新的地区并对界面以及数据做相应的修改。例如，假定某数据库包含某个美国厂商所设定的一组产品单价数据，其中某个产品单价为 $1 498.95。如果地区设置为"USA"，则单价的表示形式即为 $1 498.95。如果把该价格表文件用电子邮件发送给某个德国用户，地区信息应发生改变，且价格也应被显示为 € 1 498.95（而非

$ 1 498.95)。然而即使地区已从美国改为德国，系统的"本地货币符号"属性值也从"$"（美元）改为"€"（欧元），但这仍然会损害已有数据的完整性，因为很显然 $1 498.95 和 € 1 498.95 是不等值的。当然系统还应考虑小数点和千位符的改变。与此类似，数据库命令、出错信息等也应该随着地区的改变由英文变为德文。如果德国用户刚好有一个法国人到访，应该也能将该系统的地区临时设为法国，使之能够在法语环境中运行。

很明显，本地化过程必须改变文字。通过应用资源，许多界面构建工具箱使之很容易实现。程序应用菜单项目中的名字、错误信息和其他文本的名字时，并不直接应用文本，而是应用资源定位器，通常是简单的数值。由此，通过简单选择适当的资源数据库，程序能应用于特定的国家。

创建本地化的界面需注意以下问题 [Cooper et al 2007]：

1）在某些语言中，单词和词组通常要比其他语言中的单词和词组要长，因此在对菜单等内容进行本地化时可能出现菜单条显示不全的情况（例如，德文标签平均来说要比英文长得多）。

2）某些语种中的单词，特别是亚洲语种，可能很难根据字母顺序分类。

3）年月日的顺序，以及是使用 12 小时制还是 24 小时制在不同国家和地区是不同的。

4）一些国家以星期计数（例如，第 50 周是 12 月中旬），一些国家使用的历法不是西洋新历。

在翻译菜单项和对话框时，需要全盘考虑，确保翻译的界面保持整体的一致性很重要。真空状态下直观翻译的菜单项和标签与其他独立翻译的项组合在一起时，可能会造成混乱，界面的语义应该在抽象层次和细节层次得到维护 [Cooper et al 2007]。

改变语言只是国际化中最简单的部分。版面和排列方式，主要依照从左到右、从上到下方式，如英语和大多数欧洲语言。对其他类型的语言，这显然完全不同。更进一步而言，许多图标和图像只在特定文化领域才有意义。尽管英美文化明显占支配地位，但不能简单假设全球用户都能知晓其符号和标准。符号"√"和"×"的使用就是一个很好的例子。在英美文化中，它们的意思是相反的，表示肯定和否定，而在大多数欧洲国家两者可以交换使用 [Dix et al 2004]。

6.4.3　审美学与实用性

交互设计就像建筑设计或服装设计一样，已经逐渐成为一种艺术。甚至可以预测，随着计算机的普及，有关界面设计风格的竞争将会更加激烈。这就像汽车设计行业一样，早期的汽车只是单纯地追求性能指标，颜色比较单调（只有黑色的），甚至亨利·福特会嘲笑购买其它颜色汽车的客户。但是，现代汽车设计人员已经意识到应注重功能与时尚的平衡 [Shneiderman 1997]。

也许常常有人认为交互设计的目的就是构建一个漂亮的界面。但请记住，一个漂亮的界面不一定就是一个好的界面。相反，理想情况下，只要界面的每一项都是精心设计的，在美学上该界面就是令人满意的。

尽管好的图形设计和有吸引力的显示能增加用户的满意度并促进生产力，但美丽和实用有时可能是不一致的。

在许多精心设计的布告和多媒体系统中也存在审美学和实用性的冲突。比如，有时为了确保文本的可读性，文本背景必须采用较低的对比度；而有时为了让内容好看，图形设计者可能应用极其复杂而又有很强对比的背景。后者给人的印象很深，也许会获奖，但完全不适合使用。

如果从正面解释，美学概念的合理使用能够增加可理解性。在消费类产品中，美学方面的考虑可能是区分产品的关键，例如小轿车车身光滑的流线型设计。电子产品的设计者同样不会错过这一点，设计出的设备不仅触觉和感觉都要好，还要美观，这也是 Apple 公司产品的主要特点。但是对好的以使用为中心的设计来说，根据语义和任务因素进行视觉组织是最重要的，视觉美学方面的考虑则是一个重要性稍低的因素 [Constantine and Lockwood 1999]。最好是先实现一个良好的基本布局，然后再在这个基础上进行改进来实现好的美学效果。

作为纸面印刷术语的一种延续，图形设计者将可视功能部件之间的控件称为"空白"，即使这个控件在界面上是灰色或黑色的也是如此称呼。通常，当空白在整个环境中均匀分布并接近平衡时，图形用户界面会比较容易理解并更有吸引力。对看问题缺乏全局观念的用户界面设计人员来说，一个比较好的办法是使交互环境的中线的上部和下部空白差不多，左边和右边空白差不多。同样的方法也可用于控制水平中线和垂直中线两侧的用户界面控件或可视功能部件的数量。各个控件或功能部件不需要完全对称，大致上平衡就可以了。太不平衡的设计会使人感觉不太舒服。

可视元素之间以及可视元素与边框或边缘之间的空白非常重要。为了实现更好的可读性，标记之间及命令周围也需要空白，而且控件不要紧挨着对话框的边缘或周围框线。然而，由于屏幕空间对界面来说十分宝贵，因此在增加更多屏幕显示信息和增加空白之间总是需要做出艰难的折中。需要注意的是，缺少空白可能会带来严重的副作用（见图 6-3），这会使得屏幕内容难以辨别和减慢阅读速度，也许这一点能够帮助你做出正确的决定。

如果用户界面上的组件未完全对齐，界面看上去就不够专业，参见图 6-4。有研究 [Comber and Maltby 1994] [Comber and Maltby 1995] 表明可视组件的对齐不仅仅是一种美学问题，它也会影响界面的可理解性与易用性。要实现整齐的外观，对齐可视元素的上边缘和左边缘最为有效。

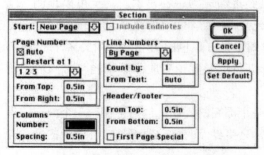

图 6-3　屏幕空间过于拥挤的界面

（图片来自 [GD 2008]）

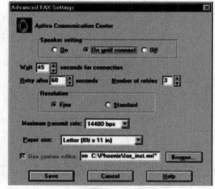

图 6-4　缺乏良好对齐的界面

（图片来自 [GD 2008]）

组件大小是用来传递含义和在可视功能部件中建立联系或区分的另一种视觉尺度。整个用户界面中的基本导航控件和其他标准命令按钮应保持一样的标准尺寸，而其他功能部件可以使用不同的大小甚至不同的形状来帮助进行视觉组织。然而，为了使界面具有良好的布局和整洁的外观，任何交互环境都不应包含太多不同大小的控件。在第 7 章中，当我们讨论用户界面设计的量化衡量标准时，还会回过头来讨论这个有关可视功能部件大小和安排的话题。

6.5　软件设计的细节

6.5.1　设计体贴的软件

通常，交互产品惹恼我们不是因为它们缺了哪些功能，而是不体贴用户的需求和体验。其实，做一个体贴的产品并不比做一个粗陋的产品难多少。设计者只需要效仿一个关心他人的人是如何和别人打交道就可以了。以下体贴的特征中没有一个是和功能至上的数据处理目标相违背的。事实上，产品表现得越有人情味，就越符合实用这个目的。如果这些富有人情味的特征适当地组织在一起，那么就更有利于用户有效地使用软件的功能。体贴的软件产品应具有以下特征：

（1）具有常识

在不恰当的地方提供不恰当的功能是大多数软件产品的特点之一，多数软件产品把经常使用的控件和从不使用的控件放在一起，这就像餐桌座位正靠着打开的烤肉炉一样。如果软件发现计算机系统反复地发送给用户金额为 0 的支票，或数字为 957 142 039.58 美元的账单，那么系统应该提醒收账或付账部门的人，但是多数软件系统都不具备这样的常识。

（2）尽责

当我们在同一目录下保存同名文件时，程序应该通过自动为两个文件标上不同的日期和时间等方式让我们能够同时拥有这两个文件。相反，如果程序只提供简单重写并破坏原先文件的选项，那么这样的软件不仅看上去很笨，而且从一个助手的角度来说，也称不上负责任。

（3）自信

如果把软件想象为用户的仆人，当你叫仆人丢掉一个文件的时候，仆人问"你确定吗？"时，你是否觉得自己被冒犯了，是否认为他不应该怀疑你的决定？但是现在的软件却大多是这样做的：是否有过这样的场景，当你单击打印按钮后去喝杯咖啡，等你回来时却发现一个可怕的对话框在屏幕中央颤抖，"你真的想打印吗？"这种感觉简直令人发狂，它完全违背了人类对体贴的需求。当用户提出请求时，体贴的软件不仅不应该怀疑用户的请求，同时应该为可能发生的错误做好准备，比如恢复已经删除的文件等。

（4）不问过多问题

不体贴的软件总是问许多烦人的问题。过多的选择很快地就使它丧失了优势，而成为一种痛苦的经验。选择可以通过不同的方式提供，比如以商店橱窗的方式提供。用户可以在有空时观看橱窗，考虑，然后选择；或者不理会所提供的商品。一定要赋予用户放弃选择的权利，否则这就会像过境时一样，当海关人员问："你有什么东西要申报吗？"我们不知道拒绝回答问题的后果，我们是否会被搜身呢？体贴的软件不应该让用户感到这种胁迫。

（5）知道什么时候调整规则

数字系统在保存发票之前需要客户和订单信息，否则计算机系统就会拒绝这个事务，不允许输出发票。而人类职员可以在得到客户的详细信息之前直接登记订单。这种打破正常操作顺序，或在先决条件满足之前就执行操作的能力称为"规避能力"。而这是大多数系统在计算机化过程中的缺失之一，也是数字系统缺乏人性的一个关键因素。可规避系统的一个好处是减少错误，允许小的临时错误进入系统。人们可在它们造成严重问题之前纠正它们，以避免更大及更持久的错误。在现实世界中，限制总是可以调整的，体贴的软件需要意识并且包容这些事实。

（6）承担责任

在一个典型的打印操作中，程序开始发送 20 页报告给打印机，同时打开带有取消按钮的打印过程对话框。如果用户很快意识到自己忘了一个重要的改动，他在打印机刚打出第 1 页时单击取消按钮。但是用户不知道的是，当时打印机对取消操作一无所知。它只知道交给了它 15 页任务，于是继续打印。同时，程序还自鸣得意地告诉用户打印已经取消。用户可以清楚地看到程序在说谎。如果程序足够体贴，打印操作就可以在第 2 页纸浪费之前被轻易地取消，而不是洋洋得意地说着"谎话"。

6.5.2　加快系统的响应时间

每个程序中的每条指令执行都必须通过 CPU，很多程序员辛苦工作来使指令数量最小化，以保证为用户提供最优表现。然而我们通常会忘记，每当 CPU 快速地结束了所有工作，它就开始空闲，直到用户执行下一个命令。软件设计者经常投入大量的努力来减少计算机的反应时间，但是却几乎没有尝试过使计算机做一些前瞻性的工作。

通常的情况下，多数用户在不足几秒的时间内能做的事情很少，但这足以让典型的桌面计算机执行至少 10 亿条指令。无疑，这些周期都是空闲的。处理器除了等待，没有做任何事。反对利用这些周期的人总是认为："我们不能做出假设，这些假设可能是错误的。"当前计算机的功能是如此强大，尽管这些说法是对的，但通常没有关系，因为计算机有足够的空闲时间和能力作出几个假设，而在用户最终做出选择时放弃那些糟糕假设的结果。

在 Windows 和 Mac OS X 的多线程化、多任务系统及多核多芯片系统中，程序后台可以执行额外的工作，而不影响用户当前的任务。例如程序可以启动为文件建立索引，如果用户开始输入，程序可以放弃，直到下一次空闲时钟周期。终于用户停下来思考，而在此之前程序已经有了足够的时间扫描整个硬盘，用户甚至不会注意到。正是由于 Mac OS X 的 Spotlight 搜索利用了很多空闲时间来索引硬盘，使得搜索结果几乎是即时出现的，这与 Windows 的搜索相比具有很大优势。

当前程序有很多空闲时间，如程序每次提供一个模态对话框，它就进入空闲等待状态。当用户处理这个对话框时，它不做任何事，这种情况实在不应该发生。为对话框找到合适的改善方法不会很困难。例如程序可以向用户建议以前的选择。这一点将在 6.5.3 节进行详细讨论。

总之，软件再也不能浪费那么多空闲时间了，我们需要以全新并更主动的方式来思考软件能够怎样帮助人们实现其目标和任务，从而让计算机肩负更多责任。

6.5.3　减轻用户的记忆负担

记忆是人类的一个非常重要的心理活动，也是人类很多其他思维活动和行为的基础。在所有的认知心理活动中，记忆是和软件界面设计关系最为密切的一个。为了能够使用软件来完成某些任务，用户必须记住两类信息或知识：第一类和软件如何操作相关，比如应当选择哪个命令或操作、文件存在哪个目录、如何去执行某个操作、其对应的快捷键是什么等；第二类和该任务所需的领域知识相关，比如，当程序员使用软件开发工具来编程时，必须记住特定编程语言的语法规则以及可供使用的标准库函数，这些函数的参数和返回值是什么，等等。对普通用户来说，当他想要使用网络浏览器来获得某些特定信息时，他首先必须知道网站的地址 [张 2009]。

很多情况下，用户觉得软件难用是由于需要他们根据理性和逻辑的假设来进行操作。这一现象的背后原因是由于程序员和设计师通常假设用户的行为是随机和难以预测的，他们认为用户会通过不断地询问来明确一个任务的操作过程。事实显然并非如此，虽然人的行为肯定不会像一台电子计算机那样被决定，但很明显也不会是完全随机的。如果你的程序、网站或者设备能够预测用户下一步要做什么，那么它就能提供更好的交互。比如，如果程序可以预测用户在特定的对话框或表单中的选择，就可以帮助用户跳过部分界面，很显然通过预测用户可能会采取的行为，能够让界面设计更加优秀。

如果我们能够赋予产品了解用户行为的能力，记忆并灵活地根据用户之前的行为显示信息和功能的能力，那么在用户效率和满意方面就会有很大的提高。也许你认为为记忆费心是不必要的，每次只要飞快地弹出一个对话框来询问用户会更容易。但不断地询问用户不仅是附加工作的一种，而且从心理方面来说，它微妙地暗示着对用户权威的质疑，因此人们通常不喜欢被提问。

多数软件是健忘的，它们在每次运行时很少记忆，甚至不记忆任何东西。即便有些软件设计成在使用期间能保留一些信息，但通常这些信息也只是为了使程序员工作更容易，而不是为了用户。

虽然用户不会每次都做完全相同的事，但是它很可能有少量的重复模式。比如使用方式、使用场合、处理的数据内容、程序的不同功能是否用到或者使用的频率如何等，而这些信息往往都被程序自动丢弃了。因为记忆功能具有明显的可靠性，所以你可以通过简单的权宜之计，即让程序记住用户前几次使用程序的情况来预测他的行为，这样可以大幅减少程序向用户提问的次数。举例来说，尽管李雷使用 Excel 的方式可能和韩梅梅明显不同，但他自己每次使用 Excel 的方式很相似，比如他喜欢 9 磅的 Times New Roman 字体，这是一个可靠的规律，并不需要程序每次询问。

没有记忆功能的程序的最大缺陷就是缺乏关于文件和磁盘记忆性的帮助，而文件和磁盘是用户最需要帮助的地方。比如，Word 里的"另存为"记住了用户上次保存文件的目录。如用户习惯把书信另存到"Letter"文件夹下，把自己编辑好的 Word 模板另存到"Temp"文件夹下，那么用户在存完一封书信到"Letter"文件夹下，又想另存自定义的 Word 模板时，

Word 程序记忆的是"Letter"的路径，此时就必须手动选择存储路径到"Temp"。所以，程序不仅要记忆文件最后一次访问的路径，最好能够记住不同类型的文件上一次访问的路径（虽然在某些情况下做到这一点会有很大困难）。

对于程序应该记住什么信息，有一个简单的原则：如果它值得用户输入，那么就值得程序记住它们，并在下一次使用时作为默认值。如果这不是用户所希望的，可以让用户纠正。这样一直保留这些选项，直到用户手工将其改变。如果用户跳过程序的这个工具或者将其关闭，则不应该再向用户提供它，但是最好在用户乐意接受它时，仍然能将其找到。

窗口的位置也应该被记住，如果用户上一次将文档最大化，那么下次打开它时也应该是最大化的。如果用户将窗口设置为与另一个窗口相邻，那么下次在用户没有给出任何指令时，窗口也应该以相同的方式设置。Microsoft Office 应用程序在这个方面已经很成功。

通过回忆用户上次的行为来预测用户将要做什么是基于任务一致性的原则。当然，尽管任务一致性合理，但不是每次的预测都是正确的。这意味着如果我们能够以 80% 的准确率预言用户将要做什么，那么还有 20% 的情况是错的。可能有人会认为，更合适的做法是为用户提供选择，但这意味着用户会在 80% 的情况被不必要的对话框干扰。程序应该直接做其认为最恰当的事，然后允许用户覆盖或者撤销，而不是提供选择。如果撤销工具很容易使用和理解，用户就不会受到无谓的干扰。比较"在 10 次中只有 2 次需要使用撤销"和"在 10 次中取消 8 次多余的对话框"，前者显然对用户来说是很划算的。

6.5.4　减少用户的等待感

尽管随着技术的发展，计算机的运算能力和网络传输速度都在不断大幅度地提高，但也要看到，人们运用计算机所要解决的问题的复杂性也在与日俱增，这些复杂的应用对计算机的速度和网络带宽都提出了更高的要求。而当交互式系统无法立刻给出用户所需的结果时，用户就会有等待感 [张 2009]。

在大多数情况下，等待感是一种负面情绪，有时还会伴随着焦虑。因此，作为软件设计人员应当设法减轻用户的等待感。下面的几种交互设计技术虽然无法减少用户的绝对等待时间，却能够有效减轻用户在等待过程中的负面情绪。

（1）以某种形式的反馈让用户了解操作进行的进度和状态

当用户执行了一个需要处理很长时间才能完成的操作后，界面上需要以一种可视化的方式让用户看到当前操作的执行情况。否则，用户有可能认为软件出问题了，或者认为该操作还需要很长时间才能完成，尽管实际上在 1 秒钟之后就完成了。具体实现时，常见的方式是使用进度条控件或是一个以数字方式显示的进度百分比，或者两者都有。

图 6-5 是 IE 浏览器的文件下载进度指示窗口，其中采取了三种方式来表示进度情况：第一种是窗口标题栏最左边的数字百分比；第二种是窗口中的

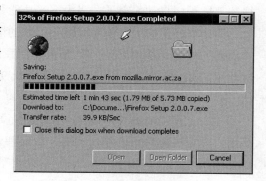

图 6-5　IE 浏览器文件下载窗口

进度条；第三种是剩余时间估计右侧的实际数据量以及总共所需的下载量。

（2）以渐进方式向用户呈现处理结果

界面可以以一种渐进的方式来把当前已完成的处理结果提供给用户。这就类似我们到餐厅用餐时，餐厅并不是把我们所点的全部菜都做好后才一起端上来，而是每当做好一道菜就立刻端上来。由于每当过一段时间就有一些可吃的东西，因此我们并没有太明显的等待感。

这种方法又分为两种不同的实现策略：

策略 1：分成多个连续的部分来顺序地把结果提供给用户

与餐厅点菜和上菜的情况类似，一个内容较多的网页，如果网络传输速度不是很快，则将网页内容全部从服务器下载到客户端需要很长时间。采取渐进处理的策略，浏览器可以在收到一部分数据后就立刻将其显示出来，这样用户就有一部分内容先看着，也就不会无所事事地干等着全部页面数据传输完成了。

策略 2：先传输全局概括，再传输细节

该策略被广泛应用于网络上图形文件的显示过程。GIF 是 Web 上非常流行的一种图形格式。一般的 GIF 一次只显示一行，从第一行到最后一行，或者当整个文件下载完毕的时候一次显示。在速度较低的网络连接下，这可能意味着用户在长时间的等待中只能看到屏幕上的空白区域。

作为一种可选方式，设计者可以将 GIF87a 或 GIF89a 格式的图片存储为交错模式（interlaced）。交错模式的 GIF 将图片内容分层次显示，当数据没有完全下载完成时，用户看到的是一幅比较模糊的只有一个大致轮廓的图像；当更多数据得到加载，模糊区域被填充了真实的图像信息，图像变得更加清晰。图 6-6 显示了一幅图片在接收到 1/4、1/2 和全部数据后的显示效果。

图 6-6　交错模式的 GIF 分层显示
（图片来自 [Iqbal 2012]）

（3）给用户分配任务，分散用户的注意力

大多数情况下，安装软件的过程所花费的时间相对较长，尤其是那些大型的软件。此时，为减少用户的等待感，大部分软件都会在安装过程开始后，逐项介绍软件的功能或新特性。这样，就可以把用户的注意力从等待安装过程的完成吸引到对这些软件的介绍中，可谓一举两得。

（4）减低用户的期望值

还有一些情况，由于技术上的原因，我们无法把某个操作或处理过程做得更快。为了减少用户的等待感，我们最好还是事先让用户知道，执行某个操作可能需要花费很长时间，这样他们就会有一个心理准备，而不会产生一些超出计算机执行能力的期望。

图 6-7 为安装黑莓桌面应用时的界面，它告诉用户整个过程可能需要几分钟的时间。

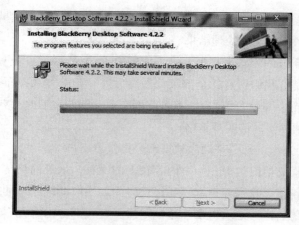

图 6-7　黑莓桌面应用的安装窗口

6.5.5　设计好的出错信息

　　由于问题本身的复杂性以及人类自身在认知、学习、记忆等方面固有的局限性，使用系统中总是难免出现错误。这个时候用户能从软件自身得到的最后帮助就是出错信息了。如果用户无法依靠出错信息来解决问题，他就只能求助于软件之外的其他渠道：例如问身边的同事、朋友或家人，上互联网去查询和搜索，或直接问软件的产品技术支持人员等。显然，这些方法无疑都会增加用户的成本，降低用户的使用效率和满意度。由于以上原因，软件设计人员应当充分利用出错信息这个最后的机会来帮助用户顺利地完成任务 [张 2009]。

　　出错状态对可用性非常重要，原因有两个：首先，顾名思义它们表示在这些状态下碰到了麻烦，可能无法利用系统来达成目标；其次，它们也提供了让用户更好地理解系统的机会 [Frese et al 1997]，因为用户通常会非常注意出错信息的内容，并且计算机往往也知道出错的原因。

　　好的出错信息应当遵循以下四个简单原则 [Shneiderman 1982]：

　　（1）使用清晰的表达语言，而非难懂的代码

　　用户应当在不查阅任何手册或代码词典的情况下就能够理解出错信息。通常信息中也可能需要包含内部的、面向系统的信息或代码，以帮助系统管理员追踪错误，但这样的信息应当放在用户可理解信息的后面，并且应当包含建设性的建议，如"请向您的系统管理员报告此信息以寻求帮助"等。

　　（2）语言应当精炼而准确，而非空泛而模糊

　　很多情况下，会有不止一个可能原因导致用户的操作无法完成。此时，软件应当尽可能检测出到底是哪个问题导致了错误的产生，并把这个问题明确地告诉用户，而不是把所有这些可能的问题全部罗列出来，让用户一个一个地检查和排除。

　　例如在 Windows 操作系统中，当一个 dll 文件正被其他程序调用时，此时若试图删除这个文件，用户将会得到如图 6-8 所示的出错信息。这里列出了三条可能的原因，实际上从技术的角度看，软件完全有能力判断出这三个原因是否真正存在，从而向用户给出更加明确的提示。

（3）对用户解决问题提供建设性的帮助

在 Windows 自带的记事本软件中，当你编辑完一个新文件并保存时，软件会提示你为该文件起一个名字。如果你起的名字不是一个合法的文件名，软件会弹出一个出错信息框，如图 6-9 所示，里面写道"文件名无效"。

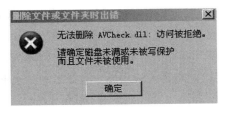
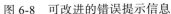

图 6-8　可改进的错误提示信息　　　　图 6-9　文件名无效提示

这里的问题在于，用户不知道怎样的文件名才是有效的，是不允许使用哪些字符、还是长度有什么限制？相比之下，当你在文件管理器中对一个文件重新命名时，该软件的错误提示信息明确告诉了用户文件名不能包含哪些字符（见图 6-10），这样用户就能知道怎样进行相应的修改。

图 6-10　文件命名错误提示

（4）出错信息应当友好，不要威胁或责备用户

当错误发生时，用户的感觉已经很糟了。此时软件实在没有必要使用"非法用户操作，任务被终止"这样的经典错误信息来指责用户。出错信息应当避免使用像"致命"、"非法"这样的指责性词汇；同时出错信息中使用的措辞应当表明，出错是程序的原因，因为从道理上来讲，界面应当设计成能够有效避免错误的发生。

除了具备好的出错信息外，交互系统也应当具备好的错误恢复机制。例如，应当允许用户撤销错误命令产生的结果，允许编辑并重新提交以前的命令，而不用从头输入等。

6.6　交互设计模式

"模式"最初由英国建筑师 Christopher Alexander 提出的，他总结了建筑行业的许多模式，目的是捕捉"不具名的质量因素"，所有好的设计都存在这类质量因素。可以看出，模式捕捉的只是良好设计中不变的特性，即解决方案的所有实例拥有的共同要素。这种模式的具体实现，将取决于环境和设计者的创造性 [Cooper et al 2007]。

模式的一个简单的定义是"某个情形下某个问题的解决方案"。该定义指出模式描述了问题和解决方案，并说明了它成功应用于何处。有了这些信息，设计人员就能决定是否需要使用这个模式。Alan Dix 指出"模式是从过去已证明成功的实例中学习的"，是"获得以及重新应用已有知识的一种方案" [Dix et al 2004]。

交互设计的模式理念同样源自 Christopher Alexander。但交互设计模式和建筑设计模式有一个重要的区别，交互设计模式不仅仅涉及结构和元素组织，还关注响应用户活动的动态行为与变化。模式在交互设计中的应用还处于起步阶段，但已开展了一些工作，提出了一些模式语言。其中最成熟的语言是 Jan Borchers [Borchers 2001] 在设计交互式音乐展厅时提出的。这里，Borcher 提出了三个相关语言：一个用于音乐，一个用于交互设计，另一个用于软件工程。

与许多其他设计模式类似，交互设计模式也可以有层次地组织在一起，从系统层面到个别界面的专用组件。同时，模式可以应用于系统的各个层面（这些层面之间的界限同样十分模糊）。不同研究人员对交互设计模式的分类方式不同，例如 Allan Cooper 将交互设计模式分为三种类型 [Cooper et al 2007]：

1）定位模式：应用于概念层面，帮助界定产品对用户的整体定位。定位模式的实例之一就是"暂态"，即使用很短的时间服务于一个在别处实现的高级目标。

2）结构模式：解答如何在屏幕上安排信息和功能元素之类的问题，包括视图、窗格，以及元素组合等。

3）行为模式：旨在解决功能或数据元素的具体交互问题，大多数人所说的组件行为即属于此。

模式必须根据应用情景进行有条理的组织。得到的系列通常称为"模式库"或者"类目表"。如果类目表定义明确，并且充分涵盖了某个领域所有的解决方案，就能提升为一种模式语言。建立模式的心理类目表是培养交互设计师最重要的一个方面。

模式是交互设计领域新近增加的一个项目，仍然存在许多研究问题有待解决。例如，尚不清楚如何最好地确定模式，或者如何构造语言来反映交互的瞬间关系。2003 年 van nuyme 等 [van Duyne et al 2003] 发布了完备的万维网设计所需的模式语言（包括导航设计、主页设计、内容检索等），可能标志着一个转折点。其目标是面向商业设计者，在界面设计中广泛采用这种方法 [Dix et al 2004]。

考虑到交互设计模式的发展性和庞大体系，本书在这里不对相关模式内容进行展开讨论，感兴趣的读者可以查阅模式和语言文集 [Tidwell 1999] 或者模式库 [Fincher 2000]，从中可了解人机界面设计中经常应用模式的一些不同形式。

最后需提醒读者的是，设计模式不是菜谱或者立竿见影的解决之道，Jenifer Tidwell 在其广泛收集交互设计模式的《设计交互界面》（Designing Interfaces）一书中，曾发出这样的警告："（模式）不是即拿即用的商品"，模式必须应用在特定的应用场景，且"每一次模式的运用都会有所不同" [Tidwell 2006]。

习题

1. 你同意"简单的软件就是美"这句话吗？请给出理由。

2. 以你设计过的软件应用为例，尝试使用 6.3 节的设计策略对其进行简化，并对简化前后的产品进行分析比较。

3. 分析本地化与国际化之间的区别和联系。

4. 列举熟悉的软件中不体贴的例子，并给出改进建议。

5. 阅读本节中的参考资料，学习交互设计模式，并在身边的软件产品中找到它们的应用。

6. 尝试删减以下句子，使其文字变得更简洁、清晰、有说服力。

　　"我们的 BlueMotion 系列汽车集轻型材质、增强的空气动力、节能引擎以及耐磨的轮胎于一身，节油减税，为你省钱。"

参考文献

[Alexander et al. 1977] Alexander C, Ishikawa S, Silverstein M. A Pattern Language : Towns, Buildings, Construction[M]. Oxford University Press, 1977.

[Borchers 2001] Borchers J. A Pattern Approach to Interation Design[M]. Chichester: John Wiley & Sons, 2001.

[Brugger 1990] Brugger C. Advances in the International Standardization of Public Information Symbols[J]. Information Design Journal, 1990, 6(1). 79-88.

[Christopher 1979] Christopher A. The Timeless Way of Building[M]. Oxford University Press, 1979.

[Colborne 2010] Colborne G. Simple and Usable Web, Mobile, and Interaction Design[M]. New Riders, 2010.

[Comber and Maltby 1994] Comber T, Maltby J R. Screen Complexity and User Design Preference in Windows Applications[A]. In Proceedings of OzCHI[C]. Canberra: CHISIG, Ergonomics Society of Australia, 1994.

[Comber and Maltby 1995] Comber T, Maltby J R. Evaluating Usability of Screen Designs with Layout Complexity[A]. In Proceedings of OzCHI[C]. Canberra: CHISIG, Ergonomics Society of Australia, 1995.

[Constantine and Lockwood 1999] Constantine L, Lockwood L. Software for Use: A Practical Guide to the Essential Models and Methods of Usage-Centered Design[M]. Addison-Wesley, 1999.

[Cooper et al 2007] Cooper A, Reimann R, Cronin D. About Face 3.0: The Essentials of Interaction Design [M]. 3rd ed. Indianapolis:John Wiley &Sons, 2007.

[Cowan 2001] Cowan N. The Magical Number 4 in Short-Term Memory: A Reconsideration of Mental Storage Capacity [J]. Behavioral and Brain Sciences, 2001, 24(1): 87-114.

[Dix et al 2004] Alan Dix, Janet Finlay, Gregory Abowd, et al. Human-Computer Interaction[M].

3rd ed. Prentice Hall, 2004.

[Fincher 2000] Fincher S A. The Pattern Gallery[J/OL]. http://www.cs.kent.ac.uk/people/staff/saf/patterns/gallery.html, November 18, 2009.

[Frese et al 1997] Frese M, Brodbeck F, Heinbokel T, et al. Errors in Training Computer Skills: on the Positive Function of Errors[J]. Human-Computer Interaction, 1991, 6(1):77-93.

[GD2008] http://courses.csail.mit.edu/6.831/archive/2008/lectures/L15-graphic-design/L15-grap-hic-design.pdf

[Iqbal 2012] Iqbal A. Image Optimization Tips-SEO Opportunities and Performance Improvements [J/OL]. http://www.searchenabler.com/blog/image-optimization-tips/

[Nielsen 1993] Jacob Nielsen. Usability Engineering[M]. San Francisco: Morgan Kaufmann, 1993.

[Sharp et al 2007] Sharp H, Rogers Y, Preece J. Interaction Design: Beyond Human-Computer Interaction[M]. 2nd ed. John Wiley & Sons, 2007.

[Shneiderman 1982] Shneiderman B. Designing Computer System Messages[J]. Communications of the ACM, 1982, 25(9):610-611.

[Shneiderman 1997] Ben Shneiderman. Designing the User Interface: Strategies for Effective Human-Computer Interaction[M]. Addison-Wesley, 1997.

[Tidwell 1999] Tidwell J. Common Ground: A Pattern Language for Human-Computer Interface Design[J/OL]. http://www.mit.edu/~jtidwell/interaction_patterns.html ,1999.

[Tidwell 2006] Tidwell J. Designing Interfaces[M]. O'Reilly Media, 2006.

[van Duyne et al 2003] van Duyne D K, Landay J A, Hong J I. The Design of Sites: Patterns, Principles and Processes for Crafting A Customer-Centred Web Experience[M]. Boston: Addison-Wesley, 2003.

[张 2009] 张亮 . 细节决定交互设计的成败 [M]. 北京：电子工业出版社 , 2009.

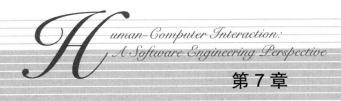

第 7 章

可视化设计

7.1　引言

　　设计人员以现成的用户接口部件为素材在用户界面上布置可视构件，是设计过程的一个组成部分。只有一种可选构件的情况是很少见的，在多数情况下，设计人员必须在大量构件中选择最合适的构件来实现最终界面。可供选择的构件会包括标准可视构件和针对特定应用领域或环境的定制构件。应当如何选择恰当的部件，来解决特定的用户接口设计问题呢？有的时候，可以使用某种公式和规则来指导选择，还有一些设计者遵循事实上的标准或者直接照搬大公司的设计。

　　想象这样一种情况，当界面设计出来之后，如果可用性检查发现其中存在许多严重缺陷，需要重新进行设计，那么对于哪个候选设计方案会更容易使用，团队成员分成了人数大致相等的两派。双方围绕着孰优孰劣的问题进行了一个多小时的争论后陷入了僵局。无论是从基本用例着手分析，还是按可用性基本原理据理力争，都无法打破僵局。当很难做出选择的时候，如何在多个可选的用户接口设计方案中进行取舍呢？

　　深入了解现代图形用户接口设计的所有构件是不现实的，任何罗列所有构件的书籍都会很快变得过时。在本章中将集中讨论几类在相关实施模型的决策中具有代表性的设计问题，介绍一些交互设计师常用的构件，以及如何更好地把它们应用到用户界面设计中。

　　本章的主要内容包括：

- 介绍窗口、菜单、对话框、工具栏及常用控件的组成和设计要点。
- 阐述两种不同的屏幕复杂性度量方法。

7.2　窗口和菜单

　　现代 GUI 有时也被称为 WIMP 接口，这是因为它们是由窗口（Window）、图标（Icon）、菜单（Menu）和指点设备（Pointer）组成的。当然，还有其他类型的组件，如按钮和复选框，但 WIMP 组件是接口中主要的组成部分，这里我们首先介绍两种常用的界面组件，即窗口和菜单。

7.2.1 窗口

GUI 是窗口化的接口，它们使用称为窗口的矩形框表示一个应用组件或一个文件夹中的内容。窗口首先由 Xerox Alto 展示，后来被融合到 Apple 操作系统和 Windows 操作系统中。现在窗口已经如同桌面一样深入人心，很难想象出使用其他方式来组织一个 GUI。

窗口可被认为是一个容器。例如，一个文件窗口包含了文件的内容。它们可能是文字也可能是图形元素，甚至是两者的结合。主应用程序窗口可能包含多个这样的文件窗口以及其他组件，如面板、菜单和工具栏。窗口内有时也包含一些嵌套的容器，它们有点类似于俄罗斯传统玩具：套娃，大点的套娃里面包含了小一点的套娃，在小一点的套娃里面包含了更小一点的套娃，以此类推。

窗口实例有 3 个可能的状态：

（1）最大化窗口

最大化窗口占据了整个屏幕，它允许用户看到窗口中的内容，并且每个当前打开的应用在任务栏都有对应的按钮。最大化表示是用户较喜欢的表示形式，因为它充分利用了屏幕空间大小，并且用户可以利用任务栏进行各程序之间的切换，各程序之间的复制和粘贴操作也相当方便，但在各程序之间不能进行拖放操作。

最大化窗口下，由于其他窗口完全被活动的窗口遮挡，用户并不能通过点击使该窗口成为当前活动的窗口，所以需要一种在各窗口之间切换的方法。通常的做法是点击这个窗口在任务栏的按钮。Windows 操作系统中还提供了 Alt+Tab 组合键用于在各窗口之间切换，但这种方法对多数初学者而言是无用的。

（2）最小化窗口

如果一个窗口暂时不使用，但过一会儿可能要使用，则该窗口可被最小化。最小化窗口被缩放成一个小的按钮或图标并且被放置到桌面某个特定的位置。它们在 Windows 操作系统中出现在任务栏中，在 Mac OS X 操作系统中出现在停靠处。为了方便，我们使用 PC 术语"任务栏"和按钮。在最小化窗口状态下，只需单击按钮，就可返回其前一种状态，不管是最大化状态还是还原状态。

（3）还原窗口

窗口被还原成以前的大小。在此状态下，窗口可调整大小并且可与其他窗口重叠。在可还原或可调整大小的状态，窗口有 3 种表示风格：可以平铺到整个屏幕，可以层叠，也可以被随意放置，相互之间重叠。图 7-1 显示了窗口的三种表示风格。

图 7-1 窗口的平铺、重叠与层叠

1）平铺窗口：平铺的多个窗口完全占据了整个屏幕，系统窗口管理器分配每个窗口的大小及在屏幕上的位置，使得所有窗口在屏幕上都是可见的，并给每个窗口都保留了自己的标题栏和工具栏。这种方式会消耗大量屏幕空间，并且使窗口变得较小，限制了内容的可视性。

平铺窗口允许用户在窗口之间拖放某些对象。相比复制到剪贴板，获取目标窗口，再粘贴到新文件夹的方法，拖放操作是较直接的方法。

2）重叠窗口：重叠窗口的位置及大小由用户确定，并且每个窗口将维持其大小和位置直到用户做出新的调整。这种表示风格允许用户看到窗口中的一部分内容，除非窗口完全被其他窗口所遮挡。当前活动窗口重叠在其他窗口的上方，当点击任何一个窗口时，该窗口成为当前活动窗口。

相比平铺窗口，重叠窗口既允许拖放操作，且更有效地使用了屏幕空间。然而，当太多的窗口同时被打开时，重叠显示将变得比较复杂。

3）层叠窗口：层叠窗口是一种特殊的窗口重叠表现风格。窗口被操作系统的窗口管理程序以对角线偏移的形式重叠放置。类似于重叠方式，层叠方式也能较好地有效利用屏幕空间，但用户很难对窗口的位置和大小进行控制。

7.2.2　菜单

由于菜单可以帮助用户了解系统能做些什么以及如何做，因此又被称为"教学导引"（pedagogical vector）[Cooper et al 2007]。当用户第一次看见程序的时候，可以通过菜单和对话框来了解可用的功能集合。这就好比通过贴在餐馆入口的菜单了解食物类型、菜式、餐具和价格一样。然而这并不意味着菜单仅仅适用于初学者。设计合理的菜单有助于在菜单操作与工具按钮或快捷键之间转换，熟练用户或高级用户使用根据菜单项名称中特定字母定义的快捷键可以提高操作效率，同时菜单也是这些快捷键的快速提示。

菜单已经成为窗口环境的标准特征，它们的操作方式、标记方式、位置和结构也已标准化。由于用户期望使用标准化菜单，设计者应当努力满足用户的这种期望，使得用户可以很容易地找到需要的工具。

用于现代 GUI 的标准菜单包括文件、编辑、窗口和帮助，其他可选菜单包括视图、插入、格式、工具等。

文件菜单通常位于一个应用程序的左上角，自左向右排列编辑、窗口和帮助菜单。如果使用了可选菜单，它们通常出现在编辑和窗口菜单之间。

编辑菜单对在文件内操作的功能进行归类，如剪切、粘贴、查找和替换等。由于许多类似于剪切和粘贴操作的功能被放置在编辑菜单的下面，使得在"格式"标题下面具有此类性质的大量菜单选项被分类聚积，因此有关"编辑"菜单和"格式"菜单的分配一直存在争议。我们将在菜单结构中的宽度和深度部分进一步讨论该问题。

窗口菜单通常用于对系统窗口相关的功能进行归类。这里有用于窗口平铺、层叠的菜单选项，并且允许用户在打开的不同文件窗口之间进行切换浏览。

帮助菜单是一个时常令人困惑的地方，它允许用户访问帮助文件和帮助功能，例如"这是什么"的菜单选项，给出接口元素如按钮和图标的一个简短的解释说明，同时也提供了一些关于系统功能和处理过程的不太适用的参考数据。

设计菜单时应遵循如下原则 [Constantine and Lockwood 1999]：

1）菜单应该按语义及任务结构来组织，同时用户认为应该在一起或者在实际操作中经常被一起使用的菜单项最好放在一起。较少关联或完全不相干的菜单项不应塞进同一个菜单。

最常见也是最糟糕的命名例子是无所不在的"文件"菜单。该菜单中的某些内容与文档毫无关系。仅仅是出于历史习惯的原因，我们不得不将"打印"与"退出"放在"打开"、"关闭"及"保存文档"的旁边。严格遵循这个习惯意味着即使程序中没有使用文件，也不得不包括一个文件菜单以充当"退出"的一个占位符。用户对这种滥用已经习以为常，以至于许多人逐渐接受了这种文件菜单，即使在当时的环境中没有这种含义。其他常见菜单还包括视图、插入、格式及窗口，另有一些不太广泛的常规菜单如工具、选项及偏好等。由于这些菜单的设置存在标准，并且用户也对其内容和功能存在一种预期，因此设计者应避免用这些菜单来实现一些有特殊意图的菜单项，或在其中放入一些用户意想不到的菜单项。

2）合理组织菜单接口的结构与层次，使菜单层次结构和系统功能层次结构相一致。

通常来说，菜单太多或太少都表明菜单结构有问题。太少的菜单可能意味着菜单中包含较多的功能，并导致接下来的菜单项太长或层次太深；太多的菜单会导致功能分类较多从而使用户感到迷惑，并难以找到完成任务所需要的功能。通常，好的菜单设计结构会在菜单栏上布置 3 ~ 12 个菜单，而 6 ~ 9 个菜单可以满足大多数软件的需求。程序窗口最大化时的菜单栏宽度可作为一个好的上限。实践证明，广而浅的菜单树优于窄而深的菜单树。

3）菜单及菜单项的名字应符合日常命名习惯或者反映出应用领域和用户词汇。菜单名应能清楚地表明其中包含的菜单项，菜单项的名字也要能够反映其所对应的功能。

4）菜单选项列表既可以是有序的也可以是无序的，菜单项的安排应有利于提高菜单选取速度。可以依据使用频度、数字顺序、字母顺序、逻辑功能顺序等原则来组织安排菜单项顺序，频繁使用的菜单项应当置于顶部。

5）为菜单项提供多种选择途径，以及为菜单选择提供快捷方式。菜单接口的多种选择途径增加了系统的灵活性，使之能适应于不同水平的用户。菜单选择的快捷方式可加速系统的运行。

6）为增加菜单系统的可浏览性和可预期性，菜单项的表示应该符合一些惯例，以区分立即生效、弹出对话框、弹出层叠菜单等情况。例如 Windows 95 中习惯用省略号表示将要弹出一个对话框，而用小三角符号表示将要弹出一个子菜单。

7）应该对菜单选择和点击设定反馈标记。例如，当移动光标进行菜单选择时，凡是光标经过的菜单项应提供亮度或其他视觉反馈标识；选择菜单项经用户确认无误后，用户使用显式操作来选取菜单项。对选中的菜单也应该给出明确的反馈标记，如为选中的菜单项加边框，或者在前面加"√"符号等。对当前状态下不可使用的菜单选项也应给出可视的暗示（如用灰色显示）。

菜单快捷键允许菜单选项通过键盘访问。这个功能对视觉上有缺陷的用户是十分重要的，并且也是有经验的用户推荐使用的。Galitz[Galitz 2002] 针对菜单快捷键的设计和使用提出了以下建议：

1）对所有的菜单选项都要提供一个辅助内存。

2）使用菜单选项描述的首个字母作为快捷键。在出现重复的情况下，使用首个后续的辅音。

3）在菜单中，对首个字符加下划线。

4）尽可能使用工业标准。

为了促进接口的国际化，Del Galdo 和 Nielsen[Del Galdo and Nielsen 1996] 建议键盘的内存应当放置于键盘的固定位置，即无论键盘设置为何种语言，它们都应当一致地被放置于相同的实际键位置上。这种固定的定位更易于为应用程序构建国际化的用户指南。正是由于这个原因，剪切、复制和粘贴的快捷键分别是 Ctrl+X、Ctrl+C 和 Ctrl+V。用于复制的内存使用了英文单词"Copy"的首个字符，而"剪切"或"粘贴"命令并没有如此直接的英文单词首字母参考，仅仅是为了使这些键的定位比较靠近。

7.3 对话框

对话框是一个典型的辅助性窗口。它叠加在应用程序的主窗口上，在对话中给出信息并要求用户输入，从而让用户参与进来。当用户完成信息的阅读或输入之后，他可以选择接受或者拒绝所做出的改变。随后，再把用户交还给应用程序的主窗口。

对话框通常有标题栏和关闭按钮，但没有标题栏图标和状态栏。它们没有调整窗口大小的句柄，也不可能通过拖动窗口的边界线调整对话框的大小。对于对话框的外观没有标准，但对出现在对话框中的组件却有相应的标准。

7.3.1 类型和用途

1. 类型

对话框分为模态对话框和非模态对话框。模态对话框是目前为止最常见的类型，它冻结了它所属的那个应用，禁止用户做其他的任何操作，直到用户处理了对话框中出现的问题。这意味着用户需要单击 OK 按钮或输入某些特定的数据以后才可以使程序继续运行下去。对话框出现时，用户可以切换到其他程序进行操作，但如果用户访问同一程序的其他功能，应用系统会给出警示。模态对话框的缺点是可能导致用户停止手上的工作，可能导致正常工作流程的中断。优点是由于模态对话框严格定义了自身的行为，因此它很少被人误解，尽管有时被滥用，但用户很清楚它们的目的和使用范围。

根据模态对话框的作用范围，模态对话框又可分为"应用模态对话框"和"系统模态对话框"。

非模态对话框不像模态对话框那么常见。它们的结构和外表与模态对话框十分相似，但当非模态对话框打开时，用户仍旧可以访问程序的所有功能。虽然对话框的突然出现可能使用户分心，但用户并没有受到太大的影响。微软 Word 2003 中的查找和替换对话框就是典型的非模态对话框，允许你在文本中查找一个单词，并进行编辑，在编辑过程中对话框仍然保持开放状态。

由于操作范围的不确定性，非模态对话框对用户而言是难以使用和理解的。我们更熟悉模态对话框，因其会在调用的瞬间为当前选择调整自己，而且它认为在其存在的过程中选择不会变化；相反，在非模态对话框存在的过程中，选择很可能发生改变。那么对话框应该怎样呢？对话框的小控件应该变灰、冻结，还是消失？诸如此类的问题需要我们细化设计实践，并且还要对人物角色的需求、目标和心理模型有细致的了解。由于模态对话框冻结了应用程序的状态，避免了这些问题，所以非模态对话框的设计和实现比模态对话框要难得多。

2. 用途

对话框可用于不同的目的，具体包括 [Heim 2007] [Cooper et al 2007]：

（1）属性对话框

属性向用户呈现所选对象的属性或设置，例如字处理软件中的表格属性对话框（见图 7-2）。属性对话框可以是模态的，也可以是非模态的。一般来说，属性对话框控制当前的选择。遵循的是"对象 – 动词"形式，即用户选择对象，然后通过属性对话框为所选对象选择新的设置。

（2）功能对话框

功能对话框是最常见的模态对话框，用于控制如打印、插入对象或拼写检查等应用程序的单个功能。功能对话框不仅允许用户开始一个动作，而且也经常允许用户设置动作的细节。例如在许多程序中，当用户请求打印时可以使用打印对话框指定打印多少页、打印多少份、向哪一台打印机输出，以及其他与打印功能相关的设置。图 7-3 就是一个打印对话框的例子，对话框上的"确定"按钮不仅用于确认所做的各项设置和关闭对话框，同时执行打印操作。

图 7-2　微软 Word 2003 的表格属性对话框

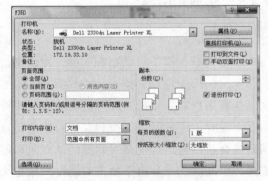

图 7-3　微软 Word 2003 的打印对话框

（3）进度对话框

进度由程序启动，而不是根据用户请求启动。它们向用户表明当前程序正在忙于某些内部功能，其他功能的处理能力可能会降低。如果某个应用程序启动了一个将要运行很长时间的进程，进度对话框就必须清晰地指出它很忙，不过一切正常。如果程序没有表明这些，用户可能会认为程序很粗鲁，甚至会认为程序已经崩溃，必须采取某些激烈的措施。

设计良好的进度对话框应包含如下四个任务：

1）向用户清楚地表明正在运行一个耗时的进程。

2）向用户清楚地表明一切正常。

3）向用户清楚地表明进程还需多长时间。

4）向用户提供一种取消操作和恢复程序控制的方式。

（4）公告对话框

和进度对话框一样，公告对话框同样无需请求，由程序直接启动。需指出，公告对话框是任何图形用户接口中滥用最多的元素。我们熟悉的信息框通常是一个模态对话框，它让程序停止所有的下一步处理，直到用户发出终止命令，比如单击 OK 按钮。这种情况称为"阻塞型公告"，因为直到用户响应，程序才能继续。现在很多错误、通知和确认消息都是阻塞型公告对话框（见图 7-4），实际上这些阻塞型公告对话框大多是可以避免的。

图 7-4　阻塞型的公告对话框

7.3.2　对话框设计要点

设计对话框时应注意展现出明显的视觉层次，不仅需按照主题的相似性进行视觉分组，还要按照阅读顺序惯例来布局。对话框在使用时应该始终显示在最上面的视觉层，这样可以让调用它的用户很明显地看到它。接下来的交互动作产生的另一个对话框或者应用程序可以遮盖住这个对话框，但应该有明显的办法使其返回最上层。

每个对话框都必须有一个标题来标示它的用途。如果某个对话框是一个功能对话框，那么其标题就应该包含这个功能的动作———一般来说是动词。比如，微软英文版的 Word 软件中，插入菜单中有一项"Break"对话框（中文版中叫"分隔符"），这个对话框其实应该改成"Insert Break"，这样会使其功能更加直观。

如果对话框用来定义某个对象的属性，那么其标题就应该包含该对象的名字或者描述。Windows 的属性对话框就遵循这个原则：当你调用一个名为"备份目录"的属性对话框时，你会看到它的标题是"备份属性"。类似地，如果对话框是关于选择的，那么我们可以在标题中加入选择的部分内容，这样会帮助用户了解当前的状况。

每个对话框至少有一个终止命令控件，它被触发时会让对话框关闭或者消失。多数对话框会提供至少两个按钮作为终止命令，即"确定"和"取消"，另外右上角的关闭按钮也是一个终止命令的习惯用法。没有终止命令的对话框是很糟糕的设计。

7.4　控件

控件是用户和数字产品进行交流的屏幕对象，它具有可操作性和自包含性。它们是创建图形用户接口的主要构造模块，有时也被称为"小部件"（widget）、"小配件"（gadget），或者"小零件"（gizmos）。

根据用户目标的不同，控件可分为 4 种基本类型：命令控件，用于启动功能；选择控件，用于选择选项或数据；输入控件，用于输入数据；显示控件，用于可视化地直接操作程序。还有一些复杂控件包含了上述一种或者几种类型。

7.4.1　命令控件

在人机交互中，有一种由名词（有时称为"对象"）、动词、形容词和副词组成的语言。当我们发起命令时，便指定了动词——动作的声明。与动词对应的控件类型叫做"命令控件"，命令控件接收操作并且立即执行。在控件世界里，命令控件的习惯用法的经典例子是按钮。

按钮的视觉特征显示了它的"可按压特性"。当用户指向按钮并单击时，视觉上按钮从凸起变为凹下，显示它已被启动。一些设计糟糕的程序和许多网站上绘制的按钮，在用户单击时却不会发生改变。对开发者来说，这样做既便宜又容易，但对用户来说则非常令人不安。因为它不禁让人产生疑问："它到底被按下了吗？"用户希望看到按钮改变——设计者必须满足用户的期望。

工具栏的出现使按钮从传统的对话框移到了工具栏中。在这个过程中，按钮显著地扩展了它的功能、作用和视觉特征。在对话框中，按钮呈矩形（Mac 中有弧形的边），有专门的文本标签。当它移到工具栏中时按钮变成了方形，象形文字（即图示）取代了文本（见图 7-5）。由此图标按钮诞生了。

图 7-5　微软 Word 2003 的工具栏

理论上，图标按钮很容易使用。它们总是可见的，不需要花费太多的时间，也不像下拉菜单那样需要一定的灵敏度。使用图标按钮时最大的问题不是来自按钮部分，而是来自图示部分，因为图标按钮上面的图像很少是清晰明了的。更多有关图标按钮的信息将在 7.5 节详细讨论。

命令空间使用中经常遇到的另一个问题是和超链接的混用。超链接或者链接是网页中的一种习惯用法。一般来说，它的形式是具有下划线的文本（当然图片也可以），可以作为浏览导航的命令控件。如果用户对某个有下划线的单词感兴趣，他可以点击这个单词，随即包含更多信息的新的一页就会立即出现。超链接的成功和用法让很多设计者错误地相信可以用下划线文本来取代更为常用的命令控件，实际上这是不可取的。由于大多数使用者已经知道链接是一种浏览导航的习惯用法，如果点击一个链接就执行一个操作，这将会是令人费解和混乱的。因此一般来说，链接还是应该用在浏览内容上，而在其他操作和功能上采用按钮和图标按钮更为恰当。

7.4.2　选择控件

因为命令控件对应动词，所以它需要一个名词来进行操作。选择控件和输入控件是两类用于选择名词的控件。选择控件允许用户从一组有效的选项中选择一个操作数，它还可以被用来设定操作。常见的选择控件有复选框、列表框和下拉列表框。

复选框是最早发明的视觉控件习惯用法之一，并因其提供了简单的二选一而受到喜爱。复选框具有简单、可见和优雅的特点。然而由于复选框主要是基于文本的控件，含义准确的文本一方面使复选框清楚明确，另一方面也占据了数量可观的屏幕空间，且使用户不得不放慢阅读速度（见图 7-6）。

复选框的一种变体是单选按钮。当汽车第一次装上收音机时，我们就发现在行驶过程中旋转按钮手动调频会危及生命。所以汽车收音机都提供一种新奇的仪表盘，由 6 个镀铬合金的按钮组成，每一个都有事先调好的波段。现在你的视线不需要离开路面，只要按下其中一个按钮就可以调到你喜欢的频道。这也是单选按钮（Radio Button）名字的由来。这种习惯用法功能强大，在交互设计中有很多实际应用。

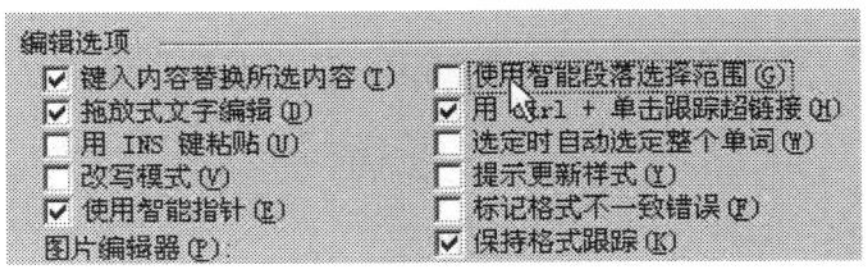

图 7-6 典型的复选框

遗憾的是，由于单选按钮只有成组时才有意义，因此甚至比复选框更浪费屏幕空间。在某些情况下，这种浪费是值得的，特别是在向用户显示全部可获得选项的集合时非常重要。单选按钮很适合担当教学的角色，这也意味着它们可以合理地用于不常使用的对话框。

当选项的数目太多而不适合在屏幕上显示时，列表框可用来替换复选框或单选按钮。列表框相比单选按钮和复选框更为紧凑，具有占据较少屏幕空间的优点。然而，列表框也可能将某些选项隐藏，用户如果要选择隐藏的选项，必须在列表中搜索定位。

在某些情况下，用户可能需要改变整个选项集，以便于符合不同的要求。例如，用户想将华氏温度计量转换为摄氏温度计量，或者想将英里计量转换成公里计量等。而列表控件包含了一组不能被用户改变的固定选项，因此其灵活性较差。为了满足这一需求，可能需要提供一些附加的功能使这种转换对用户而言是可见的。

7.4.3　显示控件

显示控件用于显示和管理屏幕上信息的视觉显示方式，典型的例子包括滚动条、屏幕分割线、页面计数器、标尺、导航栏、网格等。而最大化按钮和关闭按钮虽然也影响屏幕的外观，但它们的功能如其他按钮一样，所以将它们归于控制类。在这里我们介绍一种常用的显示控件——滚动条。

滚动条在窗口操作环境中是一个遗憾的必需品。窗口由于太小，不能显示所有必要的内容，特别是在字处理系统中，文件可能包含多页。除了滚动条，还有几种方法用于查看长文档的内容，例如，使用键盘上的 "Home" 和 "End" 键或使用箭头光标键。这几种方法的操作较为粗糙，每一次按键，将移过较大的一块文本。它们不能更为精细地操作文档，比如一行一行地移动文本。

滚动条由一个带有滑板的轨道组成，这个滑板在鼠标拖动下可以沿轨道前后或左右移动，同时带有两个箭头用于控制滑板在轨道上的位置。用户可以通过在轨道的任意位置进行点击操作，将滑板移动到相应的位置。

滚动条看上去简单，但实际中很多滚动条都显得过于吝啬，给用户传递的信息太少。除了用适当大小的滑块来显示当前可见文件的百分比之外，设计良好的滚动条还应告诉我们如下信息：

1）文档总共有多少页。

2）当我们拖动滑块时，显示页数（记录数或图形数）。

3）当我们拖动滑块时，显示每一页的第 1 个句子（或项目）。

值得注意的是，滚动条的上述特性使得它不适合于日历等范围上没有明确界限的应用，因为很难确定应用的时间范围。

还有一些滚动条包含的功能太少。为了更好地管理文档的导航，它应该为我们提供功能强大的工具，让我们快速而容易地去我们想去的地方，具体包括：

1）根据页数、章、节及关键词为我们提供向前、向后跳读的按钮。

2）提供跳到文档开始和末尾的按钮。

3）设置可以快速返回的书签工具。

微软的 Word 2003 用到的滚动条展示了这些功能中的一大部分（见图 7-7）。

图 7-7　微软 Word 2003
　　　　的滚动条

7.4.4　输入控件

输入控件能让用户在程序中输入新的信息，而不仅仅是从已有的列表中选择信息。和选择控件一样，输入控件向程序传递名词。最基本的输入控件是文本编辑字段，因为组合框包含一个编辑字段，所以一些组合框的变体也能作为输入控件。其他如微调控件（spinner）、标尺（gauge）、滑动块（slider）和旋钮（knob）等同样允许用户输入数字的控件都属于此类。

软件所需的大多数值都是有界的，但许多程序允许数字字段无界输入。当用户无意识地输入一个程序不可能接受的值时，程序会发起一个错误信息框。这是在以一种"实际上不能却说可能"的方式粗鲁地奚落用户："您想要什么甜点？我们什么都有。"我们说："冰激凌。"你答道："对不起，我们没有。"我们说："馅饼呢？"你无辜地回答："没有。"……这就是我们在对话框中采用无界编辑字段，而实际上有效值是有界时用户的感受。她输入 17，对这个无辜的输入，我们奖赏一个错误对话框，告诉她："你只能输入 4 到 8 之间的数值。"这是拙劣的用户界面设计。

一个更好的方案是采用有界控件，将输入自动限制在 4、5、6、7 或 8。如果选项的有界集合由文本而非数字组成，你仍然可以使用某种类型的滑动块、组合框或者列表框。在很多情况下，滑动块是很好的选择，图 7-8 所示为微软在窗口显示设置对话框中使用的一个有界滑动块，有 7 个离散位置代表不同的分辨率设置。

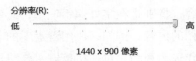

图 7-8　带有滑块交互效果的
　　　　分辨率设置

理想情况下，所有用户都知道文本框要求的数据类型及有效值的限制，但在现实中这是不可能的，所以设计者必须努力使用户输入有效的数据。对于一个特定的输入框，可以使用与其相关的表达清晰的标签和标题，还可以提供各种类型的有效输入及有效格式的例子。

某些文本框要求输入特定数量的字符，如邮政编码，该类文本框可被设置成只接收最大数目的字符，更多的输入是无效的。虽然每个文本输入组件都有清晰的卷标或标题来解释它们的要求，但用户可能忽视了它们，或者没有认真地阅读它们。

在输入数据过程中，应当仔细地验证输入数据的有效性，此时是最容易改变和修正错误的。如果输入数据无效，系统应当给用户一个无效输入数据的提示。这个提示可包含一个红色的感叹号、出现问题的一段简短的说明或有效输入数据的例子。在这种情况下，保留用户已经输入的有效输入信息是相当重要的，以使用户不用再次输入 [Heim 2007]。

挑选出针对特定问题的最合适的组件，需要仔细考虑并进行多次尝试。这种挑选并不是简单地从工具面板上拖放某个工具到可视开发界面上。每个可用的控件使用起来都有些细微的差别，并都有其优缺点：某些控件比其他控件占据更多的屏幕空间，或操作效率低一些；某些部件控件用键盘操作时会感觉不太舒服。所以不存在一种可以覆盖所有需要权衡因素的公式和表格，但可以借鉴一些基本的指导原则。其中，从多项中选择一个，可以使用选项按钮、旋转框、固定列表、下拉列表和组合框。从多项中选择几个，可以使用复选框、扩充的固定选择列表和切换按钮。甚至有时菜单也可以被用来设置选项或参数选择。更多内容可参考 [Constantine and Lockwood 1999]。

以前，选择控件不直接导致操作，操作通常需要命令控件来触发。现在则并非如此，比如在网页中作为导航控制的下拉列表就可以用于触发操作，字处理软件中使用下拉列表可以调整字体的大小。相比较而言，前者有时可能会使用户比较迷惑，后者则看起来比较自然。和交互设计中的其他做法一样，这两种做法各有优缺点。一般来说，如果使用者在发起操作前要做出一系列的选择，应该提供明显的命令控件（也就是按钮）；而如果使用者想要立即看到选择的结果，并且这个操作也很容易被撤销，则完全有理由让选择控件变成命令控件。

7.5　工具栏

现在很多地方都可以看到工具栏，实际上它在 GUI 中出现的时间并不久。和诸多从 Apple Macintosh 中发展来的 GUI 习惯用法不一样，工具栏是由微软首次引入到主流用户接口中来的。作为对菜单的重要补充，用户可以通过工具栏直接调用功能。菜单提供了完整的工具集，主要用于教学，尤其适合新手用户学习。而工具栏是为经常使用的命令设置的，对新手用户帮助不大。

典型的工具栏是图标按钮（也就是具有按钮功能的图标）的集合，通常没有文本标签（见图 7-9）。它以水平板的方式置于菜单栏的下方，或者以垂直板的形式紧贴在主窗口的一边。实质上，工具栏将菜单以图形化的方式显示，它将图形化菜单以单行（或单列）的方式排列，且始终对用户可见。

图 7-9　微软 Word 2003 工具栏

工具栏经常被认为是菜单的加速版本。这是由于它们都提供对程序功能的访问，经常在屏幕顶端组成一个水平行。实际上，在很多情况下，工具栏和菜单的用途是不一样的。工具栏和工具栏控件主要面向对应用有一些了解的用户，为他们提供常用功能的快速访问。由于这种简洁的特点，工具栏并不适合新手理解软件的功能和操作（不过，工具提示可以在一定程度上缓解这个问题）。菜单则提供了关于软件更为全面和详细的说明，作为学习的途径更适合新手用户使用。

7.5.1 工具栏构成

工具栏包含了 Alan Cooper 提及的图标按钮。在正常状态下，它们看上去像图标，当光标掠过该类图标时，会被加亮突出显示，在其四周出现一些矩形的外边框。当用户点击它时，其表现为被按下状态，如同一个命令按钮 [Heim 2007]。

如果工具栏上的图标按钮和下拉菜单中的菜单项行为相同，那么为什么菜单项几乎总是伴有文本显示，而工具栏上的按钮总是以小图像显示呢？这是由于：一方面，阅读文字比识别图片速度更慢，难度更大；另一方面，人类容易识别那些设计优秀的图标符号，但它们常缺乏文本的精确度和条理性。表意图形可能会模棱两可，直到你确实了解其含义。而且一旦你了解了它的意思，就不会轻易忘记它，并且每次识别的速度也会快如闪电。

由于工具栏图标不是一开始就可理解的，所以需要某种途径帮助新手用户学习使用它。苹果是最早尝试解决这个问题的公司，在 System 7 OS 中，它引入了气球帮助的概念：当鼠标经过某个对象时，便会出现描述这个对象功能和操作的气球（见图 7-10）。尽管这种机制的本意是好的，但气球帮助还是没有受到人们的欢迎。这是由于一方面在鼠标经过对象的时刻和气球弹出的时刻之间没有时间的延迟，另一方面当气球弹出时就会立即遮住一大块应用的区域，被遮住的区域便无法使用。这基本上就是一个模态的帮助系统，气球让用户无法同时学习和使用。有经验的用户通常会选择只在使用一些不太熟悉的对象时才打开气球，这样他们不得不首先求助于下拉菜单打开气球帮助，指向那个不熟悉的对象，阅读气球，然后又回到菜单将气球关闭。

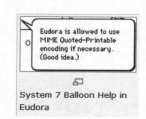

图 7-10　System 7 上 Eudora
应用的气球帮助

微软发明了一种气球帮助的变体，称为"工具提示"。工具提示似乎与气球帮助相同，但它们之间有一些显著的区别。首先，工具提示延时出现的时机非常好。只有当使用者的鼠标放在某个对象上大约 1 秒的时间之后，它才会显示帮助信息。这个时间足够用户单击并选取该对象，而不会触发工具提示，从而保证了鼠标经过工具栏进行操作时不会被突然弹出的工具提示所骚扰。也意味着当用户忘记某个不常使用的功能时，他只要花上半秒左右的时间就可以知道。

其次，工具提示只包含一个单词或一个非常短的词组，这表明微软与苹果设计理念的不同。苹果公司希望气球可以教会新手用户，而微软则认为新手用户必须要通过"F1 帮助"才能学会事物的工作方式，工具提示仅作为有经验的用户的记忆唤醒器。

7.5.2 工具栏使用原则

我们总结了工具栏使用原则，包括：

（1）良好的工具组织应以含义及其使用场合为基础

或许是因为易于按类别或类型来区分工具，所以软件开发者常常会依赖于语义组织 [Constantine and Lockwood 1999]。但有时即使一个分类集合很简单，用户理解起来仍然可能产生问题。工具太多会让人感觉混乱并降低界面的可用性。通过进一步调整布局，将经常一起使用的工具放到一起，可以更好地实现对常见用例的有效支持。

（2）寻找代表事物的图像要比寻找代表动作或关系的图像容易得多

代表垃圾桶、打印机的图片或图标比较容易理解，但是想用图片来表达"应用格式"、"连接"或"转换"等动作语义却十分困难。虽然用户在第一次使用的时候也许不能确定打印机图片代表的具体含义，是表示"搜索打印机"、"改变打印机设置"还是"报告打印机的状态"，但是一旦明确该小打印机的图标代表"用能用的打印机打印一份当前文档"，以后使用就不会有麻烦了。

（3）适当禁用工具栏控件

如果不能用于当前选择，工具栏控件应该被禁用，一定不能提供模棱两可的状态。例如，如果图标按钮被禁止按下，控件本身也应该变为灰色，使禁用状态绝对明显。

一些程序干脆让禁用的工具栏彻底消失，但这种效果并不好。因为用户记得工具栏所在位置，如果某些图标按钮突然消失了，受到一贯信任的工具栏变得易变且具有暂时性，会使新手用户大惊失色，较有经验的用户也可能会困惑不解。

7.5.3　工具栏演化

在人们开始意识到工具栏不仅仅是菜单的快捷方式后，工具栏得到了更加快速的发展。图标按钮之后，下一个在工具栏上落户的控件是组合框，如 Word 样式、字体和字号控件。以下将介绍一些工具栏演化出的新的用途 [Cooper et al 2007]：

（1）状态指示工具栏控件

指图标按钮不仅控制样式，而且表达了样式选择的状态。这种控件变体扩展了工具栏的用途。当工具栏第一次出现时，它只提供对常用功能的快速访问。随着发展，工具栏控件开始反映程序数据的状态。与只是简单地将单词从无格式转变为斜体的图标按钮不同，现在的图标按钮开始通过其状态显示当前选中的文本是否已经变为斜体。

（2）工具栏上的菜单

随着工具栏上控件种类的增加，设计者发现自己已经处于将下拉菜单加入工具栏的尴尬局面（见图 7-11）。现在又把老旧的菜单栏推到自己的后台，作为第二级命令访问途径。

（3）可移动工具栏

在 Office 套件中，如果工具栏是可见的，就可以被动态地放到 5 个任意的位置之一，或者"停靠在"程序主窗口四个边的任意一边（见图 7-12）。为避免工具栏之间的相互遮挡，微软通过扩展组合图标按钮或下拉菜单方便地解决了这个问题。下拉菜单只在工具栏部分遮蔽时才出现，并且可以通过下拉菜单访问隐藏的菜单项，如图 7-12 所示。

（4）可定制工具栏

工具栏代表用户的常用功能。但对每个用户而言，这些功能是不同的。因此微软只在软件中装载了典型用户日常最可能使用的控件，其余的交给用户来定制。尽管为工具栏提供这种级别的可定制能力存在某种危险，但还是有一些人喜欢这种灵活的方式。

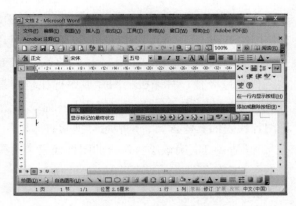

图 7-11　微软 Word 2003 中　　　　　图 7-12　微软 Word 2003 中的各种工具栏
"撤销"的下拉菜单

（5）带条

带条是微软在 Office 2007 中推出的新式 GUI 习惯用法。本质上，它是一个工具栏，包含了多个带有文本标签的功能组，还包含了各种各样的图标按钮和文本命令（见图 7-13）。这种方式提供了一种更加可视化的结构，从而可以容纳相当数量的功能，这无疑是有价值的。但是否能像旧有的工具栏一样为广大用户所接受，还有待时间的检验。

图 7-13　微软 Word 2007 中的带条

（6）上下文工具栏

和右键单击弹出的上下文菜单类似，上下文工具栏是鼠标光标旁边显示的一小组图标按钮。在有些软件中，根据被选择对象的不同，图标按钮组也会发生变化。这种习惯用法的一个变体也在微软的 Office 2007 中被广泛使用（称为"小工具栏"，即 Mini Toolbar，见图 7-14）。另外，其他一些软件中也有一些类似的习惯用法，比如 Adobe Photoshop（其中的工具栏是处于停靠状态的）和苹果的 Logic 音乐制作软件（其中的工具栏是一个模态的光标板）。

图 7-14　微软 Word 2007 中的上下文工具栏（"小工具栏"）

7.6　屏幕复杂度度量

用户接口设计度量不是什么全新的概念，虽然大部分都未公开，但已开发了几种度量方法，且具有一定的实用性。这里我们简单介绍一下布局复杂度和布局统一度这两种屏幕复杂度度量标准。

7.6.1　布局复杂度

Comber 与 Maltby[Comber and Maltby 1994, 1995] 基于他们在拓扑结构布局 [Bonsiepe 1968] 和屏幕布局 [Tullis 1984, 1988] 方面的工作，提出了一项称为"布局复杂度"（Layout Complexity）的度量方法。布局复杂度是根据可视对象的大小和位置来衡量的。根据这一度量方法，如果可视对象在高度和宽度上经常改变，以及对象与可视交互环境边界之间的距离比较大的话，就可以认为这个布局较复杂。

该标准使用信息论 [Shannon 1948] 确定页面设计的复杂度，它与格式塔心理学原则中的相近性原则比较近似，鼓励使用网格结构来简化屏幕的复杂度。

布局复杂度的计算公式如公式（7-1）所示，计算结果以二进制位表示。

$$C = -N \sum_{n=1}^{m} p_n \log_2 p_n \qquad （7-1）$$

其中，C：指以比特表示的系统复杂度；

$\quad N$：表示所有组件的数量（宽度或高度）；

$\quad m$：表示组件分类的数目；

$\quad p_n$：表示第 n 类组件出现的概率（以该类组件出现的频率为基础）。

应用布局复杂度计算某特定屏幕复杂度包括如下步骤：

1）使用矩形包围屏幕中的每个元素。

2）计算屏幕中元素的数目及列的数目（垂直方向上的对齐点）。

3）计算屏幕中元素的数目及行的数目（水平方向上的对齐点）。

Tullis 使用的原始屏幕如图 7-15 所示。

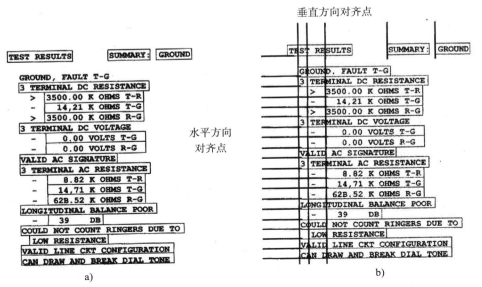

图 7-15　用于计算布局复杂度的原始屏幕示意

其中，界面元素共计 22 个，垂直方向上的对齐点为 6 个，水平方向上的对齐点为 20 个，由公式（7-1）计算得出垂直方向的复杂度为 41bit，水平方向的复杂度为 93 bit，整体复杂度为：

$$41 + 93 = 134\ bit$$

为了降低接口的复杂度，Tullis 重新设计了屏幕，修改后的屏幕如图 7-16 所示。

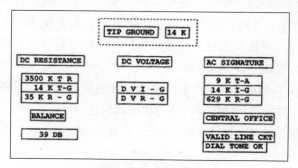

图 7-16　修改后的屏幕显示

其中，界面元素共计 18 个，垂直方向上的对齐点为 7 个，水平方向上的对齐点为 8 个，由公式（7-1）计算得出水平方向的复杂度为 43bit，水平方向上的复杂度为 53bit，整体复杂度为：

$$43 + 53 = 96\ bit$$

与原设计相比，新界面节省了 28% 的复杂度。同时，实验数据表明，原始屏幕的平均搜索时间为 8.3s，修改后的平均搜索时间仅为 5s。

一方面布局复杂度这一原始概念是否具有信息论基础还有争议，另一方面该方法本身在概念上和实践中也存在一些严重问题。Galitz 指出，事实上无需采用复杂的信息论公式，只需把可视组件总数加上水平对齐点的个数和垂直对齐点的个数，就可以得到相同的最终结果 [Galitz 1994, 2002]。

Galitz 方法主要包括以下步骤：

1）计算屏幕中可视组件的个数。

2）计算水平对齐点的个数。

3）计算垂直对齐点的个数。

以该算法计算的原始屏幕和修改后屏幕的复杂度如下：

对原屏幕：屏幕包含 22 个元素，6 个水平对齐点和 20 个垂直对齐点，复杂度为 22+6+20=48。

对修改后的屏幕：屏幕包含 18 个元素，7 个水平对齐点和 8 个垂直对齐点，复杂度为 18+7+8 =33。

通过计算得到，重新设计后屏幕的复杂度相对原屏幕降低了 31%。应用该公式可以更快速地对两个设计进行比较。

尽管 Tullis 最初认为"越简单的"设计越可用，但实际上当屏幕复杂度降低到一定程度后，其功能性就会降低。Comber 和 Maltby[Comber and Maltby 1997] 所进行的研究也指出具有中等布局复杂度的设计更好一些。

布局复杂度是一项严格的结构度量指标，它不考虑可视组件位于何处，只考虑组件在大小上的变化及其与边界之间的距离。出于这个原因，作为规划和改进真实设计的指南，其使用范围相对有限。下一小节将要介绍的布局统一度，对布局复杂度进行了一些改进。

7.6.2　布局统一度

对负责用户界面设计的开发人员来说，并不要求每个人具有图像设计人员的技能。布局统一度（Layout Uniformity, LU）是一个结构上的度量指标，提供了一种改善界面视觉布局的快捷手段。相比布局复杂度，布局统一度是一种更加实际和简单的度量方法。

顾名思义，"布局统一度"是对用户界面的统一性和规律性的度量。它以"视觉上无序的排列有碍于可用性"这一原理为基础，与界面的任务和内容无关，只对界面组成部分的空间排列进行度量，而不考虑这些组成部分是什么以及如何使用。

应该说规律性对可用性的影响可能并不太大，但它是影响因素之一。然而，完全整齐划一的排列并不是我们的目标。过度统一不仅会使界面缺乏吸引力，也会让用户很难区别不同的功能和界面的不同部分。我们所期望的是适度的统一和有序的布局，这样的布局可能使用户最容易理解和使用。

布局统一度可以公式（7-2）表示：

$$LU = 100 \cdot (1 - \frac{(N_h + N_w + N_t + N_l + N_b + N_r) - M}{6 \cdot N_c - M}) \qquad （7-2）$$

其中，N_c 表示屏幕、对话框或其他界面组成部分上所有可视组件的总数；N_h、N_w、N_t、N_l、N_b、N_r 分别是可视组件的高度、宽度、顶端边距、左边距、底边距和右边距；M 是一个让可视组件可能获得的最小的边距和尺寸大小的调整值，它使 LU 的取值范围在 0~100 之间。M 的计算公式如公式（7-3）。

$$M = 2 + 2 \cdot \left\lceil 2\sqrt{N_{components}} \right\rceil \qquad （7-3）$$

当可视组件整齐排列或者组件尺寸相差不大时，布局统一度就会提高。以图 7-17 为例，图中有三个对话框的布局方案，因为布局统一度并不考虑组件是什么，或者它们有什么作用，所以各部件上没有注明相应的文字标签。图 7-17a 中的各组件在大小或位置上没有一致性，故其布局统一度是 0%。而在图 7-17c 中，因为各组件的布局和大小完全一致，该界面的布局统一度是 100%。其实，这两种布局都不属于友好的用户面设计。图 7-17b 所示界面是一个中庸的设计，在实际应用中这种界面布局更具有代表性，其布局统一度为 82.5%，根据经验，它完全可以被接受。

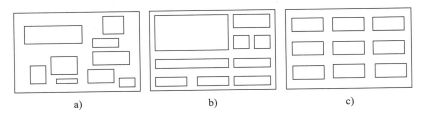

图 7-17　布局统一度计算示例

为了计算布局统一度，我们还需要根据经验来确定"哪些组件应视为一个可视组件"，以及"怎样判断排列在同一行的组件"等问题。

由于结构度量指标只关心外在部分，在对设计进行评估时，可以不必过于看重布局统一度指标，但对缺乏布局观念的设计人员来说，了解如何改进可视组件的布局大有裨益。通过重新审视那些设计优秀的界面可以发现，一般来说，LU 介于 50% 到 85% 之间是比较合理的，如果超出了这个范围，设计者就应该适当调整可视组件的位置，从而使接口布局看起来更合理一些。

习题

1. 举例说明平铺窗口、重叠窗口和层叠窗口的应用场合。

2.（1）用适当的标题将下列功能分组，假设所选择标题将作为一个菜单驱动的字处理系统的基础，功能将出现在对应的标题之下。菜单标题的数目可以自行控制。如果愿意，也可以稍微更改功能的叫法。

save, save us, new, delete, open mail, send mail, quit, undo, table, glossary, preferences, character style, format paragraph, lay out document, position on page, plain text, bold text, italic text, underline, open file, close file, open copy of file, increase point size, decrease point size, change font, add footnote, cut, copy, paste, clear, repaginate, add page break, insert graphic, insert index entry, print, print preview, page setup, view page, find word, change word, go to, go back, check spelling, view index, see table of contents, count words, renumber pages, repeat edit, show alternative document, help

（2）考虑下面的问题：可以把功能分在三个菜单上，使每一个菜单都有很多功能；或者分在八个菜单上，使每一个菜单的功能比较少。哪一种做法比较容易使用？为什么？设计一个实验来测试你的答案。

3. 请指出有哪些措施可以消除错误对话框，以避免使用户产生自责情绪。

4. 确认对话框存在哪些问题？怎样消除确认对话框？

5. 对话框很容易变得十分拥挤，充满了属性、选项或者其他对象。请列举可用于管理对话框的策略。

6. 无界输入控件在使用中应注意哪些问题？

7. 微软公司的"工具提示"与苹果公司的"气球帮助"有哪些区别？为什么"工具提示"最终赢得了用户的喜爱？

8. 布局复杂度和布局统一度在评价界面复杂度方面有哪些区别？你认为在实际应用中它们有哪些指导意义？

参考文献

[Bonsiepe 1968] Bonsiepe G A. A Method of Quantifying Order in Typographic Design[J].

Journal of Typographic Research, 1968, 2: 203-220.

[Comber and Maltby 1994] Comber T, Maltby J R. Screen Complexity and User Design Preference in Windows Applications[A]. In S Howard & YK Leung, eds. Harmony Through Working Together: OzCHI'94 Proceedings[C]. Melbourne: CHISIG, Ergonomics Society of Australia, 1994.

[Comber and Maltby 1995] Comber T, Maltby J. R. Evaluating Usability of Screen Designs with Layout Complexity[A]. In H Hasan & C Nicastri, eds. OzCHI/95 Proc[C]. Canberra: CHISIG, Ergonomics Society of Australia, 1995.

[Comber and Maltby 1997] Comber T, Maltby J R. Layout Complexity: Does It Measure Usability?[A]. In S Howard, J Hammond, G Lindgaard, eds. Human-Computer Interaction: Interact'97, International Conference on Human-computer Interaction[C]. London: Chapman Hall, 1997:623-626.

[Constantine and Lockwood 1999] Constantine L, Lockwood L. Software for Use: A Practical Guide to the Essential Models and Methods of Usage-Centered Design[M]. Addison-Wesley, 1999.

[Cooper et al 2007] Cooper A, Reimann R, Cronin D.About Face 3.0: The Essentials of InteractionDesign[M]. 3rd ed. Indianapolis :Wiley, 2007.

[Del Galdo and Nielsen 1996] Del Galdo E, Nielsen J. International User Interfaces[M]. New York: John Wiley& Sons, 1996.

[Galitz 1994] Galitz W O. It's Time to Clean Your Windows: Designing GUIs that Work[M]. New York: Wiley-QED, 1994.

[Galitz 2002] Galitz W O. The Essential Guide to User Interface Design[M], 2nd ed. New York: John Wiley & Sons, 2002.

[Heim 2007] Steven Heim. The Resonant Interface: HCI Foundations for Interaction Design [M]. Addison-Wesley, 2007.

[Shannon 1948] Shannon C E. A Mathematical Theory of Communication[J]. The Bell System Technical Journal, 1948, 27:379-423, 623-656.

[Tullis 1984] Tullis T S. Predicting the Usability of Alphanumeric Displays[D]. Unpublished doctoral dissertation, Rice University, 1984.

[Tullis 1988] Tullis T S. A System for Evaluating Screen Formats: Research and Applications [J]. Advances in Human-Computer Interaction, 1988, 2.

第 8 章

交互设计模型与理论

8.1　引言

　　仔细留意可以发现，汽车上的刹车踏板和油门踏板相距很近，并且很多汽车的刹车踏板要比油门踏板大很多。为什么它们没有被设计成相距很远，或者将两者的大小颠倒过来呢？朴素的使用经验告诉我们，这样的设计可以使得驾驶员能够以最短的时间把脚从油门踏板移到刹车踏板上，从而达到以最快的速度准确制动的目的。那么这一设计又是基于什么原理，以及它能够对交互设计产生什么指导呢？

　　计算机软件发展到今天，交互设计的优劣已经成为人们关注的焦点，并直接影响到软件产品的成败。因而，如何在交互式产品开发过程中保障用户界面的可用性问题已经受到越来越多交互设计人员的关注。

　　设计学科通常借助模型生成新的想法，并对想法进行测试。模型还能够帮助设计师理解复杂的系统，并比较多个不同的解决方案。如建筑学领域，建筑师会使用重量分布模型、空气环流模型、流体力学模型和光学模型等进行设计，并对建筑构思进行测试。交互设计者使用模型可以从独立于实现的角度分析他们设计的系统，还可以同时减少或避免原型开发和用户测试阶段的费用。在界面设计的早期阶段，人们需要用户界面表示模型和形式化的语言帮助他们分析和表达用户界面的功能，以及用户和系统之间的交互情况，并且需要将界面表示模型方便地映射到实际的设计实现。

　　不同类型的模型往往具有不同的功用。一些模型用于计算用户完成任务的时间，而不需要对用户进行实际测试。如定位到一个屏幕对象、点击屏幕对象执行命令、激活一个下拉菜单等。另一些模型可以显示系统的不同状态之间的关系和动态转移，说明如何在交互过程中对系统状态的变化进行描述。还有一些模型可用于探讨任务的执行过程和完成方法，以及为什么使用这些方法完成任务。

　　本章的主要内容包括：

- 理解 GOMS，学会应用击键层次模型预测交互任务的完成过程。
- 掌握 Fitts 定律，能够应用它指导设计。

- 了解状态转移网络和三态模型。
- 了解 BNF 表示法。
- 了解 Z 标记法，会应用它对一个交互式系统进行描述。

8.2　预测模型

在人机交互领域，最著名的预测模型是 GOMS 模型。通常提到 GOMS 模型代表的是整个 GOMS 模型体系。这里个别模型在预测重点方面有所不同，并适用于研究和预测用户执行情况的不同方面，如执行任务的时间、执行任务的策略等。这些模型主要用于预测用户的执行性能，从而比较不同的应用软件和设备。

8.2.1　GOMS 模型

GOMS 分析技术是主流可用性工程的支柱技术之一。GOMS 基于人类处理机模型，是一个关于人类如何执行认知 – 动作型任务，以及如何与系统交互的理论模型。GOMS 分析把一项任务分解为很小的认知和动作步骤，这些步骤是在一个具体的用户界面上完成任务所必需的。通过把每个操作的时间相加就可以得到一项任务的执行时间。这里所说的每个操作指诸如用户的目光从屏幕的一处移到另一处、识别出某个图标、手移到鼠标上、移动鼠标指针到特定位置并双击鼠标左键等动作。多年的研究已经确定许多认知 – 动作型操作的时间范围，这些参考数据可用于对交互任务完成时间的分析参考。

1. GOMS 的内容

GOMS 是在交互系统中用来分析用户复杂性的建模技术，主要被软件设计者用于建立用户行为模型。它采用"分而治之"思想，将一个任务进行多层次的细化，通过目标（goal）、操作（operator）、方法（method）以及选择规则（selection rule）四个元素来描述用户的行为。

（1）目标

目标是用户执行任务最终想要得到的结果。它可以在不同的抽象层次中进行定义。如"编辑一篇文章"，高层次的目标可以定义为"编辑文章"，低层次的目标则可以定义为"删除字符"，一个高层次目标可以分解为若干个低层次目标。

（2）操作

操作是任务分析到最底层时的行为，是用户为了完成任务必须执行的基本动作（如双击鼠标左键、按回车键等）。操作不能再被分解，在 GOMS 模型中它们是原子动作。一般情况下，假设用户执行每个操作的时候需要一个固定的时间，并且这个时间间隔是上下文无关的（如点击一下鼠标按键需要 0.20 秒的执行时间），即操作花费的时间与用户正在完成什么样的任务或当前的操作环境没有关系。

（3）方法

方法是描述如何完成目标的过程。一个方法本质上来说是内部的算法，用于确定子目标序列及完成目标所需要的操作。如在 Windows 操作系统下关闭一个窗口有两种方法：可以从菜单中选择 CLOSE 菜单项，也可以按 ALT+F4 键。在 GOMS 中，这两个子目标的分解分别称为 CLOSE 方法及 ALT+F4 方法。下面给出了 GOMS 模型中关闭窗口这一目标的方法描述。

```
GOAL:  CLOSE-WINDOW
      [ select GOAL:  USE-MENU-METHOD
                     MOVE-MOUSE-TO-FILE-MENU
                     PULL-DOWN-FILE-MENU
                     CLICK-OVER-CLOSE-OPTION
             GOAL:  USE-ALT-F4-METHOD
                     PRESS-ALT-F4-KEYS ]
```

（4）选择规则

选择规则是用户要遵守的判定规则，以确定在特定环境下所使用的方法。当有多个方法可供选择时，GOMS 并不认为这是一个随机的选择，而是根据特定用户、系统的状态和目标的细节来尽量预测最可能使用哪个方法。

例如，名为 Sam 的用户在一般情况下从不使用 ALT+F4 方法来关闭窗口，但在玩游戏时需要使用鼠标，而使用鼠标不便于关闭窗口，所以要使用 ALT+F4 方法。GOMS 对此种选择规则的描述如下：

用户 Sam：

```
Rule 1：Select USE-MENU-METHOD unless another
        rule applies
Rule 2：If the application is GAME,
        select ALT-F4-METHOD
```

下面给出一个基于 GOMS 的完整实例，以下所示是一个任务 EDITING 的 GOMS 描述，描述了使用文字编辑器对文档进行编辑修改的操作 [John and Kieras 1996]。需要注意这里子目标和选择规则的使用，这些在下面将要介绍的击键层次模型中是不存在的。

```
GOAL:  EDIT-MANUSCRIPT
     GOAL:  EDIT-UNIT-TASK … repeat until no more unit tasks
          GOAL:  ACQUIRE-UNIT-TASK
               GOAL:  GET-NEXT-PAGE … if at end of manuscript page
               GOAL:  GET-FROM-MANUSCRIPT
          GOAL:  EXECUTE- UNIT-TASK … if a unit task was found
               GOAL:  MODIFY-TEXT
                    [ select:  GOAL: MOVE-TEXT* … if text is to be moved
                            GOAL:  DELETE-PHRASE … if a phrase is to be deleted
                            GOAL:  INSERT-WORD ] … if a word is to be inserted
                    VERIFY-EDIT
```

结合上例，简要介绍一下 GOMS 模型的应用。这里主要介绍任务的描述与分解过程，具体如下：

1）选出最高层的用户目标，实例中 EDITING 任务的最高层目标为 EDIT-MANUSCRIPT。

2）写出具体的完成目标的方法，即激活子目标。实例中 EDIT-MANUSCRIPT 的方法是完成目标 EDIT-UNIT-TASK，这同时也激活了子目标 EDIT-UNIT-TASK。

3）写出子目标的方法。这是一个递归过程，一直分解到最底层操作时停止。从实例的层次描述中可以了解到如何通过目标分解的递归调用获得子目标的方法，如目标 EDIT-UNIT-TASK 分解为 ACQUIRE-UNIT-TASK 和 EXECUTE-UNIT-TASK 两个子目标，并通过顺序执

行这两个子目标的方法完成目标 EDIT-UNIT-TASK。然后通过递归调用，又得到了完成目标
ACQUIRE-UNIT-TASK 的操作序列，这样这层目标也就分解结束。而目标 EXECUTE-UNIT-
TASK 又得到了子目标序列，因此还需要进一步分解，直到全部成为操作序列为止。

　　从上面实例可以看出，当所有子目标实现后，对应的最高层的用户目标就得以实现。属
于同一个目标的所有子目标之间可以存在多种关系，而对 GOMS 表示模型来讲，一般子目标
之间是一种顺序关系，即目标是按顺序完成的，但如果子目标用 "select："限定，如上例中
MODIFY-TEXT 目标的实现，则多个子目标（或方法）之间是一种选择关系，即多个子目标
只完成一个就可以。对 GOMS 来讲，可以根据用户的具体情况通过选择规则进行设定。如果
没有相应的规则，则一般根据用户的操作随机选择相应的方法。

　　作为一种人机交互界面表示的理论模型，GOMS 是人机交互研究领域内少有的几个广为
人知的模型之一，并被称为最成熟的工程典范，该模型在计算机系统的评估方面也有广泛应
用，并且一直是计算机科学研究的一个活跃领域。

2. GOMS 模型分析

　　GOMS 模型的主要优点是能够相对容易地对不同界面或系统进行比较分析，并已被成功
地应用于很多不同系统之间的比较。其中，最著名的是 Ernestine 项目。该项目的目的是确定
一个根据人类工程学理论设计的新型工作站是否能提高电话接线员的效率 [Card et al 1983]。
研究人员分析了操作员使用原有系统执行任务的情况，从中搜集了各种经验数据，然后使用
相同的任务集对新系统进行了 GOMS 分析，再把两类数据相比较。

　　然而，研究结果与人们的直觉不符。在比较了预测数据和经验数据后，研究人员发现，
有几项任务的执行时间反而延长了。通过分析，他们发现这是因为有些操作必须在与客户交
谈的同时进行，而不是在交谈完成之后。原有系统能够做到这一点，但在新系统中操作员只
能在结束了与客户的对话之后才能执行这些操作，所以延长了执行任务的总时间。由此，研
究人员得出结论：新系统无法提高操作员的工作效率，并建议电话公司不要购买这个效率更
低的新工作站。

　　GOMS 模型也有其局限性。首先，从它的表示方法来看，一旦某个子目标由于某种错误
而异常终止（这种错误可能是用户选择错误，也可能是操作错误，甚至是系统错误等），导致
子目标无法正常实现，那么系统将无法处理。这是由于 GOMS 假设用户完全按一种正确的方
式进行人机交互，缺乏对错误处理过程的清晰描述。实际上，即使是专家用户也可能犯错。
更为重要的是，它没有考虑系统的初学者和偶尔犯错误的中间用户，而人机交互的目标就
是要使系统对最大数量的用户可用，因此需要进一步拓展该模型的表示能力以支持这种错
误处理。

　　其次，GOMS 方法很难（有时甚至不可能）预测普通用户的具体表现，因为存在许多不
可预测因素，如用户的个体差异、疲劳、精神压力、学习效应、社会和机构因素等。例如，
大多数用户不是按顺序执行任务，而是同时进行多项任务，并且需要处理各种中断，如与其
他人交谈等。

　　再次，预测模型只能预测可预测的行为，适用于比较不同执行方式的有效性，尤其适合

于分析简单、明确的任务。若大多数用户的操作方式是不可预测的，我们就不能使用这个方法评估系统的实际应用情况。

从上面的描述中也可以看出，GOMS 对任务之间的关系描述过于简单，只有顺序关系和选择关系，事实上任务之间的关系还有很多种，这也限制了它的表示能力，另外选择关系通过非形式化的附加规则描述，实现起来也比较困难。

除此之外，由于 GOMS 把所有的任务都看作是面向目标的，而忽略了一些任务所要解决的问题本质以及用户间的个体差异，它的建立不是基于现有的认知心理学，因而无法代表真正的认知过程。

GOMS 的理论价值不容忽视，但由于存在着上述局限，还需要对它进行一定程度的扩展，并结合其他的建模方式，以更好地应用于人机交互领域。更多有关 GOMS 研究和应用的综述文章，请参考 [Olson and Olson 1990]。

8.2.2　击键层次模型

与 GOMS 模型不同，击键层次模型（KLM）可对用户执行情况进行量化预测，能够比较使用不同策略完成任务的时间。量化预测的主要好处是便于比较不同的系统，以确定何种方案能最有效地支持特定任务。

1. 击键层次模型的内容

Card 等人在 KLM 模型上施加的约束是 KLM 模型只能应用到一个给定的计算机系统和一项给定的任务。同时，与 GOMS 模型类似，KLM 的应用要求任务执行过程中不出现差错，并且完成任务的方法事先已经确定。可以这样说，KLM 能够用来预计任务无差错执行的时间。

KLM 模型由操作符、编码方法、放置 M 操作符的启发规则组成。以下对它们进行详细介绍。

（1）操作符

操作符定义见表 8-1。在开发击键层次模型的过程中，Card 等人分析了许多关于用户执行情况的研究报告，提出了一组标准的估计时间，包括：执行通用操作的平均时间（如按键、点击鼠标的时间），其他交互过程的平均时间（如决策时间、系统响应时间等）[Card et al 1983]。考虑到用户不同的打字技能，所列的时间为平均时间。

表 8-1　KLM 模型中各操作符的执行时间

操作符名称	描　述	时间（秒）
K	按下一个单独按键或按钮	0.35（平均值）
	熟练打字员（每分钟键入 55 个单词）	0.22
	一般打字员（每分钟键入 40 个单词）	0.28
	对键盘不熟悉的人	1.20
	按下 shift 键或 ctrl 键	0.08
P	使用鼠标或其他设备指向屏幕上某一位置	1.10
P_1	按下鼠标或其他相似设备的按键	0.20
H	把手放回键盘或其他设备	0.40
D	用鼠标画线	取决于画线的长度

（续）

操作符名称	描　述	时间（秒）
M	做某件事的心理准备（例如做决定）	1.35
R(t)	系统响应时间——仅当用户执行任务过程中需要等待时才被计算	t

依据表 8-1，我们只需列出操作次序，然后累加每一项操作的预计时间，即可对某项任务的执行时间进行预测。

（2）编码方法

Card 等人描述的编码方法用来定义如何书写包含在任务中的操作符。例如，对执行 DOS 下的 "ipconfig" 命令的操作符序列，使用普通表达版本的编码如下（中括号中的内容用来描述）：

MK[i]K[p]K[c]K[o]K[n]K[f]K[i]K[g]K[回车]

此外，他们还定义了一个简略版本。同样针对上述命令，使用简略表达版本的编码为：

M9K[ipconfig 回车]

对一个平均技能的打字员来说，通过两者编码计算出的任务执行时间都是：

$1.35 + 9 \times 0.28 = 3.87s$。

又如，在 Microsoft XP 操作系统下点击网络连接图标，然后在弹出的菜单中选择修复选项。假设当前用户的手放置在键盘上，则这一任务的 KLM 编码为：

H[鼠标]MP[网络连接图标]P_1[右键]P[修复]P_1[左键]

这一任务的执行时间为 $0.40 + 1.35 + 2 \times 1.1 + 2 \times 0.2 = 4.35s$

上面两个例子假设用户开始执行任务时的位置为命令行界面或者图形用户界面。这两个例子表明基于键盘的 DOS 命令比基于菜单的方法高效。

又如，使用字处理器（如 MS Word）在英文句子 "Running through the streets naked is normal." 中插入单词 "not"，使之成为：

Running through the streets naked is not normal.

为了计算任务时间，我们需要考虑用户会怎么做。假设用户已经阅读了这个句子并准备修改句子。首先，用户需要考虑应选择何种方法，这是一个思维操作（M）。接着，准备使用鼠标，这是一个复位操作（H）（即伸手触及鼠标）。接下来的步骤依次是：把光标定位在单词 "normal" 之前（P），点击鼠标（P_1），把手从鼠标移至键盘（H），考虑需要输入哪些字符（M），输入字母 "n"、"o" 和 "t"（3 次 K），再键入 "空格"（K）。

上述操作过程使用普通表达版本的编码如下：

MH[鼠标]P[normal 前]P_1H[键盘]MK[n]K[o]K[t]K[空格]

当时间由许多部分组成时，快捷的方法是把相同的操作组织在一起，即使用简略表达版本。在上例中，可采用以下计算方法：

$2M + 2H + P + P_1 + 4K = 2.70+0.80+1.10+0.20+0.88 = 5.68s$

对在句子中插入一个单词而言，5 秒钟似乎太长，尤其是对于熟练打字员。在计算之后重新检查决策是一个好方法。我们可能会想，为什么在输入字母 n、o、t 之前要进行思维准备，而在执行其他操作之前不需要这个过程呢？这个思维准备是否必要？或许根本就不需要。那么如何确定是否需要在具体操作之前引入一个思维过程呢？

确定哪些操作之前需要引入一个思维过程是使用击键层次模型的主要难题。在某些情况下，思维过程是很明显的，尤其当任务涉及决策时，但在其他情况下就未必存在。另外，正如用户的打字速度可以不同，他们的思维能力同样也存在差别，这可能引起 0.5 秒，甚至超过 1 分钟的误差。先选择类似的任务进行测试，把预测时间和实际执行时间进行比较有助于克服这些问题。此外，也必须确保决策方法是一致的，即在比较两个原型时，应对每一个原型使用相同的决策方法。以下将介绍有关 M 操作符的使用规则。

（3）放置 M 操作符的启发规则

表 8-2 所列启发规则为认知操作符的管理方法 [Card et al. 1983]，可基于此确定 M 操作符的使用数量。

表 8-2　放置 M 操作符的启发规则

以编码所有的物理操作和响应操作为开端。接着使用规则 0 放置所有的候选 M 操作符，然后循环执行规则 1 到 4，并对每一个 M 操作判断是否应该删除	
规则 0	在所有 K 操作符前插入 M 操作符，要求 K 操作的值不能是参数字符串（如数字或文本）的一部分。在所有的对应于选择命令（非参数）的 P 操作符前放置 M 操作
规则 1	如果某个操作符前的 M 操作完全可以由 M 之前的操作符预测，则删除 M（如 PMK—PK）
规则 2	如果一串 MK 组成的字符串是一个认知单元（如一个命令的名字），则删除第一个 M 以外的所有 M
规则 3	如果 K 是一个冗余的终结符（如紧跟在命令参数终结符后面的命令终结符），则删除 K 之前的 M
规则 4	如果 K 是常量字符串（如一个命令名）的终结符，则删除 K 之前的 M。如果 K 是变量字符串（如参数字符串）的终结符，则保留 K 之前的 M

2. 击键层次模型的局限性

正如 Card 等人的初衷，KLM 模型高度关注人机交互方面，其目的是为执行标准任务的时间进行建模。但 KLM 没有考虑如下问题：错误、学习性、功能性、回忆、专注程度、疲劳、可接受性。

不过 Card 等人指出，虽然 KLM 模型没有考虑用户出错的情况，但是如果知道弥补方法，KLM 模型同样可以预测执行弥补任务的时间。

对 KLM 的后续研究丰富了模型，并将感知、记忆和认知加入到原始的 6 个操作符中，从而增强了 KLM 作为设计工具的建模能力。Olson 等 [Olson and Olson 1990] 总结了 KLM 操作符的扩展集合，见表 8-3。表 8-3 中所列时间为多项研究成果的平均数。

表 8-3　击键层次模型操作符的扩展集合

击　键	230μs	击　键	230μs
将鼠标对准目标	1500μs	检索记忆	1200μs
用手拿鼠标	360μs	心理准备	70μs
感知	100μs	选择一种方法	1250μs
眼睛扫视	230μs		

3. 击键层次模型的应用

John 和 Kiers[John and Kieras 1996] 提供了一些关于现实世界中 KLM 支持交互设计的研究案例。这些案例的范围很广，如施乐公司将 KLM 作为代理用户来比较系统的性能，贝尔实验室用 KLM 来确定数据库检索的有效方法。在所有的案例中，KLM 在交互设计的早期阶段为用户性能估计提供了有效、准确的模型。

（1）案例 1（鼠标驱动的文本编辑应用）

在 Xerox Star 研发过程中，仅有几种基于鼠标的文本选择机制，每种机制需要的鼠标按钮数也不同。设计者主要考虑减轻对鼠标的学习压力，并希望尽可能减少鼠标按钮的数目，同时他们希望能够为专家用户提供足够的鼠标功能。

由于当时鼠标是一种新型设备，还不存在真正的专家用户，这就增加了在多个设计方案中做决定的困难性。研究者将 KLM 模型计算得到的数据作为专家用户的使用数据，并将新用户使用鼠标过程中获得的经验数据和从 KLM 计算执行相同任务得到的数据进行比较，从而解决了不存在真正专家用户的困难。因此，设计者在新用户的学习能力和提供给专家用户的功能之间进行权衡。

（2）案例 2（查号工作站）

1982 年，贝尔实验室"人性因素"（Human Factors）小组的成员使用 KLM 分析了贝尔系统查号工作站的操作员的使用流程，以获得对该流程效率的实验数据。当时普遍的想法是使用尽可能少的输入，并从存储用户姓名和电话号码的数据库中得到尽可能多的结果。这种想法被称为"少量输入—大量结果"。

通过分析当时数据库并提取一组标准查询，然后应用参数化的 KLM 模型计算这组标准查询的时间，最终证明当时的想法是错误的。KLM 阐明了查询过程中的输入数与查询返回结果数之间的折中。最终使得查号操作员的查询输入变得相对较长。

8.2.3 Fitts 定律

从表面上看，本章开头提到的例子似乎和人机交互毫不相关。实际上，交互式系统界面中常常含有各种各样的交互组件，如菜单、图标等。用户在与系统交互的时候需要频繁地在屏幕范围内移动鼠标以激活按钮、图标等屏幕元素，因此，用户访问这些组件的时间对系统的使用效率是至关重要的。那么，究竟哪些特性会对组件访问的效率产生影响呢？

1954 年，时任美国空军人机工程学主任的 Paul M. Fitts 博士在对人类的运动特征、运动范围和运动准确性等因素进行分析的基础上最先发现了其中的道理，并提出了能够预测某种定位设备指向某个目标所需时间的著名的 Fitts 定律，使人们在设计屏幕组件的位置、大小和密集程度，以及考虑用户使用指点设备进行操作时的可用性问题等时有了更加科学的依据，这对用户界面的设计具有显著的指导意义。

1. Fitts 定律的内容

Fitts 定律描述了人类运动系统的信息量，被认为是"最健壮并被广泛采用的人类运动模型之一"[MacKenzie 2003]。定律认为：如果一个任务的困难程度可等价于"信息"，那么用户完成任务的速率即可等价于人类信息处理系统的"信息量"。任务速率可用于计算吞吐量。换言之，如果我们知道一个动作的难度和执行该动作的速率，通过计算难度除以速率的商，就可以得到表示人类执行能力的值。设计者使用这种计算方法能够设计更加有效的界面。

Fitts 定律主要定义了如下三个指标：

1）困难指数 ID（Index of Difficulty）。ID 是对任务困难程度的量化，主要与目标宽度和到目标的距离有关。

2）运动时间 MT（Movement Time）。MT 是在困难指数 ID 的基础上对任务完成时间的量化。与 ID 类似，MT 系数也取决于输入设备类型等特定的实验环境。

3）性能指数 IP（Index of Performance）。有时也称吞吐量 TP（ThroughPut），用于描述执行任务的时间和任务困难程度间的关系。

Fitts 定律主要基于 Fitts 发表的两篇极具影响力的论文 [Fitts 1954] 和 [Fitts and Peterson 1964]。在第一篇文章中，Fitts 提出了一个称为"轮流轻拍"的实验。实验要求用户在两个 6 英寸高的薄板之间来回轻拍（见图 8-1），并对拍中和失误的情况进行记录。实验中要求用户"尽可能准确而非快速地轮流轻拍两个薄板"。Fitts 测试了在不同薄板宽度和薄板距离的情况，选取的薄板宽度 W 分别为 2 英寸、1 英寸、0.5 英寸和 0.25 英寸，两个薄板之间的中心距离分别为 2 英寸、3 英寸、8 英寸和 16 英寸。

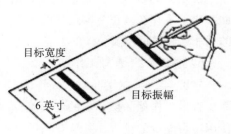

图 8-1　"轮流轻拍"实验的示意图

基于上述实验数据，Fitts 总结出了访问目标任务的困难指数 ID 可以使用公式（8-1）量化：

$$ID = \log_2（2A/W）\tag{8-1}$$

其中，A 是振幅（与目标的距离），W 为目标宽度。

后来，MacKenzie 对公式（8-1）进行了如下改写 [MacKenzie 1989]：

$$ID = \log_2（A/W+1）\tag{8-2}$$

改写后的公式（8-2）一方面更加与观察数据相符，另一方面也精确地模拟了支撑 Fitts 定律的信息论。同时，还能够保证任务困难指数的取值总是整数。

运动时间的计算公式如下，其中常数 a 和 b 来自对实验数据的线性回归。

$$MT = a + b * \log_2（A/W+1）\tag{8-3}$$

由公式（8-3）可以看出，移向屏幕的某个目标所用的时间与以下两个因素有关：

1）设备当前位置和目标位置的距离（A）。距离越长，所用时间越长。

2）目标的大小（W）。目标越大，所用时间越短。

图 8-2　Fitts 定律中相关参数示意

从公式（8-3）可以看出应用大尺寸按钮的界面要比带有密集的小尺寸按钮的界面易于使用的原因。同时，根据 Fitts 定律也可以推断出，由于屏幕边界的"限制性"——无论如何移动鼠标都不可能超出屏幕范围——因此可以认为处于屏幕边缘的菜单的外边界在无穷远处，在用户将光标移至菜单处的过程中不必非常仔细地定义菜单位置。换言之，屏幕四周是屏幕上用户最容易进行定位的地方。遗憾的是，正如 Tog 在 AskTog 网站上所指出的那样，交互设计人员似乎还没有充分认识到这一点。不过微软在 Win7 系统中将返回桌面图标由开始菜单旁边的任务栏移到了屏幕的右下角，可谓是该定律的一个良好应用。

小结一下，Fitts 定律对交互设计给出了如下建议：

1）大目标、小距离具有优势。

2）屏幕元素应该尽可能多地占据屏幕空间（同时需要考虑其他的设计约束，如基于空白区域的分组）。

3）最好的像素是光标所处的像素，因为鼠标移动的距离最短（因此使用鼠标右键激活的弹出菜单比下拉菜单使用方便，但是具有可见性限制）。

4）屏幕元素应该尽可能地利用屏幕边缘的优势（随着屏幕边缘的延伸，处于屏幕边缘的屏幕元素具有无穷大的宽度）。

5）大菜单（如饼型菜单）比其他类型的菜单容易使用。

基于 ID 和 MT，我们可以很容易地计算完成给定任务的人类运动神经系统的信息量，即吞吐量 TP。见公式（8-4）。

$$TP=ID/MT \tag{8-4}$$

此外，TP 也可以简单地基于线性回归函数的斜率的倒数获得（详细讨论请参见 [Accot and Zhai 2003]），如公式（8-5）：

$$TP=1/b \tag{8-5}$$

在应用 Fitts 定律时需要注意如下几点：

1）如果 MT 的计算单位是秒，则 a 的测量单位是秒，b 的测量单位是秒 / 比特（ID 的测量单位是比特）。

2）系数 a（截距）和 b（斜率）是经验数据，依赖于指点设备的物理特性，以及操作人员和环境等因素。对一般性的计算，可以使用 a=50，b=150（单位是毫秒）[Raskin 2000]。

3）A 和 W 在距离测量单位上必须保持一致，但是不需要说明使用的具体单位。

4）对于一维任务（严格的垂直或水平运动），宽度需要沿着运动轴进行测量（垂直或水平）。

2. Fitts 定律的应用

Fitts 定律在交互式系统设计中的主要作用是提高软件系统的可用性。更确切地说，它主要用于提高系统可用性指标中的效率指标，即帮助用户能够以更快的速度完成某个操作或任务。当前，人机交互中使用到的指点设备主要是鼠标和轨迹球，而目标则是指用户所要操作的对象，比如按钮、菜单等界面上的可视元素。Card 等 [Card et al 1983] 比较了使用鼠标、方向键和文本键等主要指点设备选择文本任务的运动时间，以及使用手写笔、手指等执行相同任务的时间。结果发现鼠标的定位时间和正确率都要优于其他设备；速度方面鼠标大约比最快速度慢 5%，而游戏手柄则要慢 83%。Card 等认为，导致这一现象的原因是鼠标将手的运动映射为光标的运动比其他设备需要的转换次数要少，因此降低了使用鼠标的认知负荷和错误率。或者也可以认为使用鼠标进行指点的动作比使用其他设备更加协调。

Fitts 定律告诉我们，要缩短到达目标的时间可以采取两种措施：一是缩短到目标的距离，二是增大目标的大小。下面我们将结合一些已有软件设计中的例子来说明这两种方法。

（1）缩短当前位置到目标区域的距离

右键菜单技术（或上下文菜单）是采取这种思路的一个很好的例子。为了弹出这种菜单，用户只要将鼠标指针移动到需要对其进行操作的某个对象所占据的区域中并单击右键即可。而在一般情况下，这个移动的距离要远小于将鼠标指针移动到应用程序主题窗口顶部的下拉菜单区域。

　　在浏览某网站的主页时，如果想将本页内容打印出来，一种方法是将鼠标指针移动到浏览器窗口顶部的下拉菜单区并单击"文件"菜单，然后单击其中的"打印"菜单项。如果当前鼠标指针就位于所浏览的页面上，可以不用移动鼠标，而是直接单击右键（假定鼠标指针不在某个超链接文字或图片上），就可以得到一个如图 8-3 所示的上下文菜单，并可在其中选择"打印"菜单项。显然，后面这种调出菜单的方法更快，因为在大多数情况下，这个移动距离是 0（如果鼠标指针不在任何超链接文字或图片上），或者仅需要把鼠标指针从一个超链接元素上移开所需的那么一点点距离。

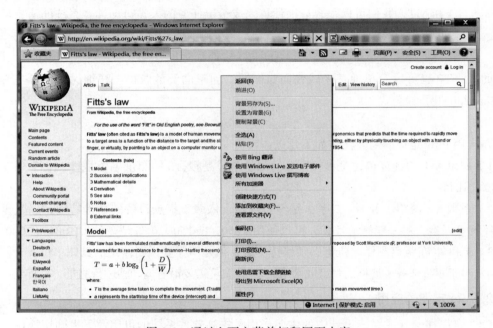

图 8-3　通过上下文菜单打印网页内容

（2）增大目标大小以缩短定位时间

　　这方面最经典的例子是 Windows 操作系统和 Macintosh 操作系统中的应用程序菜单区域位置的设计。实际测试和理论计算结果都表明，在使用 Macintosh 时，用户点击某个菜单所需的平均时间要比 Windows 快 0.4 秒 [Raskin 2000]。

　　为什么会有这样的结果呢？这是因为 Macintosh 中用户当前正在使用的应用程序的下拉菜单条被设计成位于屏幕的顶部（见图 8-4）。这样，当用户在垂直方向上移动鼠标指针以便定位到菜单区域的时候，可以等效地认为目标区域是该下拉菜单条区域及其上方，即屏幕上方的所有区域，这是由于屏幕的边界在物理上限制了鼠标指针不能再向上移动了，因此我们可以等效地认为目标区域变大了。实际上，这个等效的目标区域在垂直方向大小的最大值可以认为是无穷大。如果使用公式（8-3）来计算，可以看出，当 W 等于无穷大时，可以使得所需时间达到最小值。从用户实际的操作体验来看，他们可以用非常快的速度将鼠标指针向上移动，而不必担心滑过下拉菜单区域，因为它会被屏幕的边界挡住。

反观图 8-5 所示的 Windows 操作系统，应用程序的下拉菜单区域总是位于应用程序主窗口标题栏的下方，是一个高度大约为 16 个像素的条状区域。根据 Fitts 定律，它在垂直方向上的大小就是 16 个像素。同 Macintosh 上的无穷大相比，这样的目标区域当然就会需要更多的时间来将鼠标指针准确地移动并停止到它上面。

图 8-4　Macintosh 操作系统的菜单栏

图 8-5　Windows 操作系统的菜单栏

Raskin 发现用户往往在距离屏幕边缘 50 毫米后停下鼠标，因此他使用 50 毫米作为 Macintosh 操作系统的菜单宽度。他计算得到的 Windows 操作系统的菜单宽度为 5 毫米，同时使用 80 毫米作为 14 英寸平板屏幕上光标与菜单的距离。

使用上述基准参数，使用 Fitts 定律进行分析的结果如下所示：

$ID_1 = 50 + 150 \log (80/50+1) = 256 \ \mu s$（Macintosh 操作系统）

$ID_2 = 50 + 150 \log (80/5+1) = 603 \ \mu s$（Windows 操作系统）

苹果公司已经为这个设计申请了专利。这个例子也给我们这样的启发：除了鼠标指针的当前位置之外（即上下文菜单的情况），屏幕的四周是最好的定位区域，用户总是能以最快的速度准确地到达那里。

仔细分析图 8-2 不难看出，如果目标区域是一个长方形，那么长方形的宽度会对鼠标指针在水平移动时的时间产生影响，而其高度则会对鼠标指针在垂直移动的时间产生影响。在以上有关 Macintosh 和 Windows 应用程序菜单位置的例子中，两者的主要区别是目标区域的高度。下面就来看一个目标区域宽度对操作时间产生影响的例子。

Macintosh 的另一个贡献在于 Dock 工具栏（见图 8-6）。当鼠标移动到某个按钮时，按钮相应就会变大，从而使用户更容

图 8-6　Macintosh 操作系统的 Dock 工具栏

易选择。当然，增大按钮的做法并不是在所有的情况下都可行，因为屏幕空间是有限的。如果功能太多，就不可能在有限的空间里以较大尺寸显示全部按钮，这是一个需要作出权衡的问题。Accot 和 Zhai[Accot and Zhai 2003] 也在工作中论述了 Macintosh 操作系统设计的优势。

最后，Fitts 定律不仅可用于指导桌面应用开发中的屏幕布局，它对基于移动设备的交互系统开发同样具有指导作用。由于这些设备的屏幕通常较小，因此放置图标和按钮等交互组件的空间就更加有限。为找出通过手机键盘（12 键）输入文本的最佳方法，研究人员使用 Fitts 定律预测了用户使用不同方法输入文本的速度 [Silfverberg et al 2000][O'Riordan et al 2005]，进而确定了手机的按键大小、位置和执行任务的按键次序等特性，并得以在设备大小和使用的精确度之间作出有效折中。

8.3 动态特性建模

8.3.1 状态转移网络

状态转移网络（State Transition Network，STN）用于描述用户和系统之间的对话已经有很多年的历史，它的第一次使用可以追溯到 20 世纪 60 年代后期 [Newman et al 1969]，在 20 世纪 70 年代后期开发为一种工具 [Wasserman 1985]。STN 可被用于探讨菜单、图标和工具条等屏幕元素，还可以展示对外围设备的操作。状态转移网络最常用的形式是状态转移图（State Transition Diagram，STD）。状态转移图是有向图，图中的结点表示系统的各种状态，图中的边表示状态之间可能的转移。

STN 中的状态（用圆圈表示）之间通过转移（用带方向箭头的线段表示）互相连接。转移被事件（转移线段上的标记）触发。同时 STN 中有两个伪状态——开始状态和结束状态。这两个状态是 STN 的起始和终止，它们可以与系统的其他部分相连接。图 8-7 为一个状态转移图示例。

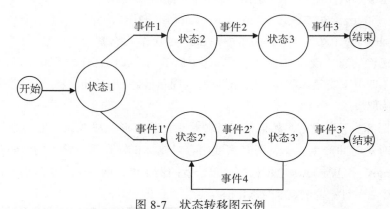

图 8-7　状态转移图示例

STN 既适合表达用户选择等顺序操作，也适合表达循环操作。如图 8-7 中，事件 1 使用户从状态 1 到达状态 2，事件 4 使用户从状态 3' 返回状态 2'。

STN 还可以表示手柄、鼠标等外围设备的操作。这样做可以帮助设计者确定特定的设备在应用中是否合适，还可以指导用于新型界面的指点设备的开发。

设想一个简单的鼠标画图工具有一个菜单，其中有两个选项："circle"（画圆）和 "line"（画线）。如果选择 "circle"，可以在平面上的两个点进行点击，第一个点是圆的圆心，第二个点在圆的圆周上。在点击第一个点之后，系统在这个点和当前鼠标位置之间画了一条"橡皮带"直线，在点击第二个点之后，画出圆。

"line"选项对应画折线的功能。也就是说，用户可以选择平面上任意数量的点，系统用直线连接这些点，最后一个点用鼠标的双击表达。系统再一次在相继两个鼠标点位置之间用"橡皮带"连接。

图 8-8 显示了描述这个工具的状态转移网络（STN）。图 8-8 中每个圆圈表达一个系统可能的"状态"。如 Menu 是一种状态，在此期间系统等待用户选择"circle"或者"line"。Circle 2 是一种状态，这是一种用户输入圆心后等待圆周上点的状态。

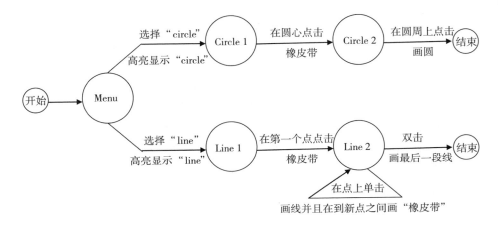

图 8-8　鼠标画图工具的状态转移图

状态之间的箭头叫做转移。这些转移用触发转移的用户动作以及系统的响应作为标记。如状态 Circle 1 是系统等待用户选择圆心的状态。如果用户选了一个点，系统转移到状态 Circle 2，并且系统在随后的鼠标位置和圆心之间画出一条"橡皮带"。从这个状态，用户可以点击另外一个点，随后系统画出一个圆，转移到了结束状态。从这里可以看到，STN 能够表达用户动作和系统响应的顺序。

在状态 Circle 1 的时候，用户没有其他选项，仅有一个跟随的状态，对应选择一个点。而在某些状态，用户有几个选择。例如，在状态 Menu，用户可以选择"circle"，这样系统转移到状态 Circle 1；用户也可以选择"line"，这样系统转移到状态 Line 1。也就是说，STN 能够描述用户的选择。

在状态 Line 2 也有两个选择：用户或者双击一个点完成画折线，系统转移到结束状态；或者单击一点，在折线绘画中添加一个新点。在后一种情况中，转移回到了状态 Line 2，这表示迭代，系统在状态 Line 2 接受任意数量的点加入折线，直到用户双击一个点为止。

迭代不代表只能涉及一个状态。上面的状态转移图表达的对话只允许画一个圆，预先假定每画一个圆都必须通过菜单选择"circle"选项。假设改变对话设计，选择一次"circle"改为画任意多个圆。这样从状态 Circle 2 回转到状态 Circle 1 能画一条弧线。这样的安排有一些问题，读者可自行思考。值得注意的是，上文中我们已经使用 STN 讨论了不同的对话选项。

8.3.2 三态模型

指点设备可以使用被称为三态模型 [Buxton 1990] 的特殊 STN 图示来表示所具有的特殊状态，即跟踪运动、拖动运动和无反馈运动。其中：

- 无反馈运动（S0）——某些指点设备的运动可以不被系统跟踪，如触摸屏上的笔和手指。一段无反馈运动之后，指点设备可以重新位于屏幕上的任意位置。
- 跟踪运动（S1）——鼠标被系统跟踪，鼠标被表示为光标位置。
- 拖动运动（S2）——通过鼠标拖放，可以操纵屏幕元素。

三态模型能够揭示设备固有的状态和状态之间的转移。交互设计者使用设备的三态模型帮助确定任务和设备的相互关系，并为特定的交互设计选择合适的 I/O 设备。不具有特定任务所需的状态的设备在设计过程的初期就被排除在外。

图 8-9 为鼠标的三态模型。用户可以拖动鼠标，系统会跟踪鼠标运动并通过更新光标反映鼠标的位置和运动速度，这是状态 1——跟踪状态。如果光标处在一个文件夹图标上，这时用户可以按下鼠标键（Windows 平台下是鼠标左键）并移动鼠标，文件夹图标会在屏幕范围内被拖动，这是状态 2——拖动状态（拖动通常会跟随着鼠标键松开动作，鼠标键松开后图标会重新处于光标所处的屏幕位置）。鼠标的放置操作使模型返回到跟踪状态。拖动状态到跟踪状态之间的动作被定义为拖放操作。

图 8-10 是触摸板的三态模型。当用户的手指不接触触摸板时，系统不会跟踪手指的运动，这是状态 0——范围之外（Out of Range，OOR）。一旦手指接触触摸板，系统开始跟踪手指运动。因此，触摸板包括状态 0—状态 1 转移。

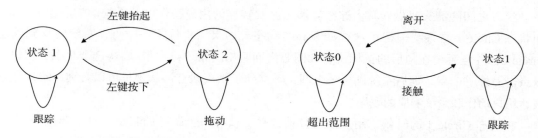

图 8-9　鼠标的三态模型　　　　　　图 8-10　触摸板的三态模型

在没有其他组件配合（如用户使用另一只手指按下某个按钮）的条件下，触摸板没有状态 2。由此可以看出，三态模型可以很清楚地表达对其他组件的配合要求。

现在考虑与图形输入板相连接的手写笔或用于某些特定屏幕的光笔。手写笔或光笔可以离开屏幕自由地移动，并不影响屏幕上的任何对象——状态 0。一旦用户将手写笔接触到屏幕，手写笔的移动会被跟踪——状态 1。手写笔或光笔还可以选择屏幕上的对象，并且拖动它们在屏幕上移动——状态 2。状态 2 可以通过多种方法实现，如压力敏感的笔尖或笔上嵌入的按钮等。因此手写笔或光笔可以认为是具有上述所有三个状态的设备。图 8-11 是手写笔的三态模型。

事实上，鼠标也可以从鼠标垫或桌子上拿起，因此它同触摸板、光笔和触摸屏一样，也具有状态 0 和状态 0 相关的转移。然而尽管 Mackenzie[MacKenzie 1989] 支持这一观点，但

Buxton[Buxton 1990] 仍坚持认为系统没有注册"鼠标拿起"事件，因此鼠标拿起这种状况是未定义的。

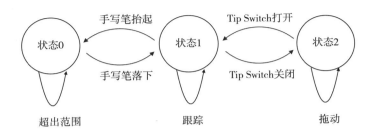

图 8-11　手写笔的三态模型

为了讨论方便，我们认为鼠标、触摸板和手写笔一样具有状态 0 对应的转移。值得注意的是，即便如此，这些设备状态 0 下的行为还是有差异的：对鼠标和触摸板，系统使用一个跟踪对象（光标）保存鼠标被拿起前的位置和手指离开触摸板前的位置。当设备重新参与到系统中，无论用户将鼠标放置在何处或是用户使用手指碰触触摸板的哪个位置，光标仍然保持它原来的位置，即鼠标和触摸板重新参与到系统后光标的位置与设备的位置无关。

对于触摸屏和光笔，它们重新参与到系统后的新位置是用户手指和笔的当前位置。在这种情况下，参与到系统后，指示设备当时的位置依赖于设备的位置。因此有两种不同的 S0 定义：位置独立 S0 和位置依赖 S0。

现在指点设备变得更加复杂，如具有多个键的指点设备等。STN 已被用于探讨触摸屏、光笔和触摸板的压力输入等新的应用。MacKenzie 和 Oniszczak[MacKenzie and Oniszczak 1997] 建议使用压力在他们设计的触摸板上执行点击事件。他们的设计还包括听觉反馈和指尖的触觉反馈，指尖的触觉反馈与用户已经习惯的鼠标提供的反馈大体相同。

8.4　语言模型

用户和计算机的交互通常是通过一种语言进行的，因此开发用于表示交互过程的建模语言就显得不足为奇了。巴克斯 – 诺尔范式（Backus-Naur Form, BNF）是这种语言模型的代表，下面简单介绍一下 BNF 的表示规则及使用，以帮助我们理解用户的行为以及分析认知界面的难易程度。

BNF 表示法是被广泛用于说明计算机程序设计语言的语法，许多系统对话也很容易使用 BNF 规则来描述。例如，以下 BNF 表达式描述了一个具有绘制线条功能的图形系统：为了绘制线条，用户必须选择"line"菜单选项。用户在画图区域通过单击鼠标键选择顶点，同时用户可以绘制折线，当用户双击鼠标键时，表示为折线的最后一个顶点。

draw-line :: = select-line + choose-points + last-point

select-line :: = position-mouse + CLICK-MOSUE

choose-points :: = choose-one | choose-one + choose-point

choose-one :: = position-mouse + CLICK-MOUSE

last-point :: = position-mouse + DOUBLE-CLICK-MOUSE

position-mouse :: = empty | MOVE-MOUSE + position-mouse

以上描述中的名称分为两种类型：用小写字母表示的非终止型和用大写字母表示的终止型。终止型名称表示最底层的用户行为，如按一个键、单击鼠标键和移动鼠标等。非终止型名称是较高层次的抽象，由其他非终止型名称和终止型名称定义，其形式为：

name :: = expression

符号"::="读作"定义为"。只有非终止型名称可以出现在定义的左边。右边用两种操作符"+"（序列）和"|"（选择）来构造。例如上面的第一条规则表示非终止型名称 draw-line 定义为 select-line，后面是 choose-points，再后面是 last-point，这些全部是非终止型名称，也就是说并没有具体说明用户的基本动作。第二项规则表示，select-line 定义为 position-mouse（移动到"line"菜单条目），后面是 CLICK-MOUSE。这是第一个终止型名称，表示实际要执行单击鼠标操作。

为了解 position-mouse 是什么，我们观察最后一项规则。该规则表明，position-mouse 有两种可能性（用符号"|"分开）。position-mouse 的一个选项是 empty——一个特殊的符号，代表没有动作。也就是说，其中一个选项是不移动鼠标。另一个选项是完成 MOVE-MOUSE 这一动作，后面是 position-mouse。这项规则是递归的，并且其中的第二个 position-mouse 本身可以是 empty，也可以是完成 MOVE-MOUSE 动作，后面是 position-mouse 等。换句话说，position-mouse 可以是任意数目的 MOVE-MOUSE 动作。

类似地，choose-points 也是递归定义的，可是这一次没有 empty 选项，表示可以是一个或多个非终止型的 choose-one，而 choose-one 本身定义为（类似于 select-line）position-mouse，后面是 CLICK-MOUSE。

交互界面的 BNF 描述可以用各种方法加以分析。一种方法是计算规则的数目。界面需要使用的规则越多，界面就越复杂。这种方法对描述界面的确切方式是相当敏感的，随具体规则描述方式的不同而有所区别，因此不可取。例如，可以用如下定义来代替规则 choose-points 和 choose-one：

choose-points :: = position-mouse + CLICK-MOUSE

                        | position-mouse + CLICK-MOUSE + choose points

一种健壮性较好的方法是计算"+"和"|"操作符的数目。问题是，这样会使比较复杂的单个规则处于不利的地位。如基于该规则，select-line 和 choose-one 的复杂度是一样的。可是，选择一个菜单选项和在作图平面上选择一个点的动作显然不相同，应该区别对待。此外，BNF 定义还可用于计算完成一个具体任务需要多少个基本动作，从而大致估计该任务的复杂程度。

最后，上述 BNF 描述只表示了用户的动作，但没有表示用户对系统响应的感知。令人惊讶的是，这种对输入的偏向在各种认知模型中普遍存在。Reisner 对如何扩展基本的 BNF 描述进行了研究，感兴趣的读者可以参考 [Reisner 1981]。

8.5　系统模型

Z 标记法和 VDM 标记法是现今使用的两个主要规约标记法，它们都可用于对用户界面进行说明。如，Z 标记法已经被用来描述一个编辑器 [Sufrin 1982]、一个窗口管理器和一个称为“表示者”的图形工具 [Took 1990]。本书仅以 Z 标记法为例，对系统模型进行简要说明。不过 Z 标记法本身是一个庞大的规约体系，限于篇幅，本书不对其进行详细介绍，感兴趣的读者可阅读 [Spivey 1988] 获得更多细节。

1. 简单集合

面向模型的标记法是基于集合和函数的。最简单的集合对应编程语言中的标准类型，如实数 R、整数 Z 和自然数 N 等；非标准类型可以定义为新的集合。通过显式列出集合中有限的可能取值就可以定义新的集合。例如，可以定义如下包含所有可能在图形包中使用的几何形状（线、椭圆和矩形）的集合 *Shape_type*，还可以定义一个所有可能按键的集合 *Keystroke* 等。

Shape_type == *Line* | *Ellipse* | *Rectangle*

Keystroke == *a* | *b* | ··· | *z* | *A* | ··· | 9 | *Cursor_left* | ···

还有一些情况不需要给出集合成员的详尽列表，只要简单知道集合的存在就够了，集合的详细内容可以在以后进行描述。为了表示集合的存在而不提供集合内容的定义，我们使用方括号括起集合符号，这样也可以认为它是一个给定的集合。对上例，可以使用如下方式引入集合 Keystroke：[*Keystroke*]

在基本集合的基础上可以建立复杂集合，如有序元组、无序元组、序列和函数等。在 Z 标记法中，已命名无序元组（如 Pascal 编程语言中的记录和 C 语言中的结构类型等）被称作模式。举例来说，空间中的一个点可使用 *x* 坐标和 *y* 坐标表示，换句话说，它是一个实数的二元组（或者有序对），我们可以使用叉乘构造符对其定义如下：

Point == R × R

一个典型的 *Point* 类型的值可记作（1.2，-3.0），一个几何形状可以用其宽度、高度、表达集合中心的点（*Point* 类型）以及描述形状种类（*Shape_type* 类型）的标记符来定义。因此几何形状可以表示为一个四元组：*Shape_type* × R × R × *Point*，或者像下面那样，用 Z 标记法中的模式来定义：模式类型被命名（*Shape*），模式的成员由其名字及其类型组成。

```
┌─ Shape ──────────────
  type : Shape_type
  width : R
  height : R
  center : R
```

定义 *Shape* 后，对任意形状 *s*，可以直接使用 *s.width* 和 *s.center* 来讨论 *s* 的宽度和中心。可以使用如下序列类型来记录用户键盘输入的历史：

History == seq *Keystroke*

表示一个 *History* 类型的对象由任意数量（包括 0 个）的 *Keystroke* 构成。当序列类型的长度固定时，看上去很像 Pascal 中的数组类型。不过，这里使用的数学序列比 Pascal 的数组类型更灵活，因为该序列的长度是可以改变的。此外，两个序列 *a* 和 *b* 可以端对端地连接在一起，形成一个新的序列，记作 $a\hat{\ }b$。此时的序列看上去就像 Lisp 语言中的列表类型。

Z 标记法同样支持对函数的定义，如 sqrt 或者 log 等，它们具有程序语言中标准计算的功能。根据函数使用的上下文，规约中的函数或者由程序级的函数来实现，或者由一个数据结构来实现。接下来，我们就以绘图系统为例说明函数的使用。

当表达用户在使用绘图系统的会话中建立的形状集合时，*Shape* 模式类型不能让我们挑出单个或者多个形状。通过命名一个把形状和标识符之间映射起来的函数，可以表达一组相同的形状：

[*Id*]

Shape_dict = = *Id* → *Shape*

集合 *Id* 是一个标识符集合，用来标记每个形状。我们对标识符具体是什么并不感兴趣，因而采取了简要表示方式。*Shape_dict* 是一个函数，用于将标识符映射到具体形状。例如，若 *id* 是一个有效标识符，那么可以使用 *Shape_dict* 类型的对象 *shapes* 将这个 *id* 映射到一个宽 2.3、高 1.4、中心为（1.2，–3）的矩形。该过程可以表示如下：

shapes(*id*).*type* = Rectangle

shapes(*id*).*width* = 2.3

shapes(*id*).*height* = 1.4

shapes(*id*).*center* =（1.2，–3）

Shape_dict 是一个局部函数，用于将一个集合中的元素映射到另外一个集合的元素上。局部函数不必将源集合中的每个元素都映射到目的集合中的一个元素上。因此，不是每个 *Id* 都是 *shapes* 的一个有效参数。例如，可能有：

dom *shapes* = {5, 1, 7, 4}

这样，除 *shapes*(5)、*shapes*(1)、*shapes*(7) 和 *shapes*(4) 有效外，其他均无效。

2. Zdraw—状态和不变式

通常在定义系统时需要首先定义系统的状态，然后定义作用在状态上的操作符。在 Z 标记法中，状态和操作符使用模式记号写出。如图 8-12 描述了一个简单的绘图系统 Zdraw，它的状态包括了用户已经建立的形状词典（*shapes*），以及当前被选中的形状。相应地，模式 *State* 可以描述如下：

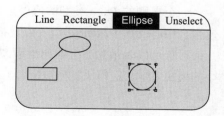

图 8-12　Zdraw—椭圆选项刚刚被选中

```
┌─ State ──────────────────
│ shapes : Shape_dcit
│ selection : P Id
├──────────────────────────
│ selection ⊆ dom shapes
```

模式 *State* 包括两个部分：即中间线的上部和下部。中间线的上部定义了绘图系统的状态，类似于集合 *State* 定义中的元素标识；中间线的下部是状态的不变式，即状态中的元素必须始终满足的条件。在没有特殊说明的情况下，上下部中间的分割线可以理解为逻辑符号"与"（and）。以上模式中的不变式表示：当前选择的对象必须包含在系统建立的对象集合中，不允许选择用户建立对象以外的其他对象。任何改变状态的操作符必须确保状态不变式始终成立。

对文中例举的几何绘图系统，一个合理的假设是在系统使用最初没有建立或选择任何形状。因此系统的初始状态可以由以下模式 *Init* 来定义：

$$
\begin{array}{|l}
\hline
\quad Init \\
\hline
State \\
\hline
\text{dom } shapes = \{\} \\
selection = \{\} \\
\hline
\end{array}
$$

分割线上方包括了上面定义的模式 *State*。在 Z 标记法中模式包含是一种用一系列简单步骤逐步定义复杂系统的机制，包括模式 *State* 就包含了 *State* 模式的所有元素（*State* 原始定义中分割线上部的内容）和不变式（*State* 原始定义中分割线下部的内容）。同时，还可以在初始模式中加入额外的不变式以对初始状态进行约束，如约定形状词典在其域内没有元素（尚未建立形状），以及没有选定的形状等。

仔细观察可以发现，实际上关于选择形状的谓词是多余的，因为这已经由 *State* 的不变式保证。换句话说，所选形状的集合应该是所建立形状集合的子集。因此，这一点读者完全可以从状态不变式中推导出来。综上所述，我们可以从 *Init* 状态中去掉最后一个谓词，得到如下状态定义：

$$
\begin{array}{|l}
\hline
\quad Init \\
\hline
State \\
\hline
\text{dom } shapes = \{\} \\
\hline
\end{array}
$$

3. 操作符定义

最后，我们来介绍一下如何定义两个操作符。假设用户想要建立一个新的形状——圆，那么用户需要进入并选择"Ellipse"菜单选项，这样一个固定尺寸的圆就会在屏幕的中间显现。用户可以自由移动它的位置和修改它的尺寸。图 8-12 展示了用户选择"Ellipse"选项以后屏幕的显示效果。这里没有表述菜单的细节，但下面的模式定义了 *NewEllipse* 和 *Unselect* 操作的基本功能。

为定义一个操作符，必须描述绘图系统在操作完成前后的状态：一个命名为 *State*，表示操作完成前的状态，一个叫做 *State′*，表示操作完成后的状态。对需要用户输入的操作，相应操作符后面需要跟随一个问号（？）；如果操作会提供输出，那么操作符后面跟随一个感叹号（！）来表示。以下给出了 *NewEllipse* 操作符的定义。

$$
\begin{array}{|l}
\hline
\quad NewEllipse \\
\hline
State \\
State' \\
newid'' \ ?: Id \\
newshape \ ?: Shape \\
\hline
newId \ ? \notin \text{dom } shapes \\
newshape \ ?.type = Ellipse \\
newshape \ ?.width = 1 \\
newshape \ ?.height = 1 \\
newshape \ ?.center = (0,0) \\
shapes' = shapes \cup \{newid \ ? \text{->} \ newshape?\} \\
selection' = \{newid \ ?\} \\
\hline
\end{array}
$$

这个操作符可以生成以坐标原点为圆心的固定尺寸的椭圆。操作结果是对形状词典进行了更新，加入了新的标识符，同时鼠标也不再指向某个现存形状的标识符，而改为指向"*newshape?*"定义的新椭圆形状。定义中没有指出这个新添的标识符是怎样提供给操作符的，这是留做编程人员要解决的问题。同时定义规定新创建对象是当前唯一被选中的对象。

需要注意的是，规约的最后部分是相当重要的界面描述，因为我们既可以让选择保持原样（*selection'=selection*），也可能作出了其他选择。然而研究显示：用户一般希望移动或者重新设定新对象的尺寸。这个设计判断也许是错的，但在上述操作符描述中它是显式的。相比较实现中对该处理的隐藏，这里的表现形式更容易引起人们的注意和讨论。

接下来我们定义 *Unselect* 操作。*Unselect* 操作使得当前选择对象为空，根据这一描述，可以得到如下形式规约：

可以发现，这里我们清晰地说明了操作后形状词典仍然保持原样。这看起来是显而易见的，但是如果从 *Unselect* 定义中去掉最后的谓词，那么就可能存在操作后形状词典变为任何样式的可能性，很显然这不是我们所要的。当规约用来判断最终程序的外部一致性时，这就成了相当重要的问题，因此需提高警惕。

习题

1. 为什么应用 GOMS 分析未必能预测出最好的设计?
2. 简述 Fitts 定律以及该定律对交互式软件系统设计人员的意义。
3. 列举 Fitts 定律在 Web 页面设计中的应用。
4. 应用 Fitts 定律分析比较饼型菜单与普通下拉菜单的交互效率。
5. 在使用微软的软件时，用户可以选择在工具栏的图标下方增加标签。请说明为什么点击带有标签的工具更为容易（假设即使没有标签，用户也知道工具的用途）。
6. 若要在英文句子"I do like using the keystroke level model."中添加单词"not"，使之变为"I do not like using the keystroke level model."。应用击键层次模型对任务的执行时间进行预测（假设当前用户的手放在键盘上，同时通过鼠标进行插入位置的选取）。
7. 应用 Z 标记法描述一个简单的用户登录界面，应包括界面需包含的信息项，以及登录成功后界面显示内容的变化等基本操作。

参考文献

[Accot and Zhai 2003] Accot J, Zhai S. Refining Fitts' Law Models for Bivariate Pointing[A].

Human Factors in Computing Systems[C]. Ft. Lauderdale, FL, 2003.

[Buxton 1990] Buxton W A S. A Three-State Model of Graphical Input[A]. In Proceedings of INTERACT '90[C]. Amsterdam: Elsevier, 1990: 449-456.

[Card et al 1983]Card S K, Moran T P, Newell A. The Psychology of Human-Computer Interaction[M]. Mahwah: Lawrence Erlbaum Associates, 1983.

[Fitts 1954] Paul M Fitts. The Information Capacity of the Human Motor System in Controlling the Amplitude of Movement[J]. Journal of Experimental Psychology, 1954, 47(6):381-391.（Reprinted in Journal of Experimental Psychology: General, 1992，121(3):262-269).

[Fitts and Peterson 1964] Paul M Fitts, James R Peterson. Information Capacity of Discrete Motor Responses[J]. Journal of Experimental Psychology, 1964，67(2):103-112.

[Forlines et al 2005] Forlines C, Shen C, Buxton B. Glimpse: A Novel Input Model for Multi-level devices[A]. In Proceedings of CHI'05[C]. Portland, 2005.

[Gray et al 1993] Gray W D, John B E, Atwood M E. Project Ernestine: Validating a GOMS Analysis for Predicting and Explaining Real-world Performance[J]. Human-Computer Interaction, 1993, 8(3): 237-309.

[John and Kieras 1996] Bonnie E John, David E Kieras. Using GOMS for User Interface Design and Evaluation: Which Technique?[J]. ACM Transactions on Computer-Human Interaction, 1996, 3(4):287-319.

[MacKenzie 1989] MacKenzie I S. A Note on The Information-Theoretic Basis for Fitts' Law[J].Journal of Motor Behavior, 1989，21：323-330.

[MacKenzie 2003] MacKenzie I S. Motor Behaviour Models for Human-Computer Interaction[A]. In J M Carroll, eds. HCI Models, Theories, and Frameworks: Toward A Multidisciplinary Science of Human-Computer Interaction [C]. 2003:27-54.

[MacKenzie and Oniszczak 1997] MacKenzie I S, Oniszczak A.The Tactile Touchpad[A]. In Human Factors in Computing Systems[C]. Atlanta, 1997:309-310.

[Newman et al 1969] Newman W, Eldridge M, Lamming M. Pepys: Generating Autobiographies by Automatic Tracking[A]. In Proceedings of the 2nd European Conference on Computer Supported Cooperative Work-ECSCW'91[C]. Amsterdam: Kluwer Academic Publishers, 1991:175-188, 25-27.

[Olson and Olson 1990] Olson J R, Olson G M.The Growth of Cognitive Modeling in Human-Computer Interaction Since GOMS[J]. Human-Computer Interaction, 1990, 3: 221-265.

[Raskin 2000] Jef Raskin. The Humane Interface New Directions for Designing Interactive Systems[M]. Addison-Wesley, 2000.

[Reisner 1981] Reisner P. Formal Grammar and Human Factors Design of An Interactive Graphics System[J]. IEEE Transactions on Software Engineering, 1981, 7(2): 229-240.

[O'Riordan et al 2005] Barry O'Riordan, Kevin Curran, Derek Woods. Investing Text Input Methods for Mobile Phones[J]. Journal of Computer Science, 2005, 1(2):189-199.

[Silfverberg et al 2000] Silfverberg M, MacKenzie I S, Korhonen P. Predicting Text Entry

168 第二部分 设 计 篇

Speed on Mobile Phones[A]. In Proceedings of CHI'2000[C]. Amsterdam, Hague, 2000:9-16.

[Spivey 1988] Spivey J M. The Z Notation: A Reference Manual[M]. Prentice Hall, 1988.

[Sufrin 1982] Sufrin B. Formal Specification of A Display Editor[J]. Science of Computer Programming, 1982, 1: 157-202.

[Took 1990] Took R. Surface Interaction: A Paradigm and Model for Separating Application and Interface[A]. In Proceedings of Human Factors in Computing System（CHI'90）[C]. New York: ACM Press, 1990:35-42.

[Wasserman 1985] Wasserman A I. Extending State Transition Diagrams for The Specification of Human-Computer Interaction[J]. IEEE Transaction on Software Engineering, 1985, 11(8):699-713.

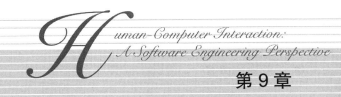

第 9 章

以用户为中心的设计

9.1 引言

人机交互所要解决的问题是如何设计用户界面和系统，以有效地帮助用户完成任务，同时使用户在交互过程中获得愉悦的心情。现代计算机领域中的用户界面的概念实际上可以追溯到与计算机直接或间接相连的终端设备的出现。由于更多的人可以直接与计算机进行交互，因此这些用户与计算机及其程序之间的界面就成为对程序设计人员和开发人员来说越来越重要的问题。

当计算机完成特定问题的计算时，可以将计算结果输出到打印机等终端设备。计算机程序如何通过类似打印机终端这样的设备与用户进行交互，起初只是一个纯粹的技术问题，后来逐渐演变成为关于用户自身的问题。以用户为中心的设计的缓慢兴起代表着关注点逐步由技术（用户界面）转向人（用户）。如果在实践中真正忠实其本意的话，以用户为中心的设计将把人置于系统设计过程的中心位置。在其演化过程中，以用户为中心（User-Centered）的设计又被赋予了"用户中心"（User-Centric）设计的称谓。不论使用什么称谓，它已经成为近 20 年来软件用户界面设计领域的主旋律 [Constantine and Lockwood 1999]。

"以用户为中心"的开发方法指应以真实用户和用户目标作为产品开发的驱动力，而不仅仅是以技术为驱动力。设计良好的系统应能充分利用人们的技能和判断力，应同用户的工作直接相关，而且应支持用户，而不是限制用户。这是一种设计思想，而不是纯粹的技术。以用户为中心的开发需要透彻了解用户及用户的任务，并使用这些信息指导设计。

但是，正如汽车大王亨利·福特的名言："如果当年我去问顾客他们想要什么，他们肯定会告诉我：一匹更快的马。"这说明：用户的意见虽然重要，但是一味遵循用户的意见是做不出突破性的新产品的。那么应该如何客观评价"以用户为用心"的设计思想，以及有哪些改进策略呢？

本章的主要内容包括：

● 理解以用户为中心的设计思想。

● 讨论用户参与设计的重要性和常见形式。

- 了解两种原型制造技术 PICTIVE 和 CARD。
- 解释如何理解用户的工作。
- 分析以用户为中心设计的缺陷。
- 了解以活动为中心的设计思想。

9.2　以用户为中心的设计思想

20 世纪 60 年代中期出现的"软件工程",其基础是传统工程,即把设计看作是定义规格说明并通过规格说明导出系统的一种形式化过程。软件工程师认为,他们大多数工作都处于产生拥有客户所描述的形式和功能的系统的过程中,并把这种过程叫做"软件生命周期模型"。

但是与其他工程师不同,软件工程师还没有开发出一种能够生产易于使用、可靠且可依赖软件的系统化方法,因此他们在软件设计过程中还没有取得成功。对这种异常现象,人们做出了很多解释,最流行的一种解释是,软件是很复杂的,不遵守大多数工程学科普遍存在的一致性定律,即对程序做一点修改就可能使软件的行为产生重大变化。根据这一观点,软件就像是一种"全新事物",我们所习惯的工程类比方法在产生误导 [Winograd 1996]。然而不论他们对这些解释有怎样的看法,这些解释都没有产生系统化生产实用、可靠且可信软件的实用方法,即出现了"软件危机"。

软件危机通常被看作是运用这种方法论的失败,特别是由于规格说明不完备或不正确而导致的 [Winograd 1996]。传统工程设计过程没有提供很多关于如何把设计人员与用户关联起来的内容,设计人员和用户之间的交互只限于需求和规格说明文档,以及最后的交付。换句话说,传统"以产品为中心"的设计过程主要关注的是机器及其效率,同时期望人能够适应机器。

为了解决把"以产品为中心的设计"作为标准工程设计过程实践带来的问题,出现了"以用户为中心"的设计思想。以用户为中心的设计(User-Centered Design,UCD)由位于美国加州大学圣地亚哥分校的唐纳德·诺曼研究实验室首创,它侧重于以人为本,比如人的认知、感知和物理属性,以及用户的工作条件和环境等。UCD 关注的重点是获得对使用目标系统的人的全面了解。这一点十分必要,因为最终用户可能是也可能不是设计者的客户,这些最终用户被正式确认为"主要的使用者"并且他们密切地参与从开始到完成的整个设计过程 [Heim 2007]。

以用户为中心的设计有三个方面的假设 [Winograd 1996]:

1)好的设计结果使客户感到满意。

2)设计过程是设计人员与客户之间的协作过程。设计要进化并适应客户不断变化的考虑,作为一种副产品,这个过程要产生规格说明。

3)在整个过程中,客户和设计人员要不断沟通。

Gould、Boies 和 Lewis 于 1991 年提出了以用户为中心设计的四项重要原则(Gould 等 [Gould and Lewis 1985] 曾在 1985 年提出了 3 项原则):

1）及早以用户为中心。设计人员应当在设计过程的早期就致力于了解用户的需要。

2）综合设计。设计的所有方面应当齐头并进地发展，而不是顺次发展，产品的内部设计与用户界面的需要应始终保持一致。

3）及早并持续性地进行测试。当前对软件测试的唯一可行方法是根据经验总结出的方法，即若实际用户认为设计是可行的，它就是可行的。通过在开发的全过程引入可用性测试，可以使用户有机会在产品推出之前就对设计提供反馈意见。

4）迭代设计。大问题往往会掩盖小问题的存在，设计人员和开发人员应当在整个测试过程中反复对设计进行修改。

当 Gould 等人提出这些原则时，设计的"迭代"本质还没有得到大多数开发人员的认可。但现在，"迭代"的必要性已得到广泛承认。Gould 等人在论文中指出，当他们向设计人员说明这些原则时，设计人员的普遍反应是"这些原则实际上都很明显"。但是，他们在一个"人性因素研讨会"上做了一个试验，询问设计人员软件设计的主要步骤，结果却发现只有 2%的人提到了所有这些方面。可见，尽管它们或许是明显的，但要应用于实践却不是那么容易。

UCD 项目通常包含以下方法 [Heim 2007]：

1）用户参与（User Participation）：在有些项目中，用户会成为设计团队的一部分，并在设计过程中不断被请教、被咨询。然而，如果开发需要很长的一段时间，那么这些用户可能逐渐变得与设计人员联系得更加紧密，进而在表达最终用户的需要时变得不那么有效。一些团队采用轮流的机制，首先从最终用户中选择一些成员加入到设计团队中，在一段有限的时间之后，再用新的目标用户代表来替换他们。有关该问题我们会在 9.3 节进行详细讨论。

2）焦点小组（Focus Groups）：焦点小组通常用于产品功能界定、工作流程模拟、用户需求发现、用户界面的结构设计和交互设计、产品的原型测试、用户模型的建立等。它允许设计者与不同用户进行交流，并观察他们之间如何相互联系，进而获得用户对产品的意见和态度。焦点小组需要一位有经验的主持人，来维持会议不偏离主题，以及防止以一名成员为主的讨论。关于焦点小组更深入的讨论，请参见第 12 章。

3）问卷调查（Questionnaires）：问卷调查可以获得地理位置上分散的大量用户群体的信息，包括用户的喜好和对产品的意见等，但是相比焦点小组，问卷小组有更多的限制——由于没有直接接触到填写问卷调查的人，所以问题一定要写得清楚并且使用直观的度量方法。关于问卷调查更深入的讨论，请参见第 12 章。

4）民族志观察（Ethnographic Observations）：民族志观察发生在完成工作的地方。他们包括当受访者开始正常的日常事务时，对他们进行追踪。观察者根据他们的观察进行记录或者使用音频、视频设备进行录制。焦点小组及问卷调查将在第 12 章进行更深入的讨论。

5）走查（Walkthroughs）：执行一次走查指确定用户的目标或者任务，然后浏览一个设计提议来查看任务是否能够被完成。走查意味着发现所有在实际使用中可能出现的问题，可以专注于设计的某一具体方面或者整个设计。

6）专家评估（Expert Evaluations）：专家评估是可用性专业人员通过使用来自于可用性研究和著作的启发式或指导性准则进行实施的。它从设计团队提供的用户观点对产品设计进行评估。有关走查和专家评估，我们将在第 12 章进一步讨论。

7）可用性测试（Usability Testing）：可用性测试可以采用多种不同的形式。它们既可以在昂贵的可用性实验室中通过使用特殊的镜子、摄像机、跟踪软件及其他的观察设备来完成，也可以不使用任何技术而只是简单地使用一个纸上原型、一个观察者和一个受访者完成。更多内容可参考第 13 章内容。

9.3　用户参与设计

9.3.1　用户参与的重要性

尽管在开始设计之前，设计师通常会遵循"了解用户"的忠告并开展有关用户研究，但对用户的了解程度仍不足以解决设计过程中出现的所有问题 [Kensing and Munk-Madsen 1993]。在进入设计阶段后，设计人员不应当只凭猜测，还应该与少数用户代表保持沟通。值得注意的是，必须与将来真正使用系统的人，而不是他们的经理或工会代表沟通。因为即便是很体贴雇员的经理，也经常不能确切了解用户日常工作中所面临的问题，而且通常他们在许多方面的特征与真正的用户是不同的。至于那些选举出来的工会代表也可能有大量时间忙于管理工作，称不上是典型的用户 [Nielsen 1993]。

为了确保整个开发过程都能充分考虑用户的需要，最好的方法就是让真实用户参与开发，这样开发人员就能更好地了解用户的需要和目标，最终产品也会更加成功。此外，让用户参与开发还有两个原因，即"期望管理"和"拥有权"，尽管它们与功能性无关，但同样重要 [Sharp et al 2007]。

"期望管理"指确保用户对新产品的看法和期望是切实的，从而保证产品不会出乎用户的意料。如果用户认为产品没有实现先前的承诺，就会有"受骗"的感觉，因而可能抵制或拒绝接受产品。不论是开发软件系统还是其他交互式工具，期望管理都是重要的。在宣传新产品时，应做到如实、准确。在现实生活中，因广告言过其实而使用户失望的情形屡见不鲜，这也是期望管理要解决的问题。

超出用户的期望要比达不到用户期望好得多，但这并不是指增加更多的功能，而是指产品应能更有效地支持用户的工作。让用户参与整个开发过程有助于改善期望管理，因为用户可以即时了解产品的能力，并能更好地理解产品如何影响自己的工作，以及为什么要如此设计，这有助于避免最终产品让用户失望的情形。

对用户进行培训也有助于改进期望管理。在交付产品之前，让用户使用产品能够增进用户对最终产品的理解。这里可以采用两种方法，其一是使用实际系统对用户进行培训，其二是使用系统的试用版为用户做实际演示。

让用户参与开发的另一个原因是"拥有权"问题。当用户在开发过程中能够感受到自己对产品有贡献，对产品有"拥有权"时，就更容易接受最终产品。正如 Suzanne Robertson 所指出的："人们总渴望自己的意见得到重视，不仅仅是需求阶段，整个开发过程都是如此"。

9.3.2　用户参与的形式

用户可以以不同的形式参与到开发过程。一种极端方式是使用户成为设计组的成员，即作为主要贡献者。这种方式下，用户可以全职或兼职的形式参与整个项目或部分项目的开发。这种方法的优点是，由于用户全程参与项目开发，因而他们的观点是一致的，同时用户也能透彻理解系统及其原理。

对较大型的开发项目，应注意定期更新参与项目的用户代表。因为存在这样一种风险，即随着参与系统开发的过程，用户可能失去与其他用户的联系，他们会逐渐变得不具有普通用户的代表性。一个参与过太多设计会议的用户代表，将会受到开发人员思维方式的浸染，了解所提出的系统结构，并可能会倾向于接受对那些有问题的设计部分所做的解释。而后来参与到项目中的新鲜用户，则更可能会对这种潜在的问题提出质疑，因为他们并不了解设计的历史。此外，由于用户是有差异的，因此自始至终地依赖来自于一小部分用户的信息是危险的。另一方面，在变更用户代表的问题上需要进行权衡，因为我们也不希望花费大量时间给新的用户代表做项目介绍。因此，对一个项目来说，这种变更只能有几次 [Nielsen 1993]。

另一种极端方式是，用户通过新闻邮件或其他通信方式，定期接收有关项目进展的信息，再以专题讨论或类似会议的形式参与开发过程。这也是一种有效方法，有助于解决期望管理和拥有权问题。同时由于用户经常会提出一些开发人员做梦都不会想到的问题，因此应当通过设计人员和用户的定期会议，让用户参与进来。

如果存在大量的用户（如数百或数千用户），那么最好是采用折中的方法，即各个用户组派代表以全职的形式加入设计组，而其他用户则参与设计专题讨论、评估或其他数据搜集活动。

用户如何参与开发也取决于具体项目。如果能够确定最终用户（如为特定公司开发产品），那么让用户参与就较为容易。但如果开发的是面向开放市场的产品，就不太可能让用户作为设计小组成员。

此外，用户并不是设计人员，期望他们完全靠自己提出设计构思是不现实的。不过，他们却非常善于对不喜欢或实际上并不可行的设计方案提出意见。为了充分发挥用户参与的作用，必须以用户能够理解的方式向用户展示这些建议的系统设计方案，最好采用具体而可见的设计方案，如原型等，而不是那种长篇大论的系统设计描述文档。在无法提供功能原型的早期设计阶段，可以用纸面原型或几个屏幕设计图来启发用户的讨论。它们虽然很简单，却可以引导和启发用户提出他们的想法。

尽管许多界面创作人员都极力强调运用参与式设计的方法，但是对参与式设计的思想依然存在争议。赞成者认为更多用户的参与可以获得有关任务的更准确信息；可以为用户提供机会，使他们的想法对设计决策产生影响；可以使用户对那些与他们自身密切相关的产品的设计建立积极参与的意识；同时还可以使最终系统更易于被用户所接受 [Muller 2002][Kujala 2003]。但是，广泛的用户参与也可能产生一些负面影响。例如，增加了成本并延长了软件实现的周期；那些不能参与或其建议没有被采纳的人可能会对产品产生抵触情绪，这样就迫使设计人员为了迎合某些并不合适的参与者，不得不放弃原来的设计 [Ives and Olson 1984]。

仔细挑选参与用户将有助于参与式设计的成功开展。严格的挑选过程不但可以增加参与者的责任感，同时也显示出了项目的严肃性。在这一过程中应该经常为用户举办一些讨论会，并让用户知道他们的期望是什么，他们应该起到什么作用。参与者还要对该机构的相关技术和商业计划有所了解，并且应能够成为他们所代表的广大用户与该机构进行相互沟通的桥梁。在这个过程中，工程管理人员需要决定以什么样的标准选择参与者。参与设计的小组成员的个性特点是很关键的决定因素，因此有必要邀请群体动态学家和社会心理学家当顾问。然而仍有许多问题有待研究，例如，多个团队哪个会更加成功，怎样为规模不同的团队制定不同进度，怎样平衡典型用户和专业设计者之间的决策控制权等。

有经验的界面设计人员知道，要想实现一个成功的交互式系统，企业政策和个人喜好比技术上的问题更重要。例如，仓库管理员可能会认为自己的职位受到了威胁，因为新系统使交互式系统能通过桌面显示为上级管理人员提供最新信息，同时如果仓库管理员不及时录入数据或不努力保证数据的准确性，系统将无法正常工作。为此，界面设计人员应考虑到新系统对用户的影响，积极鼓励他们参与设计，确保所有可能影响都能被及早地考虑清楚，以避免产生负面影响和用户对新系统的抵触情绪。

关于参与式设计的许多建议都是从不同的用户那里提炼出来的，这些用户既包括儿童，也包括老年人。安排参与者是很困难的，因为有些用户没有认知能力，或者时间很宝贵（如外科医生的时间就很宝贵）。参与者的水平变得越来越清楚，一种分类法描述的是在儿童开发界面中儿童的角色，从测试者到被观察者到设计合作者之间的改变 [Druin 2002]。测试者仅仅是被观察以精化新奇的设计，但是被观察者却可以通过反弹或者小组讨论对设计者发表评论。设计合作者是设计团队中积极的成员，在儿童软件项目中自然包括各个年龄段的参与者——两代人的队伍。

最后，任何形式的用户参与都涉及"成本"问题，这包括花费在沟通、专题讨论以及解释技术问题上的时间。详细的用户研究不仅需要使用记录设备，而且转换和分析研究结果也需要时间。至于用户的参与是否能够提高生产力，以及是否值得把有限的资源应用于开发的问题，Keil 和 Carmel[Keil and Carmel 1995] 的研究表明，项目的成功的确是与用户和客户的直接参与分不开的。Kujala 和 Mäntylä[Kujala and Mäntylä 2000] 分析了在产品开发初期进行的"用户研究"的成本和效益问题，得出了一个结论，即用户研究的效益高于成本。

相反地，Heinbokel 等 [Heinbokel et al 1996] 认为，用户过于投入开发会带来一些负面效应。他们的研究表明，用户密切参与的项目在总体上并不成功，这表现在缺乏创意，灵活性差，设计组的工作效率不高，而且项目进展不顺利。这些效应只是在项目后期才会显现出来（至少是项目开始后的 6 至 12 个月）。他们分析了造成这些问题的原因，发现这同用户与开发人员的沟通有关：首先，随着项目的进行，用户会提出更复杂的想法（往往是在开发后期），并希望实现它们；第二，用户害怕失去工作或担心增加工作负担，这会导致双方的合作没有建设性；第三，用户是不可预测的，而且对软件开发不够"宽容"，例如，他们会在即将开始测试时，要求对软件进行重大改动；第四，由用户领导设计小组可能导致对产品的期望值过高，这会增加开发人员的压力。

至于用户参与设计是利大于弊还是弊大于利的问题，也许 Scaife 等 [Scaife et al 1997] 的观点更为合理，他指出，"用户参与本身并不是问题，问题是如何参与以及在开发的哪些阶段参与"。

9.3.3 参与式设计

让用户参与开发的一种方法是"参与式设计"（Participatory Design）。在该方法中，用户成为设计小组的成员，与设计人员合作设计产品。

参与式设计的想法出现于 20 世纪 60 年代末 70 年代初的斯堪的纳维亚。它的出现基于两个背景因素：一是越来越多的人希望能够获得有关复杂系统的信息；二是工会运动使得新的法律赋予了员工新的权利，他们对工作环境的改变有了发言权，这些法律一直沿用至今。

当时有几个项目尝试使用了参与式设计的思想，它们专注于用户的工作，而不是简单地开发产品。其中最广为人知的就是 UTOPIA 项目，它是斯堪的纳维亚的图形工作组织以及丹麦、瑞典的一些研究所的合作项目，目的是设计用于文本和图形处理的计算机软件工具。

然而，让用户参与设计决策不是一件容易的事。当用户和设计人员在合作编写系统规格说明时，领域知识上的差异带来了一些问题。Bøder 等 [Bøder et al 1991] 对 UTOPIA 项目的描述能够说明该问题：在描述一个文本和图形处理系统的用户界面时，有用户指出系统缺少排版指令，但是事实上，设计人员描述的系统是"所见即所得"（WYSIWYG）的。因此，在需要使用粗体字显示时，文本将自然地显示为粗体字（当时大多数的印刷系统都需要使用这类排版指令）。然而印刷商无法把设计人员的描述说明与自己的知识和经验联系起来。为了避免这类问题，项目组决定使用原型来模拟工作情形。

制作原型能够有效利用用户的经验和知识。PICTIVE[Muller 1991] 和 CARD[Tudor 1993] 是两种基于纸张的原型制作技术，它们是专门为"参与式设计"而开发的。

1. PICTIVE

PICTIVE（协作式产品的界面造型技术，Plastic Interface for Collaborative Technology Initiatives through Video Exploration）使用低保真的办公室用品（如粘贴便条、笔和设计构件集合）来研究系统的特定屏幕和窗口布局。开发这项技术的目的是：

1）使得用户能够参与设计过程。

2）改进设计过程的知识获取方法。

在使用 PICTIVE 技术时，可以采用一对一或小组合作的方式。该技术需要用到摄像设备、简单的办公用品（如钢笔、铅笔、纸张、粘贴便条、卡片等）和设计组准备的一些设计组件（如对话框、菜单和图标）。这些塑料的设计构件可以是通用的，也可以是为目标系统特别开发的。共享设计台面是进行设计的场所。设计人员和用户在合作设计时，可以操作、修改设计组件并使用以上办公用品创建新的界面元素。录像设备用于记录设计过程。图 9-1 给出了 PICTIVE 中常用的设计用品和实际工作情景 [Muller 1991]。

在进行 PICTIVE 设计之前，每位参与人员都需要做准备工作。通常，用户应提出系统的使用场景，说明系统应该在工作上给予哪些支持。开发人员需要制作一组与系统相关的组件，包括通用设计元素，以及专门为目标系统开发的组件等。

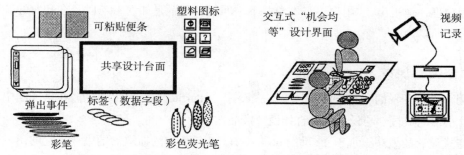

图 9-1　PICTIVE 中使用的设计用品以及实际工作情景

PICTIVE 设计过程大致分为四个阶段 [Muller 1991]。首先，当事人做自我介绍，着重描述个人或机构对项目的要求；接着，进行简短的讲解，说明不同的应用域；第三，围绕设计的集体讨论，这里需要使用参与人员准备好的设计组件和场景说明，并综合每一位参与人员的观点，用户开发的场景应提供工作流的细节；最后是设计走查和决策讨论。记录员使用摄像设备，记录完整的决策过程以及做出的设计决策。

2. CARD

CARD（需求和设计的协作分析，Collaborative Analysis of Requirement and Design）使用画有计算机和屏幕图像的卡片发掘各种工作流。CARD 与 PICTIVE 有些相似，但 PICTIVE 关注的是系统细节，而 CARD 注重的是宏观的任务流。可以说，CARD 是"情节串联图"的一种形式。图 9-2 给出了一些卡片示例 [Muller et al 1995]。

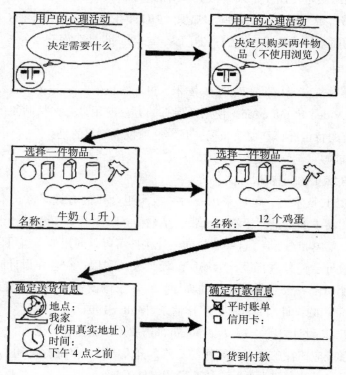

图 9-2　画有计算机和屏幕图像的卡片示例

CARD 设计可采用与 PICTIVE 设计相同的过程。在集体讨论阶段，参与人员使用卡片确定工作流，即确定一系列的屏幕图像或任务决策点。图 9-2 以卡片的形式描述了使用计算机的购物过程（如网上购物）。注意，这些卡片也可用于表示用户的目标、意图以及计算机屏幕或任务元素。在设计过程中，参与者可以根据需要方便地补充新卡片。

CARD 和 PICTIVE 技术的侧重点不同，可以互为补充。文献 [Muller et al 1995] 将之称为"双焦点方法"，其中 CARD 是宏观的方法，而 PICTIVE 是微观的方法。

本章前面提到，用户可以以不同的形式参与开发，如通过新闻组、专题讨论参与开发，或者作为全职的设计小组成员。在具体项目中，需要决定用户应在何种程度上参与开发。例如，即使设计组中包含用户成员，"上下文询问法"仍然是一种有效方法。"现场研究"也可以与同一系列的"专题讨论"并行进行。这些技术都实现了用户的参与，但各有优缺点 [Sharp et al 2007]。

我们需要认识到，参与式设计并非只是询问用户需要什么，因为用户经常并不清楚自己想要什么或需要什么，甚至不知道存在什么样的可能性。例如，在一项研究中，首先基于某编辑程序的某些功能的描述，让用户给新功能的有用性打分，随后在用户实际试用过这些功能之后，让他们再一次打分 [Root and Draper 1983]。结果，用户实际体验这些功能之前和之后的分数之间的相关度只有 0.28，表明两组分数之间基本没有什么关联 [Nielsen 1993]。这说明应始终对用户观点持怀疑态度，并且最好结合原型获得用户对产品设计的真实意见。

9.4　理解用户工作

9.4.1　了解用户

正像我们已经介绍过的，任何交互式设计的开始必须面向用户。设想一个库存控制系统，仓库管理员通过系统查询仓库中有多少库存的六寸钉子。考虑一下，这是一个单用户系统吗？为什么管理员要做这项操作？也许是销售员需要在两个星期内供应 100 000 个六寸钉子，他想知道公司能否按时履行订购合同。因此，考虑库存控制系统的行为就涉及仓库管理员、销售员和客户三类人员。此外，审计员想要得出可用库存以及对公司资产值的评估，助理仓库管理员需要更新库存量等。

随着时间的推移，一个系统直接或间接地会影响许多人，经济学中称这些人为利益相关者。很明显，对人们之间细微差别的探索将一直进行下去，因此你有必要规划出所需考虑的用户范围。这很大程度上取决于所设计系统的性质，并且需要有清晰的判断能力。

那么，应如何了解用户呢？文献 [Dix et al 2004] 中提出了如下方法：

（1）他们是谁

当然，应该想到的第一件事情是你的用户是谁。他们是年轻人还是老年人，拥有计算机使用经验还是新手？如同在库存管理系统中一样，谁是用户可能并不明显，因此，你需要再次提出"他们是谁"这样的问题，以便在系统设计中发现更多的用户并确定其身份。如果正在设计的是如字处理器等软件，这个问题就变得难于回答，因为有许多不同目的和特征的用户。在网站设计中也会出现这样的问题，因为网站的访问者也是不同的。设计人员应该设法考虑到具有一般技能和目的的普通用户，如果能想到几个特殊的其他用户就更好了。

（2）可能不像你

系统设计人员是人，他们也使用计算机。因为他们在这两个重要特征上与真正用户是一样的，所以设计人员可能因此而相信自己对用户界面问题的直觉。然而，系统设计人员在若干方面与用户是不同的，这包括他在计算机方面的经验（及兴趣），以及他们对系统设计概念的了解。当你对一个系统的结构有深刻理解的时候，通常就很容易在一幅"图画"中加入少许额外信息，进而作出正确的解释。因此，系统设计人员在看到任何特定屏幕设计或出错信息时，可能会觉得这很容易理解，然而对那些对系统没有相同认识的用户来说，这可能根本就是不可理解的 [Nielsen 1993]。特别是，性别差异在对设计的理解方面也会产生比较大的影响。

（3）与用户交谈

我们很难知道别人的想法，除非能和他们进行交谈。谈话有多种形式：可以有组织地访问他们的工作和生活，广泛地讨论，或让主要用户全程参与设计过程——这称为参与式设计。通过使用户参与整个设计过程可以获得他们工作中深层的知识和需求，进而产生更好的设计。与此同时，用户的参与能得到符合他自己需要的产品，因此一旦投入生产，他们也将是设计的拥护者。

（4）观察用户

虽然人们告诉你的事情是最重要的，但这并非代表事情的全部。

例如，当你问柔道黑带参赛者怎样摔倒对手时，他们的解说和实际上做的动作不可能完全一样。又如走路，虽然人们从很久以前就开始走路，但直到 Eadweard Muybridge 在 19 世纪 80 年代发明瞬时照片后，才真正将人们走、跑和移动的方式弄清楚。

任何领域的专业人员都能很熟练地完成本领域内的事情。领域的一名理论研究人员可能不会具体操作一些事情，但他知道领域内的很多内容。由此可知，知识和技能是两种不同的类型，有时人们可能两者都知道，但这不是必要的。最好的体育运动教练员可能不是最好的运动员，而最好的画家也可能不是最好的艺术评论家。

基于这些原因，观察人们如何做事和如何说话是非常重要的，包括记录他们怎样度过一天的日记、观看一项特殊的活动、应用摄像机或录音机等。此外，我们还可以使用一些非形式化的方法或已开发出的方法，如问卷法。

有时用户也可以参加观察。例如，要求他们坚持写日记；或使用一个每隔 15 分钟响一次的蜂鸣器，当蜂鸣器鸣响时，要求用户记下他们正在做的事情。虽然这种声音好像是问用户正在做什么，但实质上这种形式有助于他们给出更精确的回答。

发现人们在做什么事的另一种方式是观察他们正在用的或生产的物品。观察办公室中的一张书桌，你会看到有纸张、书信、文件，或许还有订书机、计算机、便笺……其中有些带有信息，如果这些信息是重要的，那么就将它们保存在文件柜中，需要时再拿出来。

在所有这些观察方法中，不能只停留在观察方面，还需要返回前几个阶段和用户讨论所得到的观察结果。即使以前用户没有意识到他们所做的事情，但是当把所观察到的内容呈现给他们时，他们可能会给出解释，并告诉你他们为什么会这样做。

（5）运用想象力

即使你希望在整个设计练习中让尽可能多的用户参加，但实施起来会有很多困难。一方面这样做可能导致开发成本过高，另一方面也可能难以分配出和用户一致的时间（如医院的咨询员），或者潜在用户的数量太大（如万维网），永远也不能覆盖所有等。

面对这一问题，很多设计人员都会想到"虽然不能让真正的用户参加，至少我们可以想象他们的习惯和经历"。实际上这是非常危险的！问题不在于你认为用户愿意做什么，而是用户本身愿意做什么。

角色是帮助设计人员产生以用户为中心设计的一种相当成功的方法，一个角色就是能代表你的核心用户人物的想象出来的一张内容丰富的画像。设计成员组将有多个这样的角色，代表不同类型的用户并起着不同的作用。角色本身基于对真正用户的研究和观察。一个设计方案提出以后，设计成员组要问"xx（人物角色的名称）认为它怎么样"。人物角色的细节不仅是必要的，而且要考虑得比较周到，这有利于更好地应用这些细节为设计服务。

9.4.2　上下文询问法

在大多数实际产品研究中，观察并与用户交流会比仅仅观察的效果好，这种一边观察一边与用户交流的方法被称为上下文询问法，Beyer 和 Holtzblatt 在《上下文设计》一书中对此方法做了详细的介绍 [Beyer and Holtzblatt 1998]。上下文询问法有时也被翻译成情景调查，它强调的是到用户工作的地方，在用户工作时观察，并和用户讨论他的工作。询问结果可以帮助确定设计方案，计划下一个可用性活动，以及制定将来研究和创新的方向。上下文询问法遵循"学徒模型"，即好像用户是师傅，而研究人员是新的学徒一样。

上下文询问法和前面介绍的观察法不同，使用时用户知道研究人员的存在，也知道他们是研究的一部分。在时间上，上下文询问可以进行几个小时，也可以进行一整天。上下文询问法有四条原则 [Sharp et al 2007][傅等 2003]：上下文环境、伙伴关系、解释和焦点。下面分别就这四个方面展开讨论：

（1）上下文环境

"上下文环境"原则强调了研究人员深入工作空间，以了解其中发生的事情。这里强调的不是在一个整洁的会客室里对用户进行访谈，而是在用户正常的工作环境里，或者是在用户使用产品的合适环境中观察用户并且与他们交流。在用户的工作环境和产品的使用环境中观察和提问，能够发现用户行为的所有重要细节。在研究过程中，研究人员既可以要求用户边做边说，也可以只在必要的时候提出问题让用户澄清和解释，或是在不方便的情况下让用户先完成任务，然后再提问。具体方式的选择完全取决于当时的环境、任务和用户的具体情况。

（2）伙伴关系

"伙伴关系"原则表明，在理解工作的过程中，研究人员和用户应相互合作。为了更好地了解用户、任务和环境，研究人员要和用户建立师徒关系。研究人员应该沉浸在用户的工作中，和用户一起工作。只要工作的性质和法律允许，用户应该成为师父，教授研究人员如何完成特定的任务。

在实践过程中，往往用户会将研究人员视为专家，这时候研究人员应该提醒用户，自己是来学习的。还有的用户将研究过程视为采访过程，如果作为采访者的研究人员没有提问，就说明他们已经全部了解了。这时研究人员应该让用户把自己看作一个新手，如同一个新员工刚刚开始工作，需要很多指导。还有一种情况，用户会把研究人员看作客人，为他们端茶倒水，这时研究人员应该强调自己是来工作的，而不是来做客的。

（3）解释

对数据的解释非常重要，因为它会直接影响将来的决定。这里，研究人员必须避免那些没有经过用户验证，而自己片面地对事实作出的解释或假设。

数据的解释过程必须由用户和研究人员合作完成。例如，用户可能习惯在办公场所贴一些便条，记录一些笔记、电话号码、软件命令清单等。作为设计人员，你可能会做出各种揣测，如用户没有电话号码本，没有软件的使用说明，或者不常使用这个软件，软件命令难以记忆等。但是，在解释这些事实时，最好的方式是询问用户。你会发现，用户可能有电话号码本，他把电话记在纸上只是为了省去查找电话号码本的麻烦。用户的电话也可能带有记忆功能，只是他不清楚如何使用这项功能。用户也可能经常忘记软件命令，所以为了节约翻查手册的时间，便把它们记在纸上。

一旦研究人员和用户确立正确的师徒关系，用户会很在意研究人员的理解是否正确，并及时更正各种误解。用户还会在更正时加上他们的理解，来拓宽研究人员的知识，帮助研究人员理解他们所观察到的。

（4）焦点

在整个研究过程中，研究人员要把问题集中在所定的研究题目上。因为上下文询问中用户是专家，他们往往会把问题引导到他们感兴趣的题目上，研究人员一方面需要了解用户认为哪些问题是最重要的，另一方面也不能让研究过程漫无边际地进行，而是需要巧妙地将研究引导到特定的题目上。在使用上下文询问法时，研究人员应该准备一个研究方向的列表，表中列举一组用来指导研究的概括性的焦点和需关注的问题，而不是在研究中要向用户发问的具体问题。

Beyer 和 Holtzblatt[Beyer and Holtzblatt 1998] 在研究中招募了 15 ~ 20 个用户。在实际的商业研究中，通常也可以邀请 6 ~ 10 个用户。需要注意的是，所选择的用户的背景必须具有代表性，且和研究的题目有关。对研究题目比较广的情况，需要的用户数量要多一些；研究的题目比较窄，且用户、任务和环境比较一致的时候，所需要的用户数量也就少一些。

最好有两个研究人员参加整个询问过程，一个集中记录数据，另一个负责访谈。

很多人会将"上下文询问法"与"民族志观察"相混淆，实际上这两种方法存在以下几个方面的区别：

1）上下文询问过程要比典型的民族志观察过程简短。上下文询问通常只需 2 至 3 个小时，而民族志观察往往需要数周或数月的时间。

2）上下文询问的重点更为明确、集中，民族志观察则需要从更广的角度来研究工作环境。

3）在上下文询问中，设计人员不是进行"参与式"的观察，而是询问用户的工作。设计人员只是观察、提问，而不是参与用户的工作。

4）上下文询问带有明确的目的——设计新系统，而在进行民族志观察时，未必有特定的开发计划。

通常，每一位设计组成员至少应该进行一次上下文询问式的访谈。虽然可以使用笔记、录音、录像的方式记录数据，但许多信息仍然是保留在观察者的头脑中。因此，在完成访谈之后，应尽快回顾这些数据，建立正式文档以记录所有的发现，文档类型包括工作流模型、顺序图、文化图和物理模型等，感兴趣的用户可以参考 [Sharp et al 2007]。

9.5　以用户为中心的浅析

如果说"以用户为中心"的设计思想有什么原理被大家极力推崇的话，那就是"了解你的用户"。毕竟，如果你对自己的用户没有深入而仔细的了解，又怎么能够为他们设计一些东西呢？这世界上很多糟糕的设计都极好地印证了这一点。以用户为中心的设计是为了克服软件产品中的拙劣设计而发展起来的。通过强调那些将要使用软件的人们的需求和能力，使得软件产品的可用性和可理解性得到提高 [Cooper 2004]。

以用户为中心的设计的确能带来相对于不良设计的明确改进。进一步讲，好的以用户为中心的设计能保证产品可以工作，人们能够使用，进而避免失败。但能使用的设计是否应该作为设计人员的目标呢？很多人都希望能够设计出伟大的产品。然而，伟大的设计来自能够打破陈规，忽略那些被大众所接受的做法，来自根据一个清晰的最终结果目标并且奋勇向前，不顾其它。例如在乔布斯开发出平板电脑（iPad）之前，没人知道 iPad 是什么样的，也没人想到 iPad 要设计成现在的样子，但乔布斯设计出来了，而且取得了成功（需要注意的是，这种以自我为中心、以对产品的洞察力为导向的设计方法有可能带来巨大的成功，也有可能带来巨大的失败）。

也许我们可以使用 Doblin Group 公司的 Larry Kelley 提出的三品质概念模型（见图 9-3）来解释这一现象。Kelley 指出，优秀的产品应具有以下三个方面的特性。第一种特性称为"可能性"。可能性是由技术专家解答的，有关"我们能做什么？什么是可能的？"这类问题。工程师必须知道什么是可以建造的，什么是不可以建造的。如果不能建造出来，产品的成功自然也无从谈起。第二种特性称为"可行性"，可行性是由商务人员回答的有关"什么是可行的？我们能销售什么？"的问题。一个成功的产品应该能支持企业的持续发展，而商务主

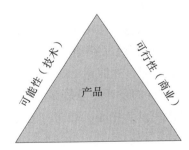

图 9-3　Larry Kelley 提出的
产品三品质概念模型

管必须清楚销售什么产品能够获得利润。第三种特性称为"期望性"，它回答了"什么是最值得期待的？人们想要什么？"的问题，这是由产品的设计师回答的。一种长期成功的产品，必须能增强人们的能力，给人们带来快乐。

虽然以用户为中心的设计在理论上几乎无懈可击，但随着交互设计实践的深入，它所暴露出来的一些问题也开始引起了专家和设计公司的注意。通过了解用户，我们也许可以做出"可能"和"可行"的产品，但是却难以满足用户对产品"期望性"的需求，即 UCD 可能会影响产品的创新性；与此同时，以用户为中心的设计思想往往目标宏大，而可操作性则受到时间、预算和任务规模的限制；而且 UCD 理论忽视了人的主观能动性和对技术的适应能力，

一味强调"机器适应人"，该思想不仅在实践上不可行，而且在理论上也失之偏颇。

为此，经过多年研究，Donald Norman 等人提出了以活动为中心的设计（Activity-Centered Design，ACD）方法。该方法不是把"用户"作为设计活动围绕的中心，而是把用户要做的"事"，或者说"活动"作为重点关注的对象。以活动为中心的设计使得设计人员能够集中精力处理事情本身，而不是一个遥远的目标，因此它更适合于复杂项目的设计。Norman 指出："这个世界上的大多数东西都是在没有得益于用户研究和以用户为中心的设计方法的情况下被设计出来的，不过这些东西仍然工作得很好。不仅如此，这些东西当中还包括了我们当今这个技术化的世界中的一些最成功的产品。"

Norman 进一步列举了汽车、照相机、小提琴、打字机、钟表等的设计，并认为它们之所以能够很好地完成自身工作，基本原因就在于，它们的设计完全基于对其所从事活动的深入理解，即符合以活动为中心的设计思想。有些东西甚至不是按照这个词的通常意义所描述的方式来进行设计的，而是以一种随时间演进的方式：每一代的设计人员都从他自己和用户的使用经验中得到反馈，缓慢地对上一代的产品进行改进。例如，苹果公司 1989 年推出的所谓便携式 Macintosh 电脑重达 15.5 磅，售价 6500 美元，问津者寥寥无几。但苹果公司从这次失败中吸取了教训，并重新考虑了便携式电脑的设计，在 1991 年推出了 PowerBook 和 Macbook 笔记本电脑，直到今天仍是笔记本设计的标准。因此，在设计中发挥设计师的聪明才智是非常重要的，只需假定用户能够理解任务和设计师的意图。Norman 进一步回答了有关应该是"人适应技术"还是"技术适应人"的问题，他指出：通过仔细观察历史上的很多例子可以表明，一个设计成功的产品同样需要对技术上的操作方法有很好的掌握。以上例子中无一不是人去适应工具。同样，Visual Basic 之父艾伦·库珀（Alan Cooper）也在其《About Face 3 交互设计精髓》一书中强调：设计师应该理解"让人类做他们胜任的事情，让计算机做它们真正胜任的事情"的原则和"计算机工作，人类思考"的公理，即只有深刻理解人与机器的差异，才能真正理解用户的需求，并满足用户的需要。

ACD 的设计思想是对流行的 UCD 思想的一种反思。早期的设计以技术为中心，直到出现了以用户为中心的思想，这是一个比较有跨度的飞跃。现在 Norman 提出的以活动为中心的设计思想就是把人与技术综合起来进行考虑，不再单纯考虑人或技术，而改为关注事情本身的活动目标。以活动为中心使设计师专注于手头必须完成的任务，创造出对完成任务有强大辅助作用的设施，对设计的远景目标则不予考虑。以活动为中心的设计同样是依赖于设计研究而进行的，同样需要对用户进行研究或调研，但这些研究的目标是为了更好地发挥设计师的主观能动性，而不仅仅盲从用户的一些不切实际的要求。

事实上，完全以用户为驱动的设计往往难以实现，或者是平庸的，因为它最终可能是一个折中了各方意见的产品，谁也不会真正爱上它。同样，以单个任务来设计产品只会是"一叶障目，不见泰山"。只有从活动的高度来审视产品设计，才能融会贯通。正如 Norman 指出的"以用户为中心的设计的一个基本思想就是倾听用户，认真对待他们的投诉和批评"。的确，倾听用户永远是明智的，但屈从于用户的要求会导致过于复杂的设计。一些以采用了以用户为中心的设计思想引以为荣的大型软件公司也遇到了这样的问题。随着每一次的更新，他们的软件变得越来越复杂，越来越难以理解。以活动为中心的设计有助于防止这种错误的发生，因为它关注的是活动，不是用户本身。这样做的结果就是有一个连贯并且能被清晰表达的设计模型。如果一个用户的建议不能很好地适应这个设计模型，它将不会被考虑。同样，采用以活动为中心的设计来代替以用户为中心的设计并不意味着抛弃已经学到的东西，活动都是和用户相关的，所以那些支持活动的系统必然也能很好地支持从事这些活动的人。我们仍旧可以利用本书所介绍的知识和经验，这既包括以用户为中心的设计领域也包括人机工程学领域 [Cooper 2004]。

习题

1. 尝试回忆以用户为中心设计的主要原则有哪些，并与教材内容比较一下，是否存在差别。
2. 列举常用的以用户为中心的设计方法。
3. 为什么需要用户参与到设计过程中，这样做的好处是什么？可能存在哪些问题？
4. 在用户参与设计中需要注意哪些问题？
5. 上下文询问法的四条原则分别是什么？
6. "以用户为中心"是交互设计领域的主要思想，其含义是产品设计要充分满足用户期望，并确实取得了很多成功。你认为这种思想可能存在的局限性是什么？试举出现实生活中没有根据该思想但却取得成功的产品。

参考文献

[Beyer and Holtzblatt 1998] Beyer H. and Holtzblatt K. Contextual Design: Defining Customer-Centered Systems[M]. San Francisco: Morgan Kauffman, 1988.

[Bøder et al 1991] Bøder S, Greenbaum J, Kyng M. Setting the Stage for Design as Action[A]. Design at Work: Cooperative Design of Computer Systems[M]. Hillsdale: Lawrence Erlbaum Associates, 1991: 139-154.

[Constantine and Lockwood 1999] Larry L. Constantine and Lucy AD Lockwood. Software for Use: A Practical Guide to the Models and Methods of Usage Centered Design[M]. Addison-Wesley, 1999.

[Cooper 2004] Cooper A. The Inmates Are Running the Asylum: Why High Tech Products Drive us Crazy and How to Restore the Sanity[M]. 2nd ed. Sams-Pearson Education, 2004.

[Dix et al 2004] Alan Dix, Janet Finlay, Gregory Abowd, Russell Beale.Human-Computer Interaction[M]. 3rd ed. Prentice Hall, 2004.

[Druin 2002] Druin A. The Role of Children in The Design of New Technology[J]. Behaviour & Information Technology, 2002, 21(1): 1-25.

[Gould and Lewis 1985] Gould J D, Lewis C H. Designing for Usability: Key Principles and What Designers Think[J]. Communications of the ACM, 1985, 28(3): 300-311.

[Heim 2007] Steven Heim. The Resonant Interface: HCI Foundations for Interaction Design[M]. 1st edition. Addison-Wesley, 2007.

[Heinbokel et al 1996] Heinbokel T, Sonnentag S, Frese M, et al. Don't Understimate the Problems of User Centredness in Software Development Projects—There Are Many![J] Behaviour & Information Technology, 1996, 15(4): 226-236.

[Ives and Olson 1984] Ives B, Olson M H. User Involvement and MIS Success: A Review of Research[J]. Management Science, 1984, 30(5): 586-603.

[Keil and Carmel 1995] Keil M, Carmel E. Customer-Developer Links in Software Development[J]. Communications of the ACM, 1995, 38(5):33-44.

[Kensing and Munk-Madsen 1993] Kensing F, Munk-Madsen A. PD: Structure in the Toolbox[J]. Communications of the ACM, 1993, 36(4): 78-85.

[Kujala 2003] Kujala S. User Involvement: A Review of the Benefits and Challenges[J]. Behavior & Information Technology, 2003, 22(1): 1-16.

[Kujala and Mäntylä 2000] Kujala S, Mäntylä M. Is User Involvement Harmful or Useful in the Early Stages of Product Development? [A]. In CHI2000 Extended Abstracts[C]. ACM Press, 2000:285-286.

[Muller 1991] Muller M.J. PICTIVE: An Exploration in Participatory Design[A]. In Proceedings of CHI'91[C]. 1991: 225-231.

[Muller 2002] Muller M. Participatory Design[A]. Human-Computer Interaction[M]. Hillsdale: Lawrence Erlbaum Associates, 2002: 1051-1068.

[Muller et al 1995] Muller M J, Tudor L G, Wildman D M, et al. Bifocal Tools for Scenarios and Representations in Participatory Activities with Users[A]. Scenario-based Design[M]. New York: John Wiley & Sons, 1995:135-163.

[Nielsen 1993] Jacob Nielsen. Usability Engineering[M]. San Francisco:Morgan Kaufmann, 1993.

[Root and Draper 1983] Root R W, Draper S. Questionnaires as A Software Evaluation Tool[A]. In Proceedings of ACM CHI'83[C]. 1983:83-87.

[Scaife et al 1997] Scaife M, Rogers Y, Aldrich F, Davies M. Designing for or Designing With?[A]. Informant Design for Interactive Learning Environments.In Proceedings of CHI'97: Human Factors in Computing Systems[C]. Atlanta, 1997(3):343-350.

[Sharp et al 2007] Sharp H, Rogers Y, Preece J. Interaction Design: Beyond Human-Computer Interaction[M]. 2nd ed. John Wiley & Sons Ltd., 2007.

[Tudor 1993] Tudor L G. A Participatory Design Technique for High-Level Task Analysis, Critique and Redesign: the CARD Method[A]. In Proceedings of the Human Factors and Ergonomics Society 1993 Meeting[C]. Seattle, 1993:295-299.

[Webb 1996] Webb B R. The Role of Users in Interactive Systems Design: When Computers Are Theatre, Do We Want the Audience to Write the Script?[J]. Behaviour and Information Technology, 1996, 15(2): 76-83.

[Winograd 1996] Winograd T. Bring Design to Software[M]. Addison-Wesley, 1996.

[傅等 2003] 傅利民, 沙尔文迪, 董建明. 人机交互：以用户为中心的设计和评估 [M]. 北京：清华大学出版社, 2003.

第三部分

评 估 篇

　　本部分详细介绍了多种交互性能评估方法。评估是交互式软件系统设计至关重要的环节，应该出现在产品开发生命周期中。第 10 章从评估的目标、原则、方法、步骤等角度全面介绍了开展评估所需要的准备工作，同时分析讨论了如何在交互式系统开发的不同阶段选择恰当的评估方法。第 11 章介绍了最为常用的评估方法——观察，学习本章内容，读者应重点思考如何在复杂的外部环境中发现对软件设计至关重要的因素。第 12 章询问同样是十分常用的评估方法，特别启发式评估在实际应用中具有广阔的应用前景。第 13 章用户测试通过对上述方法的组合，为读者搭建了完整的交互式软件系统评估过程，是需要读者用心体会的重要技术。

第 10 章

评估的基础知识

10.1 引言

前面章节中已经讨论了支持交互式系统设计的设计过程和相关技术。然而，即使应用上述过程和技术，仍然需要评估设计并测试系统，以确保其表现能像所期望的那样，并能满足用户的需求。评估的目的就是保证整个产品开发过程都能考虑用户的需要。然而，由于在不同的设计阶段我们关注的问题并不相同，因此做到这一点并不容易，需要用到各种技巧。在国外，有关可用性的测试和评估已经形成一个新的专业，称为可用性工程（Usability Engineering）。

"评估"有许多定义，也存在许多不同的评估技术，其中一些技术是直接让用户参与，其他的技术则通过理解用户的需要和心理，间接地让用户参与。Sharp 等 [Sharp et al 2007] 把"评估"定义为系统化的数据搜集过程，目的是了解用户或用户组在特定环境中，使用产品执行特定任务的情况。由此可以看出，评估是围绕一系列问题而进行的，其目的是检查设计（或设计的某些方面）能否满足用户的需要。其中一些问题涉及产品的高层目标，另一些则是更为具体的问题。例如，用户能否找到特定的菜单项，产品是否引人入胜等。在规划评估活动时，实际限制也是必须考虑的重要因素，如项目期限、预算及可接触的用户数量等。

将评估视为设计过程中一个单独的阶段是一种错误的观点。设计过程始于最初的需求分析，有了对用户的透彻理解，设计人员的设计就能更好地满足用户的要求。同样，若用户理解了设计构思，他们就能提出更好的反馈，以便设计人员改进设计。研究表明，与交付了系统之后再修正错误相比，在设计的初始阶段即引入用户评估通常更为经济 [Karat 1993]。

优秀的交互设计师应掌握如何在不同的开发阶段对系统的不同形式进行评估。尽管在设计过程中一直进行广泛测试是不可能的，但是仍应借助各种分析技术和非正式的技术保证对设计的连续评估。在这方面，评估和已经讨论过的原理与原型技术之间有密切联系。经验丰富的设计人员知道哪些技术可行、哪些不可行，但经验不足的设计人员在开始评测时往往不知所措。实际上，经过周密的计划，设计人员可以找出潜在的问题，并提出解决方法。

通过学习本章，读者能够：

- 了解评估在交互式软件系统设计中的重要性。
- 学习常用的评估范型和技术。
- 能够根据不同情况选择恰当的评估方法。
- 熟练运用评估步骤对交互式产品的可用性进行评价。

10.2　评估目标和原则

现在，用户的要求已远远超出了获得一个"可用的"系统。正如 Nielsen Norman Group 所指出的：

"用户体验"包含了最终用户与系统交互的所有方面……其首要需求是满足用户的确切要求，其次是使得产品简单、优雅，让用户感觉舒心、愉悦。

可以看出，用户希望系统易学、易用、有效、安全，并且令人满意。此外，有趣、引人入胜、富有挑战性也是某些产品的基本要求。设计人员不应假设其他人都同自己一样；同样，也不应假设遵循设计原则就足以确保产品具有良好的可用性。我们需要通过评估来检查用户能否使用以及是否喜欢这个软件产品。了解为什么要评估、评估的内容以及何时应该进行评估，是交互设计师需要掌握的关键技能。

另一位成功的可用性顾问 Bruce Tognazzini 也指出（www.asktog.com），进行产品评估有以下五个好处：

1）能够在产品交付之前（而不是之后）修正错误。

2）设计小组能够专注于真实问题，而不是假想问题。

3）工程师们能专心于编程而不是争论。

4）能够大大缩短开发时间。

5）在发布了第 1 版之后，销售部门即可获得稳定的设计，在销售时也就不必猜想后续版本将如何工作。

10.2.1　评估目标

评估有三个主要目标 [Dix et al 2004]：评估系统功能的范围和可达性，评估交互中用户的体验，确定系统可能存在的特定问题。

首先，系统的功能性是非常重要的，所涉及系统必须与用户的需求保持一致。换句话说，系统设计要能帮助用户执行他们期望的任务。这不仅包括具有合适的功能，也包括使用户能清晰地意识到需要执行任务的一系列行为，还包括将系统的应用与用户对任务的期望相匹配。例如，一名文档整理员能够通过普通的邮寄地址获得顾客的文档，因此计算机文件系统至少应提供同样的能力。同时，为评估系统对任务的支持效率，这一层次上的评估也可能包括测试用户应用系统的性能。

除依照系统的功能评估系统设计外，评估用户的交互体验和系统对用户的影响也很重要。这包括系统是否容易学习、可用性以及用户的满意程度等方面；也可能包括用户对系统的喜爱和情感回应，特别对休闲和娱乐系统而言，这一目标就更为重要。与此同时，对那些本身用户的负荷已经过重的任务领域，还应考察系统对用户记忆力的要求是否过量。

评估的最终目标是确定设计中存在的特定问题。当设计应用在具体环境中时，可能出现不期望的结果或使用户工作产生混乱。当然，这与设计的功能性和可用性两个方面有关（取决于问题的起因）。因此，评估应特别关注问题产生的根本原因，然后对其进行更正。

交互式产品的种类繁多，需要评估的内容也各不相同。举例来说，Web 浏览器的开发人员希望了解自己的产品能否使用户更快地找到所需信息；政府机构关注的是用计算机系统控制交通信号灯能否减少交通事故；而玩具制造商想了解六岁儿童能否操作控制器，是否喜欢玩具的外观；生产手机外壳的公司关心的是青少年喜欢什么样的形状、大小和颜色；新兴网络公司想知道的是市场对自己主页设计的反应等。

10.2.2 评估原则

根据软件可用性定义，在对软件的交互性进行评估的过程中还应遵循如下原则：

1）最具权威性的交互评估不应依赖于专业技术人员，而应依赖于产品的用户。因为无论这些专业技术人员的水平有多高，无论他们使用的方法和技术有多先进，最后起决定作用的都是用户对产品的满意程度。因此，对软件交互性能的评估，主要应由用户来完成。

2）交互评估是一个过程，这个过程早在产品的初始阶段就开始了。因此一个软件在设计时反复征求用户意见的过程应与交互评估的过程结合起来进行。在设计阶段反复征求意见的过程是评估的基础，不能取代真正的评估。但是如果没有设计阶段反复征求意见的过程，仅靠用户最后对产品的一两次评估，并不能全面反映出软件的可用性。

3）软件的交互性能评估必须在用户的实际工作环境下进行。交互评估不能靠发几张调查表，让用户填写完后，经过简单的统计分析就下结论；而是必须在用户实际操作以后，根据其完成任务的结果，进行客观的分析和总结。

4）要选择有广泛代表性的用户。因为对软件可用性的一条重要要求就是系统应该适合绝大多数人使用，并让绝大多数人都感到满意。因此参加测试的人必须具有代表性，应能代表最广大的用户。

10.3 评估范型和技术

在介绍具体的评估技术之前，我们先介绍一些关键术语。这个领域使用的术语并不严密，容易产生混淆，因此，有必要先澄清一些概念。我们从常用术语"用户研究"（User Study）开始，根据 Abigail Sellen 的定义，"用户研究就是研究人们在实际工作环境中或者在实验室中，如何使用新、旧技术执行任务"。任何类型的评估，不论是不是"用户研究"，都直接或间接地以某一组常识（基于某种理论）为基础，与评估相关的这些常识和惯例即称为"评估范例"（Evaluation Paradigm）（注意，它不同于第 2 章介绍的"交互范型"（Interaction Paradigm））。通常，评估范型与具体学科相关，它对人们如何考虑评估有很大影响。每个范型都有特定的方法和技术。举例来说，可用性测试可以称作一种评估范型，它属于应用科学。与可用性测试相关的技术包括：在受控环境中进行用户测试，在受控环境中（或工作现场）

观察用户的活动，问卷调查和访谈等。

10.3.1　评估范型

Sharp 等将评估范型分为四种不同类别 [Sharp et al. 2007]，分别是：①快速评估（Fast Evaluation）；②可用性测试（Usability Testing）；③现场研究（Field Study，又称实地研究）；④预测性评估（Prediction Evaluation）。其他文献可能使用的术语不同，但都表示类似的范型。

（1）快速评估

快速评估是设计人员非正式地向用户或顾问获得反馈信息，以验证设计构思是否符合用户需要，以及是否能够令用户满意。"快速评估"可在开发过程的任何阶段进行，如，开发人员在设计初期与用户进行非正式接触，了解用户对新产品的意见 [Hughes et al 1994]；在设计末期，开发人员也可采用类似的方法，了解用户对图标设计的看法，或检查网页的信息分类是否得当。由于这种方法不需要仔细记录研究发现，因此能够在很短的时间内完成，同时该方法所获得的反馈信息对设计的成功是必不可少的。

如前所述，"让用户参与开发"有助于获得大量信息。在设计初期，通过观察用户、与用户交谈，我们可以搜集到许多数据。这些数据通常是非正式、叙述性的，我们可以采用口语、书面笔记、草图、场景的形式把这些信息反馈到设计过程。顾问是另一个信息来源，他们使用用户行为、市场状况、技术等方面的知识，快速检查软件并提供改进建议。同时，这也是设计网站时经常使用的方法。

（2）可用性测试

在 20 世纪 80 年代，可用性测试是交互评估的主导方法。尽管目前它仍是一种主要方法，但"现场研究"和"启发式评价"已日益得到人们的重视。可用性测试用于评估典型用户执行典型任务时的情况，具体度量指标包括用户出错次数、完成任务的时间等。在用户执行任务的过程中，评估人员可用摄像机记录用户与软件的交互过程。根据这些观察数据，评估人员既可以计算执行任务的时间、出错次数，也可以分析用户的行为及其原因。对用户进行问卷调查和访谈，也有助于了解用户对系统的满意程度。

可用性测试的基本特征是，这种评估是在评估人员的密切控制之下实行的 [Mayhew 1999]。典型的测试是在专门的实验室环境中进行的，在这里，测试用户不会受到其他人和电话的干扰，也不能与同事交谈，不能查看电子邮件或执行其他任务。而在实际情况中，大多数用户可以在不同任务之间进行快速切换。评估人员记录测试用户的一举一动，包括每一次按键、评论、暂停、表情等，这些都将作为观察数据。

可用性测试的主要任务是获得用户执行情况的量化数据，但与一般的研究试验不同，它不进一步处理变量值；而且，测试用户的数量通常较少，不适合进行细致的统计分析。通过问卷调查获得的有关用户满意度的数据，往往需要经过分类并取平均值。有时，评估人员也以录像或场景的形式说明用户遇到的问题。评估人员可能把这些数据概括在可用性规格说明中，这样，开发人员就可以根据规格说明测试未来原型和产品的新版本。规格说明通常也指定了最优的性能等级和最低的可接受等级，并注明了当前的性能等级。据此即可进行协商并对设计进行修改——这就是术语"可用性工程"的由来。更多有关可用性测试的内容将在第

13 章进行详细介绍。

（3）现场研究

现场研究的基本特征是这种评估是在真实的工作环境中进行的，其目的是理解用户的实际工作情形以及技术对他们的影响。在设计产品时，现场研究可用于：①探索新技术的应用契机；②确定产品的需求；③促进技术的引入；④评估技术的应用，如 [Bly 1997]。

现场研究范型包括访谈、自然观察、用户观察和现场研究等。具体选用何种技术取决于拟收集的数据类型。数据形式是多样化的，可以是笔记、录音或录像形式的事件或对话记录，有时也需要搜集各种人工制品的信息。事实上，任何有助于说明用户实际工作情形的信息都可视为"数据"。对收集到的数据可以采用各种数据分析技术，如内容分析、话语分析以及对话分析等。这些技术有很大差别，如"内容分析"根据数据内容进行分类，而"话语分析"会对使用的词汇和短语进行检查。

从评估人员所处的角色上进行区分，我们可以把现场研究方法分为两大类：一类是评估人员作为"局外人"，只观察并记录用户的行为，而不参与完成具体任务；还有一类是评估人员也作为测试用户或称"局内人"，"现场研究法"属于这一类，其目的是要了解在特定情境下发生的具体细节。

（4）预测性评估

在进行"预测性评估"时，一种方法是专家们根据自己对典型用户的了解（通常使用启发式评估）来预测产品中可能存在的可用性问题；另一种方法是基于已有理论模型得出评估结论。预测性评估的关键特征是用户不必在场，这使得整个过程耗时较少、成本较低，但另一方面也会带来一些问题。

近几年来，启发式评估（即专家们根据经实践验证的启发式原则评价软件产品）已得到普及。以往，可用性指导原则（如应明确标注系统的出口）主要用于评估窗口软件（如表格系统、图书馆目录系统等）。随着各种新式交互式产品（如网站、移动电话、协作性技术设备）的出现，尽管其中一些原则仍然有效（如"应使用用户的语言"），但也有一些已不再适用。我们需要新的启发式原则以评估不同类型的交互式产品，如互联网产品、移动设备、协作性设备和计算机化的玩具等。启发式原则应基于可用性目标、用户体验目标、新的研究发现和市场研究等因素的结合。在使用启发式原则时必须非常小心，由于有些结果可能并不准确，因此设计人员有时会被启发式评价的结果所误导。

表 10-1 从用户角色，控制权（即由谁控制评估过程以及评估人员和用户的关系），评估地点、适用情形，搜集的数据类型及分析方法，如何把评估过程的发现反馈至设计过程，以及评估范例的基本思想等方面概括了各种评估范型的关键特征 [Sharp et al 2007]。

表 10-1　各种评估范型的特征

评估范型	快速评估	可用性测试	现场研究	预测性评估
用户角色	自然行为	执行测试任务集	自然行为	通常不参与
控制权	评估人员实施最低限度控制	评估人员密切控制	评估人员与用户合作	评估人员为专家
评估地点	自然工作环境或实验室	实验室	自然工作环境	类似实验室的环境，通常在客户处进行

（续）

评估范型	快速评估	可用性测试	现场研究	预测性评估
适用情形	快速了解设计反馈。可使用其他交互范型的技术，如启发式评估	测试原型或产品	常用于设计初期，以检查设计是否满足用户需要，发现问题，发掘应用契机	使用启发式评估的原型测试，可在任何阶段进行；模型可用于评估潜在设计的特定方面
数据类型	通常是定性的非正式描述	定量数据，有时是统计数据。可采用问卷调查或访谈搜集用户意见	应用草图、场景、例证等的定性描述	专家们列出问题清单，由模型导出量化数据（如两种设计的任务执行时间）
反馈到设计	通过草图、例证、报告	通过性能评估、错误统计报告等为未来版本提供设计标准	通过描述性的例证、草图、场景和工作日志	专家列出一组问题，通常附带解决方案建议。为设计人员提供根据模型计算出的时间值
基本思想	以用户为中心，非常实用	基于试验的实用方法，即可用性工程	可以是客观观察或现场研究	专家检查以实用的启发式原则和实践经验为基础，采用基于理论的分析模型

10.3.2　评估技术

存在众多的评估技术，我们可以使用各种方法对它们进行分类 [Sharp et al 2007]。本小节将首先讨论用于以下目的的几种技术类别，并将在后续章节对这些评估技术进行详细介绍。

（1）观察用户

观察用户有助于确定新型产品的需求，也可用于评估原型。笔记、录音、录像和交互日志是记录观察的常用方法，它们各有优缺点。评估人员面临的挑战是，如何在不干扰用户的前提下观察用户；如何分析数据，尤其是分析大量的录像数据；如何综合不同类型的数据（如笔记、图像、草图等）；第 5 章在介绍需求活动时已提到了一些观察技术，第 11 章将专门讨论如何把它们应用于评估。

（2）征求用户意见

取得设计反馈的简便方法就是询问用户对产品的看法。例如，是否具备用户期望的功能，用户是否喜欢它，设计是否富有美感，使用中会遇到什么问题，用户是否愿意经常使用等。问卷调查和访谈是这一过程的主要技术。待了解的问题可以是结构化的，也可以是非结构化的。调查的用户数量可以从几个到几百个不等。我们也可以利用电子邮件和互联网进行访谈和问卷调查。第 12 章将详细讨论这些技术。

（3）征求专家意见

征求专家意见是软件检验、软件复查时沿用已久的成熟技术，可用于评估代码和结构。在 20 世纪 80 年代，人们开发了许多用于评测可用性的技术，其中包括专家们借助于启发式原则，通过"角色扮演"的方法，模拟典型用户执行任务的情况，并从中找出潜在问题。开发人员喜欢这个方法，因为，与实验室评估和实地评估相比（它们都需要用户的参与），这个方法通常成本较低而且能快速完成。另外，专家们也会为问题提出解决方案。第 12 章将详细讨论这些技术。

（4）用户测试

可用性测试的基本目的是通过测量用户执行任务的情况，比较不同的设计方案。前面在讨论可用性测试时已提到，这些测试通常是在受控环境中进行的，方法是让典型用户执行典型的任务。评测人员搜集各种数据并分析用户的执行效率，包括完成任务的时间、出错次数和操作步骤。测试结果通常表示为统计值，如均值和标准偏差。第 13 章将介绍用户测试的基本知识，并说明它与科学实验的差别。

（5）基于模型的分析评估

人们已建立了一些人机交互的分析模型，用于在设计初期（即制作复杂原型之前）预测设计的有效性，找出潜在的设计问题。这些技术已成功地应用于功能有限的系统，如电话系统。GOMS 和按键模型是其中最常用的技术。第 8 章已提到了这些技术。

表 10-2 概括了评估技术与评估范型的关系。

表 10-2　评估技术与评估范型的关系

评估技术	评估范型			
	快速评估	可用性测试	现场研究	预测性评估
观察用户	观察用户实际行为的重要方法	使用摄像和交互日志的记录方式，可做进一步分析，以找出问题，了解操作步骤，计算执行时间	现场研究的核心方法。在现场研究中，评测人员与测试环境相融合；在其他类型的研究中，评测人员只做客观观察	——
征求用户意见	与用户和潜在用户讨论，可采用个别会谈、集体会谈或专门小组的形式	通过问卷调查了解用户满意度，也可通过访谈了解更多详情	评测人员可采用访谈的形式，与用户讨论观察到的问题。现场研究可采用现场访谈	——
征求专家意见	专家评估原型的可用性（提供"评估报告"）	——	——	在设计初期，专家使用启发式原则预测界面的有效性
用户测试	——	在受控环境中，测试典型用户执行典型任务的情况，是可用性测试的基本方法	——	——
基于模型的分析评估	——	——	——	使用分析模型预测界面的有效性，或比较用户使用不同设计方案的执行效率

10.4　评估方法的选择

交互式软件系统的种类繁多，而且不同产品的特性也各不相同，这些特性都需要经过评估。有些特征，如在网站上检索某个项目，最好是在实验室进行评估，以便评估人员掌握需要调查哪些内容。其他方面，如交互式玩具是否具备良好的适应性，儿童是否喜欢与它交互，则最好是在自然使用情形中进行评估，这样评估人员才能了解儿童如何使用这些设备。

在 10.3.2 节中，我们介绍了很多种交互评估技术。其中有些技术适合在设计过程中的所有阶段来评估一个交互式系统，还有些仅适合用在设计的特定阶段。在实际应用中，我们需要根据项目的具体需求选择恰当的评估方法。在这方面，没有固定的规则，即每种方法没有特别的优势和弱点，如果应用得当，都能取得较好的效果。以下，我们仅提供一些在选择评估技术时需考虑的因素，同时提供一种对评估技术的分类方法，并对这些技术进行简单的分析比较。

10.4.1　区分评估技术的因素

Alan Dix 在《人机交互》一书中提出了八条用于对不同评估进行区分和选择的因素 [Dix et al 2004]：

（1）评估在开发周期中所处的阶段

评估在开发过程中所处的阶段是影响评估方法选择的首要因素。前面已经介绍，理想情况是在整个开发过程中进行交互评估。设计阶段评估和实现阶段评估的主要区别是后者中存在已经完成的实际产品，包括纸质模型和可运行的软件。在设计阶段的评估相对更快速且更便宜。它可以只包括设计专家，而不需要真实用户的参与。当然也有例外，供人分享的设计在整个设计过程中都需要用户的参与。

由于设计阶段的问题相对容易解决，因此，无论对一项设计还是一个早期的原型或模型，初期评估都将带来很大的收益。相比较而言，无论对实现阶段的产品评估得出什么建议，对其进行修改难度都非常大。

（2）评估的形式

我们已经讨论了实验室研究与现场研究两种评估形式各自的优缺点。实验室研究允许进行受控的实验和观察，但是损失了用户环境中一些自然的东西；现场研究保留了后者，但同时丧失了对环境和用户行为的控制能力。理想情况下，评估过程应该包括早期阶段基于实验室的评估，以及对已实现产品的现场研究两个方面。

（3）技术的主客观程度

评估技术的主客观程度也存在区别：一些技术主要取决于评估人员的解释，而另一些技术则可以为所有人提供同样的信息。越主观的技术对评估人员的知识和专业技术的依赖程度就越大。例如，对认知走查或边做边说，评估人员必须明白用户在做什么。如果正确应用这些技术，其功能是很强的，将提供大多数客观方法所不能提供的信息。因此，应该承认并尽量避免评估人员的偏见可能导致的问题。一种减少偏见的方法是应用不止一名评估人员。可控实验是一种相对客观的评估方法，试验过程可有效避免偏见并提供可比较的结果，但可能会由于环境的影响导致不能反映用户的真实工作状态。理想情况下，应同时应用主观方法和客观方法。

（4）提供测量的类型

有两种主要的测量类型：定量测量和定性测量。前者通常是数字的，应用统计技术很容易进行分析。后者是非数字的，因此难以分析，但是能够提供数值无法确定的重要细节。测量的类型与技术的主观性和客观性有关。主观技术倾向于提供定性的测量，客观技术倾向于提供定量的测量。有时，将定性信息映射到一个相同的、可度量的测量是可能的。例如在问卷中搜索定性的信息（如用户的偏爱），即可应用定量的度量。

（5）提供的信息

在设计过程的任何阶段，一位评估人员所需的信息包括设计决策的底层信息（如哪些字符是最易读的）和高层信息（如"这个系统是可用的吗？"）。实验室研究在提供底层信息方面非常出色，因此我们可以设计一个用于测量界面的某个特定方面的试验；而问卷和访谈技术可用于收集用户对系统看法的一般印象等高层信息。

（6）响应的及时性

区分评估技术的另一个因素是所提供响应的及时性。一些方法（如边做边说）记录用户在交互时的行为，另一些方法（如任务后的走查）取决于用户对事件的回忆。在回顾和重构中，当用户依照印象来解释事件时，这样的回忆可能会受到偏见的影响，并且，回顾也可能会遗漏部分细节。

（7）蕴含的干扰程度

在交互期间，特别是那些产生直接反馈的评估技术对用户的干扰是显而易见的。除系统的日志记录外，大多数直接评估技术都会直接影响用户的工作。评估人员的干预有助于减少这方面的影响，但并不能完全消除干扰。

（8）需要的资源

在选择评估技术时，最后要考虑的是资源的可获得性。要考虑的资源包括设备、时间、资金、参与者、评估人员的专业知识以及环境等。资源局限性会对决策产生限制作用，例如，如果评估团队没有用过摄像机就不可能产生一个录像的协议（编辑设备也是一样）。

一些技术主要取决于评估人员的专业知识，例如形式化的分析技术。如果评估人员的专业知识有限，应用简单的启发式方法更实际，而不是应用那些需要理解用户目标结构的方法等。

最后，评估出现的环境将影响所做的事情。在某些情况下，可能不能访问待测系统的目标用户（例如一个通用系统），在一个预期的环境中测试系统也不可行（例如一个空间站系统或一个国防系统）。在这些情况下，就需要应用各种模拟技术。

10.4.2　评估技术的分类

表 10-3 对可用性评估方法进行了汇总 [Nielsen 1993]。出于篇幅的考虑，表 10-3 中列举了简要信息，但仍然提供了一个很好和方便的方法总览。很明显，表 10-3 中列出的可用性方法是相辅相成的，这一方面体现在它们分别用在软件开发生命周期的不同阶段（见第 4 章），另一方面体现在它们各有优缺点，能够在某些程度上相互弥补。因此，在实际使用中强烈建议不要只使用某一种方法而排斥其他方法。

表 10-3 同时也表明可根据参与评估活动的用户人数来选择适当的评估方法。如果用户人数很少，应重点考虑启发式评估、边做边说和观察法；如果有较多的用户，焦点小组就成为切实可行的方法；如果能够找到参与的用户数量非常多，则可以考虑选择问卷调查、交互记录以及系统收集用户反馈等方法。当然，随着方法的调整，对用户人数的要求会相应地有所变化。

表 10-3　可用性评估方法汇总

方法	生命周期阶段	所需用户人数	主要优点	主要缺点
启发式评估	设计早期，迭代设计的"内部循环"	无	能发现单个可用性问题，可以解决专家用户碰到的问题	不涉及真实用户，故无法在用户需求方面有"惊人发现"
边做边说	迭代设计，定性评估	3~5 人	查明用户的误解，测试费用低	用户感到不自然，即便专家用户也很难用语言表述
观察	任务分析，后续研究	3 人或以上	揭示用户的真实任务；对系统功能与特征提出建议	很难安排，实验人员无法控制
问卷调查	任务分析，后续研究	至少 30 人	发现用户主观偏好，容易重复	需要进行小规模试验（避免出现误解）
访谈	任务分析，后续研究	5 人	灵活，可以深入了解用户观点和用户体验	耗时，难以进行分析比较
焦点小组	任务分析，参与式设计	每组 6~9 人	自发响应，团体动力学	难以分析，有效性差
可用性测试	最终测试，后续研究	至少 20 人	发现经常使用（或很少）使用的特征，能够重复进行	对应用的分析需要大量数据，面临用户隐私问题困扰
交互记录和用户反馈	后续研究	上百人	跟踪用户需求和观点的变化	需要专门部门来处理回复

评估人员的经验对评估方法的选择也有影响。上述方法中最简单的两种方法是观察和边做边说，因为它们把大部分"工作"都留给用户来做，评估人员只需要默默地观察。评估人员通过参与大量观察与边做边说方面的研究工作，可以增进对可用性原理的领悟，从而极大地丰富他们的经验，提高这些评估人员的资质。同时，对可用性深刻的理解也有助于评估人员制定正确有效的度量计划及数据记录方法，也为设计出能够发现重要可用性问题的调查问卷和访谈提供可借鉴的经验。此外，焦点小组的主持人还应具备针对小组动态变化实时做出反应的能力。

10.4.3　评估方法的组合

有许多种不同的方式来组合可用性方法 [Nielsen 1993]，对每一个新项目所采用的可用性方法组合都会略有不同，这主要取决于项目的具体特性。一个常用的组合是经验性评估加上边做边说或其他形式的可用性测试。一般来说，可用性人员首先要从界面入手进行经验性评估，排除显而易见的可用性问题。重新设计界面之后，经由用户测试，来检查反复设计的效果，同时也发现经验型评估未发现的可用性问题。

在经验性评估和用户测试之间进行选择主要有两个理由。第一个原因是经验性评估不需要用户参与就可以发现并消除系统或产品中存在的许多可用性问题，实际上，有时并不容易找到一定数目的测试用户并进行有计划的安排。第二个原因是这两大类可用性评估方法所发现的可用性问题有明显的不同，这意味着两种方法可以互补而不会重复 [Karat et al 1992] [Jeffries et al 1991]。

以办公室间互联的视频电话系统的评估为例 [Cool et al 1992]，这个系统可能会让人们工作和交流的方式发生变化，但这种变化只有在系统持续使用一段时间之后才会显现出来。正如许多计算机支持系统一样，视频电话要求有一定量的测试用户才能保证测试的真实性，如果招来的测试用户大多数都不使用视频电话，那么这样得到的测试结果就不可信。由此看来，一方面，现场测试在了解用户长期行为变化方面必不可少；另一方面，进行这样的研究代价太高。因此，可用性人员会想到以经验性评估和基于实验室的用户测试作为补充，以较低的代价发现明显的可用性问题，这样，进行现场测试的大批用户就可以避免遇到这些明显的可用性问题。对这样的系统进行反复设计，可以通过进行少数几次周期较长的"外部迭代"和大量快速的"内部迭代"来实现。这里，"外部迭代"指现场测试，"内部迭代"指在现场测试之前对界面进行的改进。

与此类似，访谈和问卷调查也可以结合使用，即通过对一小部分用户进行开放式访谈，来明确定义封闭式问卷中的具体问题。

10.5　评估步骤

周密策划的评估活动有着明确的目标和适宜的问题。DECIDE 框架可用于指导评估过程，以下是 DECIDE 框架的过程清单 [Sharp et al 2007]：

1）确定（Determine）评估需要完成的总体目标。

2）发掘（Explorer）需要回答的具体问题。

3）选择（Choose）用于回答具体问题的评估范型和技术。

4）标识（Identify）必须解决的实际问题，如测试用户的选择。

5）决定（Decide）如何处理有关道德的问题。

6）评估（Evaluate）解释并表示数据。

10.5.1　确定目标

评估的作用是澄清用户的需要，它可以有不同的目标。例如，我们可以把目标定义为以下方面：

1）检查设计人员是否理解了用户需要。

2）确保最终界面满足一致性要求。

3）调查技术的引入对用户工作的影响。

4）决定如何修改已有产品的界面，以提高可用性。

目标的确定将影响评估方法的选择。例如，在设计用户界面时，对需要进行量化测量以评价界面质量的场合选用可用性测试；在为儿童设计新式的娱乐产品时，为了使产品更吸引人，需要观察儿童之间对产品的讨论，因此适合采用现场研究技术。

10.5.2　发掘问题

问题是为了对目标进行验证，从这些问题的回答中，我们就可了解是否达到了目标。假设目标是："找出为什么客户愿意通过柜台购买纸质机票，而不是通过互联网购买电子机票"，那么我们可以分解出以下相关的调查问题：例如，客户对新票据的态度如何？或许他们不信任计算机系统，而且不能确定持电子机票能否登机。客户是否有条件通过互联网订票？他们是否担心交易的安全性？该订票系统的名声是不是不好？系统的用户界面是否不够友好，不便于使用？或许极少有人能够完成整个交易过程等。

问题也可分解为更具体的子问题，例如，"用户界面不够友好"到底是指系统难以操作，还是使用的术语不一致，容易造成混淆？是系统响应太慢，还是反馈信息不够明确、不充分？问题分解可以持续进行，越细节的问题越有助于进行更细致的评估。

10.5.3　选择评估范型和技术

在确定了目标和主要问题之后，下一个步骤就是选择评估范型和技术。如前一节所述，评估范型决定了应选用的技术类型。在选择范型的过程中，必须权衡考虑实际问题和道德问题（详见下节）：最适用的技术可能成本过高，或需要过长的时间，或不具备必要设备和专门技能，因而必须做出折中。

不同类型的数据是从不同的角度看待问题的，组合使用不同的技术有助于了解设计的不同方面。

10.5.4　明确实际问题

在着手进行任何类型的评估之前即标识出各种实际问题非常重要。这些问题包括：用户、设施及设备、期限及预算、以及评估人员的专门技能等。

（1）用户

选择合适的用户参与评估对交互性能评估非常关键。可用性测试通常需要选择不同熟练程度的用户（如新手和专家）以及具备不同技能的用户参与。同时根据产品的类型，我们也应考虑年龄、性别、文化、教育程度、个性等方面的差异。为了确保测试对象具有代表性，可先做一些小的测试，以确定他们是否具备某种技能，以及是否属于特定的用户群。

"如何让用户参与"是另一个需要考虑的问题。例如在实验室研究中，用户应该花费多长时间来完成典型任务呢？这方面不存在硬性规定，任务的参与时间是因评估类型而异的。但是，若任务持续超过二十分钟，就应让用户休息片刻。因为根据统计，用户在击键二十分钟后就可能疲劳，此时应稍事休息和走动。评估人员也应努力消除用户的焦虑，让他们放松，使得他们能正常工作。即使用户是有偿参与评估，也应对他们有礼貌。在用户出错时，不能责备用户或让他们感觉不自在。还有一些方法有助于消除用户的紧张情绪，如在用户执行任务之前，安排一些时间让他们熟悉系统等。

（2）设施及设备

许多实际问题与评估所用的设备有关。例如，在使用摄像机时，需要考虑如何摄像，包括需要多少台摄像机、把它们放置在何处等。同时必须考虑如何避免摄像可能对用户产生的干扰。此外，也需要准备备用胶卷和电池。

（3）期限及预算限制

项目期限和预算也是需要考虑的重要因素。对二十位用户进行界面测试可能较为理想，但如果是有偿测试，就可能过于昂贵。此外，在计划评估活动时，评估是否能按时完成也很重要。实际情况是你不可能有足够的时间进行理想化的评估，因此，必须充分利用有限的资源和时间做出合理安排。

（4）专门技能

如果不存在专家顾问，就不能采用专家评测界面的方法。同样，若评估小组没有使用分析模型评测系统的经验，那么就不应选用这个方法。可用性测试也需要专门技能。分析录像数据可能需要数小时的时间，评估人员也必须具备必要的技能和设备。若要进行统计分析，在评估之前及之后还应咨询统计人员等，这些都是在着手评估之前需要考虑的因素。

10.5.5　处理道德问题

用户同意参与评估研究是出于信任，他们也需要付出时间，这些都应得到尊重。但是，怎样才算"尊重用户"？应向参与人员说明评估的哪些情况？参与人员又拥有哪些权利呢？美国计算机协会（ACM）和许多专业组织都规定了道德准则以约束成员的行为（尤其是涉及其他人的行为）。例如，"应保护个人隐私"，即除非获得批准，否则书面报告不应提及个人姓名，或者把个人姓名与搜集到的数据相联系。受保护的个人资料还包括健康状况、雇佣情况、教育、居所和财务状况等。同样，书面报告的措词也不应透露个人身份。例如，若焦点小组中包含九位男士和一位女士，那么报告中就不应使用人称代词"她"，否则，读者很容易判断"她"指的是谁。

许多机构和项目经理要求试验前参与人员阅读并签署一份如图 10-1 所示的协议书。协议书解释了测试或研究的目的，并承诺不公开参与人员的个人资料和测试结果，同时保证这些资料将只用于所声明的目的。这样做一方面有助于明确评估人员和评估对象之间的合作关系，同时也能有效避免不愉快的诉讼行为。

本人在此声明：本人已年满 18 岁，自愿参加由 XX 及 XX 主持的 XX 研究项目。

该研究项目的目的是评估 XX 系统的可用性。XX 系统是由 XX 开发的 XX 系统，用于 XX。

测试方法是使用该系统并接受观察。本人将使用 XX 系统执行特定任务，也将回答 XX 系统以及个人使用体验相关的各种问题。

这项研究所搜集到的所有信息属于机密，任何时候都不能公开本人的身份。

本人有权利随时提出任何问题，或者随时退出测试，而不必承担任何形式的赔偿。

图 10-1　用户协议书示例

以下简单列出了一些能够确保评估过程符合道德准则并充分考虑用户权利的指导原则：

1）向参与者明确说明研究的目的以及参与者需要做的工作，包括：评估过程、估计的时间、将要搜集的数据类型以及如何分析数据等。此外，也应描述最终报告的形式，在可能时，应为用户提供报告副本。若是有偿评估，也应说明支付详情。

2）向用户说明他们提供的（或测试中透露的）地址、财务、健康或其他敏感资料属于机密。通常情况下，应使用代号表示具体用户。若需要确定用户身份以便于后续研究，就必须把代号、用户个人资料和数据分开保存。在录音或录像时，应确保"匿名性"。此外，也要提醒用户对所测试的系统要保密，不要与别人讨论有关的内容。即使系统不是保密的，也最好要求用户保持沉默，不要与后面可能参加测试的人员讨论，免得让后者产生先入为主的印象。

3）向用户说明测试的目的是对软件进行评价，而不是对用户个人进行测试。

4）向用户说明关于实验的任何特殊要求，诸如边做实验边大声说出感受，或是在保证出错最少的同时尽快操作等。

5）除非实验人员实际上就是系统设计人员，否则实验人员应该告知用户自身与待测系统没有关系，以便测试用户可以自由表达意见，而不必担心伤害到实验人员的感情。如果确实是实验人员设计了系统，也应尽可能向用户保密，以免得到相反的效果。

6）向用户说明可能使用的录音录像设备。录像时只能有屏幕、键盘和用户的背影，而不能摄入用户的面部，这一点需向用户明确说明，以减轻他们对录像的忧虑。

7）欢迎用户提问，但是由于测试的目的就是看用户在没有帮助的情况下能否使用系统，因此实验人员在测试时一般不能回答用户的提问。

8）在可能情况下，应支付用户费用以建立正式的合作关系，并明确双方的义务和责任。

9）说明参与测试是自愿行为，在测试过程中，若感觉不适，用户有权随时中止评估。同时对那些选择停止试验的用户还是应该为他们所付出的时间付给一些报酬，即使他们没有完成实验，甚至他们的数据不被采纳也应如此。

10）避免在引用和描述时无意中透露用户身份。例如，在前面的焦点小组的例子中，就应避免使用代词"她"。

11）征得用户的同意后才能引用用户的话语，且引用过程只能以匿名方式进行。在正式发表研究报告之前，应为用户提供报告副本。

12）牢记"己所不欲，勿施于人"的一般原则。

互联网应用的蓬勃发展也促使研究人员进行更多的研究，以了解人们如何使用新技术和新技术对人们日常生活的影响。在许多项目中，开发人员和研究人员需要记录用户的交互过程，分析网络数据流或检查聊天室、电子布告栏或电子邮件的内容。在网络上交谈时，人们经常会说一些面对面的情形下不可能说的话。而且，许多人并未注意到，他们在网络上与人共享的信息在多年之后，甚至是从个人信箱里删除之后，懂技术的人仍有可能读取它。与前面提到的大多数评估方法不同，这些研究可能是在用户不知情的情况下进行的。这就引发了有关道德的讨论，包括个人隐私、保密、协议和擅用他人经历等问题 [Sharf 1999]。因此，在使用这类信息的时候也应小心谨慎。

10.5.6 解释并表示数据

确定评估目标、发掘待解决的问题、选择评估范型和技术、以及标识实际问题和道德问题，这些都是重要的评估步骤。此外，我们也需要决定应搜集什么数据，如何分析，以及如何表示。尽管在很大程度上，使用的技术决定了可搜集到的数据类型，但仍然存在选择余地。例如，是否需要对数据进行统计分析？如果搜集到定性数据，又该如何分析和表示等。有关数据分析和表示的具体技术将在第 11 章进行详细介绍。

此外，我们还需要回答一些一般性的问题，包括：所用技术是否可靠；使用该技术能否获得想要的数据，即它的有效性如何；偏见是否会影响评估结果；结果是否具有普遍性，即适用范围如何；环境对结果的影响如何，是否会根本改变结果等 [Preece et al 1994]。

（1）可靠性

可靠性是指给定相同条件，在不同时间应用同一技术能否得到相同的结果。不同评估技术的可靠性各不相同。例如，周密设计的试验具有高可靠性。其他评估人员若遵循相同的过程，应能得到相似的结果。相比之下，非正式的即席访谈具有低可靠性，因为很难重复完全相同的讨论。

（2）有效性

有效性是指在应用某一技术时，能否确实得到想要的目标测量数据。这包括两个方面：技术本身和技术的应用方法。举例来说，如果评估的目的是要找出用户在办公室里如何使用该产品，那么就不应进行实验室研究，而应在用户的家中进行现场研究；如果目标是找出完成任务的平均时间，那么只记录用户的出错技术就是徒劳的。

（3）偏见

偏见会对评估结果产生影响。例如，在进行启发式评估时，部分专家可能会对某一类型的设计缺陷更加敏感；评估人员在搜集观察数据时，也可能会认为某些类型的行为不重要，而刻意忽略它们。换句话说，评估人员可能有选择地搜集自己认为重要的数据；此外，访谈一方也可能通过语调、面部表情或问题的措辞等，无意识地影响被访谈人的反应。我们应留意任何可能的偏见，这很重要。

（4）适用范围

适用范围是指研究发现是否具有普遍性。例如，某些分析模型技术具有有限的、明确的作用范围。举例来说，击键层次模型能够预测专家用户在不出错的情况下使用系统的情形，但其结果对新手使用系统的情形是无效的。

（5）环境影响

环境影响关注的是评估环境如何影响评估结果。例如，实验室研究是在受控环境中进行的，实验室环境与工作场所、家庭或休闲环境有很大差别。因此，其结果未必能代表实际情况。相比之下，现场研究是在实际环境中进行的，更符合实际情形。

环境影响也体现在，当参与者注意到自己是被研究的对象时会积极响应，这被称为"霍索恩效应"（Hawthorne Effect）。在 20 世纪 20 年代至 30 年代，美国西电公司的霍索恩工厂进行了一系列试验，来研究改变工作时间、供暖、照明等条件的影响。最终他们发现，工人们之所以积极响应，是因为他们是被观察者，而非因为试验条件的变化。

10.6　小规模试验

在正式评估之前，先进行小规模试验以测试评估计划是一个好方法。小规模试验就是对评估计划进行小范围的测试，目的是确保评估计划是可行的。小规模试验能够找出潜在问题，以便即时修改。通过小规模试验能够帮助发现实验过程中含糊不清的指令、错误的时间估计、模糊的任务完成标准以及问卷中带有误导性的问题等，同时还能帮助我们发现设备使用中的一些问题，以及练习访谈技巧等。如果因为没有预先进行小规模试验，而导致在一个长达数小时的实验过程中影响了用户使用和实验结果，则不仅浪费时间和金钱，也会引起参与者的反感。

　　许多评估人员会进行多轮的小规模试验，其过程类似于迭代式设计，即"取得反馈—修改评估计划—再测试"，重复这一过程直至满意为止。从理论上说，小规模试验的次数是无限制的，但可能存在某些实际限制。如果很难找到参与者，或者参与者有限，那么也可以先征求同事们对评估计划的意见。这个方法快速，且成本较低，可以省却日后的许多烦恼。在针对同事评估的意见对设计进行完善后，可以请 1 ~ 2 位真实用户再进行一次小规模试验。

习题

1. 评估的目标有哪些？当设计系统是邮件系统时，对每一个目标提出一项具体的评估内容。
2. 一种观点认为，只要采取先进的交互评估技术，就能获得权威的性能评估结果。对此你怎么看？
3. 在交互评估过程中，用户起到了怎样的作用？和用户相关的问题有哪些？
4. 列举常用的评估范型和技术，说说各自的优缺点和适用范围。
5. 评估技术种类繁多，在实际应用中应该如何进行选择？需要注意哪些问题？
6. 请简述 DECIDE 评估框架的六个阶段。
7. 为什么开展小规模试验是重要的，有什么作用和实际意义？

参考文献

　　[Bly 1997] Bly S. Field Work: Is It Product Work?[J] ACM Interactions Magazine, 1997(1~2): 25-30.

　　[Cool et al 1992] Cool C, Fish R S, Kraut R E, Lowery C M. Iterative Design of Video Communication Systems[A]. In Proceedings of ACM CSCW'92[C]. Toronto, 1992:25-32.

　　[Dix et al 2004] Alan Dix, Janet Finlay, Gregory Abowd and Russell Beale.Human-Computer Interaction[M] .Prentice Hall, 2004.

　　[Hughes et al 1994] Hughes J A, King V, Rodden T, and Andersen H. Moving Out of The Control Room: Ethnography in System Design[A]. In Proceedings of CSCW'94[C]. Chape. Hill, NC, 1994:429-439.

　　[Jeffries et al 1991] Jeffries R, Miller J R, Wharton C, Uyeda K M. User Interface Evaluation In the Real Work : A Comparison of Four Techniques[A]. In Proceedings of ACM CHI'91[C]. New Orleans, LA, 1991:119-124.

　　[Karat 1993] Karat C M. The Cost-Benefit and Business Case Analysis of Usability Engineering[A]. InterChi'93[C]. Amsterdam, Tutorial Notes 23.1993.

　　[Karat et al 1992] Karat J, Campbell R, Fiegel T. Comparison of Empirical Testing and Walkthrough Methods in User Interface Evaluation[A]. In Proceeding of ACM CHI'92[C]. Monterey,1992: 397-404.

[Mayhew 1999] Mayhew D.J. The Usability Engineering Lifecycle[M]. San Francisco: Morgan Kaufmann,1999.

[Nielsen 1993] Jacob Nielsen. Usability Engineering[M].San Francisco: Morgan Kaufmann, 1993.

[Preece et al 1994] Preece J, Rogers Y, Sharp H, et al. Human-Computer Interaction[M]. Wokingham: Addison-Wesley,1994.

[Sharf 1999] Sharf B. Beyond Netiquette: The Ethics of Doing Naturalistic Discourse Research on the Internet [A]. Doing Internet Research. Critical Issues and Methods for Examining the Net [M]. Thousand Oaks, London and New Delhi, Sage, 1999: 243-257.

[Sharp et al 2007] Sharp H, Rogers Y, Preece J. Interaction Design: Beyond Human–Computer Interaction[M]. 2nd ed. John Wiley & Sons Ltd., 2007.

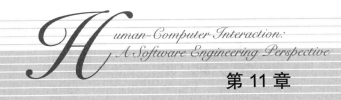

第 11 章

评估之观察用户

11.1　引言

观察用户怎样工作是一种非常重要的可用性方法，它既可以帮助我们获得用于进行任务分析的数据，又能够获得已部署系统在真实环境中的使用情况 [Diaper 1989]。观察的重要性还体现在用户并不总是能够客观和完整地对自己所使用的产品的实际情况进行描述，这表示通过访谈得到的信息实际上经过了用户的主观思维加工，很可能并不是真实的情况。此外，用户有可能会下意识地忽略一些习以为常的细节，因为他们对此过于熟悉了，认为根本没有必要特别地说出来。

观察法是最简单的一种可用性方法，因为它只需要访问一个或几个用户，并让他们使用系统和产品。虽然通常会要求用户完成一个预先确定的任务集合，但是如果在他们工作的地点进行观察，就能观察到用户的正常工作情况。Christian Heath 和 Paul Luff [Heath and Luff 1992] 在伦敦地铁控制室进行的现场研究表明，深入观察有助于改进系统的设计。

观察涉及看和听两个方面。通过观察用户与软件的交互过程，我们可以搜集到如用户在做什么、上下文是什么、技术支持用户的程序如何、还需要哪些其他支持等大量信息。然而简单的观察不足以决定系统如何满足用户需求，因为它不能洞察到用户的决策过程或态度，所以我们往往要求用户使用自言自语的方法对其行为进行详细描述 [Dix et al 2004]。

观察适用于产品开发的任何阶段。在设计初期，观察能够帮助设计人员理解用户的需要；在开发过程中，观察可以检查原型是否符合用户的需求。在观察过程中，观察人员可以记笔记或录制影像，但应尽可能避免干扰用户的工作。

观察既可以在受控环境中进行（类似实验室观察），也可以在产品使用的真实工作环境中进行（如现场研究）。评估人员可以选择的观察技术多种多样，有些是结构化的，有些则较为随意，还有一些以描述性为主。具体观察技术以及数据分析技术的选择，取决于评估的目标、需要解决的具体问题和实际限制。本章将专门讨论如何选用适当的观察技术，如何观察，数据记录和分析手段有哪些，以及各项技术的长处和适用性等。

本章的主要内容包括：

- 介绍常用的观察方法。
- 分析不同观察方法的适用场合。
- 讨论观察过程中数据的记录方式。
- 简要描述对观察数据的分析技术。

11.2　观察方式

观察用户操作的优点是观察人员可以从中发现一些意想不到的用户操作方式，几乎可以肯定的是，这是在事先计划好的实验室环境中难以发现的信息。例如，观察发现用户经常使用文字处理软件来编辑电子表格：他们首先打开一个模板文件，在其中填写内容，然后用一个新的文件名对它进行保存，而模板文件始终保持不变。在这些操作中，一个常见的错误就是用户对文件进行编辑之后没有用一个新文件名来另存，因而导致模板文件被覆盖。由于文字处理软件中没有"模板"的概念，因此没有对"模板"提供相应的保护，使得用户再也找不到该模板了。正是基于这些观察，现在很多文字处理软件已经把"模板"当做一类特殊文件来处理了 [Nielsen 1993]。

观察可分为在真实环境中的观察和在受控环境中的观察，二者在某些情况下的区别并不明显。有时现场观察也会刻意模仿实验室的测试条件，并采用与实验室测试基本相同的方法和设备（这些设备通常被收在带有滑轮的箱子里，使用时可以轻松地推到测试现场）。在受控环境中，观察者不能作为用户任务的参与者，而在实际环境中，观察者既可作为旁观者，也可实际参与用户工作。就具体的评估研究而言，评估人员扮演怎样的角色应取决于评估目标、实际限制和道德问题等。理解这些差别的最好方法就是实践。

11.2.1　实验室观察

实验室测试指在专门为可用性测试而安装配置的固定设备的环境下进行的测试。不同实验室的场地设计和布局有很大不同。图 11-1 是其中具有代表性的可用性实验室布局。这里通常有一个或几个测试区，用户在测试区使用被测试的系统进行测试；还有一个或几个观察区，用于工作人员监视和观察测试情况。条件许可的话，也可另辟访谈区用于在实验开始前后对用户进行访谈。实验室通常需要进行装修，以试图营造出办公室那样的舒适环境。同时实验室里必须配备计算机和操作平台以运行被测试的软件，根据需要还可以配备特殊软件来捕捉和监视键盘、鼠标以及屏幕的活动。也可以采用视频和音频设备记录测试过程以备事后分析。为了避免干扰测试对象，观察区和测试区是分开的。观察区中除了配备计算机外还有监视器、视频合成器、录音/录像设备及其他事件记录与分析设备。许多实验室在测试区与观察区之间安装一面单向镜子，使得观察人员对整个测试过程的观察更为轻松 [Constantine and Lockwood 1999]。

实验室测试的好处在于：它提供了可控和一致的软件评估环境。在这一环境下，对不同测试结果、不同用户、不同系统进行比较，会比较容易，也更能说明问题。因此，从该环境中得到的一系列测试结果可以放心地用于分析和统计。此外，实验室测试给投资建造它的公司带来的另一个好处是可用性测试设施可以作为一家公司对客户所作的可用性承诺的实物证据。不论这些公司是否愿意承认这一点，它仍被认为是许多公司投资可用性实验室的一个动机。

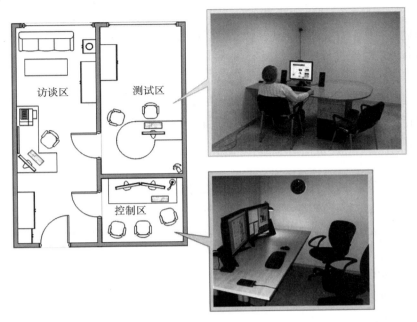

图 11-1　典型观察实验室的布局（图片来自 http://interux.com）

　　然而，这同时也是实验室测试的主要缺点。尽管实验室布置舒适，但仍是一个人为环境，与实际工作环境有很大不同。虽然评估人员对各种可能的测试情况都考虑得很周到，但是当用户从他们熟悉的办公室被带到陌生的实验室的时候，用户或多或少都会对新环境感到不自然，这可能使得被测用户的表现与在实际工作环境中有所不同，进而降低测试结论的普遍性和一般性。在实验室环境中很难观察几个人合作完成一项任务的情况，因为人与人之间的合作和通信主要取决于具体的环境。值得注意的是，对空间站等位于危险环境或较远地方的系统，实验室观察可能是唯一的选择。此外，对一些严格控制的单用户系统进行实验室研究也是很恰当的。如有必要，实地观察也可作为实验室观察的补充。

　　随着网络技术的发展和相关软件的成熟，用户坐在家中进行测试已经成为现实。通过使用类似 Windows Live Meeting 等软件，用户可以远程操作和使用软件，操作过程中如鼠标的移动以及屏幕内容的变化等屏幕信息都可以被观察人员实时观测到。由于在物理上观察人员不会坐在用户的身边或身后，因而用户能够以一种更加自然和真实的状态来使用产品，从而在一定程度上避免观察人员对用户的干扰 [Heim 2007]。

　　基于观察数据，我们可以分析用户在做什么，并统计用户花在任务各个部分上的时间。同时还能获得用户的情感反应，如叹气、皱眉、耸肩等，这些体现了用户的不满和受挫情绪。当开发人员发现用户费劲地使用着他们所设计的软件时，一方面会令他们感到很丢脸面，另一方面也会给他们一些启发和指导，并且还会逐渐能够设身处地地为最终用户着想。虽然测试环境是受控的，但实践中用户通常会忘记自己正在被观察。在这种受控环境下，观察者的任务首先是搜集数据，之后是分析录音、录像或笔记形式的数据流。这里，我们需要预先考虑下列实际问题 [Sharp et al 2007]：

1）安装测试设备。许多可用性实验室都装备有两三个角度可调节的壁挂式摄像机，用于记录用户执行测试任务的过程。其中之一可能用于摄录用户面部表情，另一个用于摄录鼠标移动和击键过程，第三个可能从更广的范围捕捉用户的肢体语言。来自摄像机的数据流被输入影像编辑分析系统，进行标注、编辑。有些可用性实验室是可"移动"的，可搬到客户处，建立临时的测试环境。

2）预先测试设备。测试的目的是确保设备的各项设置正确，并且能正常工作。例如，把录音设备的音量控制设置在合适的位置，以便记录用户的声音；调整摄像头位置，以便能顺利捕获所需要的影像等。

3）准备协议书和测试脚本。协议书中明确了需要用户完成的工作以及用户所拥有的权利，供用户在测试之前阅读并签署。同时还需要准备一个详细测试脚本，包括对用户的问候，说明测试目的、测试时间，详细解释用户权利等。此外，让用户感觉轻松自在也很重要。

实验室观察和现场观察可使用相同的数据搜集方法，如直接观察、做笔记、摄像等，但它们的使用方法有所不同。实验室观察的研究重点是用户执行任务的细节，而在现场研究中，重要的是应用的上下文，包括用户如何与技术、环境和人员相交互等。同时，实验室观察使用的设备通常是预先设置好的，相对稳定；而在现场研究中，通常需要不断移动设备的位置。

不论观察者作为旁观者还是参与者，观察过程中发生的事件都非常复杂且变化迅速。为帮助评估人员对观察活动进行组织，以及明确观察重点，许多专家提出了观察框架。例如，文献 [Goetz and Lecomfte 1984] 提出的框架注重事件的上下文、人员和技术，具体如下：

1）人员：有哪些人员在场？他们有何特征？承担什么角色？

2）行为：发生了什么行为？人们说了什么？做了什么？举止如何？是否存在规律性的行为？语调和肢体语言如何？

3）时间：行为何时发生？是否与其他行为相关联？

4）地点：行为发生于何处？是否受物理条件的影响？

5）原因：行为为何发生？事件或交互的促成因素是什么？不同的人是否有不同的看法？

6）方式：行为是如何组织的？受哪些规则或标准的影响？

Colin Robson[Robson 1993] 提出了类似的框架，如下所述：

1）空间：物理空间及其布局如何？

2）行为者：涉及哪些人员？人员详情？

3）活动：行为者的活动及其原因？

4）物体：存在哪些实际物体（如家具）？

5）举止：具体成员的举止如何？

6）事件：所观察的是不是特定事件的一部分？

7）目标：行为者希望达到什么目标？

8）感觉：用户组及个别成员的情绪如何？

这些框架不仅能帮助我们专注于某些问题，也有助于组织观察和数据搜集活动。

观察中除了能够检测用户使用系统的过程信息，很多经典的心理学实验方法已被应用到交互评估研究。我们可以通过目光跟踪发现屏幕的哪个区域对用户来说是易于理解或难以理解的；也可以通过目光跟踪获得的扫描路径判断用户感兴趣的区域、搜索的策略和认知负荷；心率、呼吸和皮肤分泌的变化能够体现用户对一个界面的情感反应，从而帮助设计人员确定哪些交互事件能够真正给一个用户施加压力，或者哪些交互事件能够使用户放松。以上研究均提供了客观地获得用户感情状态信息的一种方法 [Dix et al. 2004]。在某些情况下，这种测量是有用的 [Picard 1997]，但由于对这些生理指标的监测通常需要佩戴特殊的设备，因此可能会让用户觉得不够自然。

不论是在真实环境还是在实验室环境进行这类观察，都有可能遇到一个问题，即观察者不知道用户在想什么，而只能根据观察到的现象去揣测。假设为了评测某 Web 搜索引擎的界面，我们需要观察用户的使用过程。用户的任务是查找著名计算机学家 Allan Turing 所写的专著，但用户没有多少使用互联网的经验。他得到的提示是：先输入该检索网站的地址，再使用自己设想的最佳方法进行查询。然而在输入了 URL 之后，用户面对屏幕开始沉默不语。你或许想知道发生了什么，他在思考什么。了解这些问题的一个方法就是使用第 3 章提到的"边做边说"（又称"自言自语"）的评估技术。这是 Eriksont 和 Simon[Eriksont and Simon 1985] 在研究人们解决问题的策略时提出的方法。该方法要求被测试人说出自己的想法以及想要做的事情，这样，评估人员就能了解他们的思考过程。

边做边说法可描述用户认为在发生什么事情、用户为什么做一个动作以及用户将要做什么等。该方法的优点非常简单：只需要很少的专业技术（虽然难以完全进行分析），并且能够对界面中的问题提供有用的观察即可。同时，边做边说法也能够用于观察如何实际应用一个系统。该方法适合于对纸张原型或产品的早期模型进行评估。不过，它提供的信息大多是主观的，并且取决于所执行的任务。由于观察可能改变人们执行任务的方式，因此该方法提供了一种有偏见的观点。

在使用边做边说的评估过程中，当用户沉默时，评估人员可以提醒他们说出想法，但这可能会干扰用户。一种解决方法是让两位用户共同合作，以便他们能够互相讨论、互相帮助。合作的方式通常更为自然，而且能提示许多信息，尤其适合评估面向儿童的系统。该方法又被称为合作评估 [Monk et al 1993]。合作评估对供用户组共享的系统（如共享的书写板系统）的评估也非常有效。这种更加宽松的边做边说法不仅可以减少评估过程中的限制，更易于被评估人员所掌握，同时它也能够鼓励用户对系统提出批评意见，以及有助于澄清一些容易被评估人员混淆的现象。

在实验室内开展的受控试验对具有良好协调性的人机界面的重要性已经受到越来越多研究人员的重视。当需要设计新式的菜单结构、光标控制器和经过重新组织的显示版式时，受控试验可以为管理决策的制定提供相关的数据支持。例如，可以选择部分用户使用改进后的系统一段时间，然后将使用情况与其他作为参照的用户数据进行比较。用于比较的相关数据可以包括：执行时间、用户主观满意度、出错率和用户记忆的持久性等。又如，关于移动设备输入法的竞争已经引发了大量关于键盘布局的试验研究。研究中，实验人员对不同布局的键盘使用相似的训练方法，标准的测试任务，以及通用的用户测试策略。这些细致的控制是必需的，因为减少 10 分钟的学习时间就会增加 10% 的速度，或者减少 10 个错误就会在市场竞争中获得巨大的优势。

11.2.2　现场观察

　　实验室观察的优点在于，它能使研究人员更好地分离多个可能的影响因素，从而得出更准确的研究结果。它的缺点在于，用户将来真正使用软件时的环境很可能和实验室的状况有很大不同，因此那些与使用环境有关的可用性问题将很难被发现，而这正是现场观察的长处。顾名思义，现场观察指在用户的实际环境中观察用户使用软件时的情况。现场观察是发现与使用环境有关的问题的最佳手段。以针对超市收银系统设计的观察为例，如果你正在设计一个用于大型超市的由收银员使用的收银系统，那么最好亲自去像家乐福、沃尔玛等超市的收银柜台观察一下，看看收银员是在一种怎样的环境下操作软件的。通过观察，你将不难发现如下一些特点 [张 2009]：

　　1）工作环境十分嘈杂。

　　2）收银员一般站着操作。

　　3）他们的工作压力很大，必须尽快为每一个顾客结账，否则很快就有顾客在后面排队。

　　4）某些顾客可能不想要某个已经扫描过的商品。

　　5）某些顾客在结账时发现自己还想买一样东西，于是先把已经扫描过的东西放下，转身回去继续购买。

　　6）某些商品的标签打印得不清楚，条码扫描不起作用，收银员必须手工输入商品信息。

　　从以上描述可以看出，收银系统的操作效率要非常高，才能使收银员快速地完成各种常用操作，并尽可能预防各种操作失误的发生。可以不必过于关注系统的可学习性，因为可以假定收银员一定是经过了良好的培训后才允许上岗的。最后，屏幕上的信息显示要一目了然，让收银员可以轻松、正确地识别出各种信息。

　　Sharp [Sharp et al 2007] 等总结了在进行现场观察时需执行的步骤和应注意的问题，具体包括：

　　1）明确初步的研究目标和问题。

　　2）选择一个框架用于指导现场观察活动。

　　3）决定观察数据的记录方式。是使用笔记、录音、摄像，还是三者结合。同时应确保设备到位并能正常工作。虽然这是"观察"过程，但照相、摄像、访谈记录等技术同样有助于对观察到的现象进行解释说明。

　　4）在评估之后，应尽快与观察者或被观察者共同检查所记录的笔记和其他数据内容，目的是通过研究细节，确保理解了各种现象并做了正确的解释，以及发现记录中的含糊之处。因为人的记忆能力十分有限，所以这项工作应尽快进行，与实验过程的间隔时间越短越好。基本要求是在 24 小时之内回顾数据。

　　5）在记录和检查笔记的过程中，应区分个人意见和观察数据，并明确标注需要进一步了解的事项。在现场观察过程中，数据的搜集和分析工作在很大程度上是并行的。

　　6）在分析和检查观察数据的过程中，应适当调整研究重点。经过一段时间的观察，应找出值得关注的现象并逐步明确问题，用于指导进一步的观察（可以用于继续观察同一组用户，也可用于观察新的用户组）。

　　7）努力取得观察对象的认可和信任。应花一些时间与观察对象培养良好的合作关系。诸如和被观察者穿着相似的服装，了解观察对象的兴趣，对他们的工作表示赞赏等。安排固定的时间、场所进行会面也有助于增进彼此的了解。观察者应避免只关注用户组中容易接近的那些人，而应注意小组内的每一位成员。

8）谨慎处理敏感问题（如观察地点等）。在观察便携式家用通信设备的可用性时，在客厅和厨房进行观察通常是可行的，但在卧室和浴室进行观察就不太恰当。观察者应做到随和、通融，确保观察对象感觉舒适。用于搜集数据的设备也应尽可能避免让观察对象产生被冒犯的感觉。

9）注重团队协作。通过比较不同评估人员的记录，能得到更为可信的数据。此外，评估人员也可从观察不同的测试对象或应用环境的不同部分的角度进行分工。

10）应从不同的角度进行观察，避免只专注于某些特定行为。许多公司的结构都是层次化的，包括最终用户、业务人员、产品开发人员和产品经理等。从不同的层次进行观察，将会有不同的发现。

有些现场研究人员认为，现场观察法是开放式的解释性方法，评估人员应关注所有现象。也有些人更注重理论指导，如斯坦福大学的 David Fetterman [Fettermand 1998] 认为："在着手现场观察之前，研究人员应准备好问题，选择理论或分析模型，研究设计，并决定数据搜集技术、分析工具和写作形式"。这似乎是要求研究人员带着"偏见"进行研究，其实不然。通过变换观察角度，我们可以消除这些"偏见"带来的影响。现场观察法是一个"解释性"方法，它允许对现实进行多种解释。数据搜集和分析通常是并行的。随着对实际情形的深入了解，我们应逐步细化调查问题。

在过去十年中，现场观察法已经成为交互设计的可靠方法。为使产品能够应用于各种环境，设计人员需要了解应用的上下文和环境的变化情况 [Nardi and O'day 1999]。然而，对那些不熟悉现场研究或观察技术的人员来说，存在着两个难题：其一是"观察何时才算充分"，其二是"如何根据紧凑的开发期限和开发人员的技能相应修改现场研究技术"。与此同时，由于测试人员缺乏对测试环境进行控制和干预的手段，所以在真实和自然的环境下进行现场测试也有缺点。噪音、测试中断及其他易使注意力分散的外界干扰都会妨碍测试。例如，在测试进行的关键时刻可能会有电话打进来，或者用户在测试开始之前被请去开会了。然而这些问题有时也会转化为优势。如果这些条件对要测试的系统来说是具有代表性的环境，那么，一个可以应付干扰和减少用户注意力分散的健壮的设计就显得很重要了。有时甚至可以将测试协议设计成包含"有计划的干扰"，以评估用户在中断当前任务后是否能很容易地返回，并知道如何将工作继续做下去。

由于通常观察人员来自开发团队、计算机厂商或公司总部，用户很自然地会向观察人员提出一些问题，也可能请他们帮助使用系统来执行某些任务。在观察初期，观察人员应该拒绝用户的任何帮助请求，并告诉用户，试验希望观察用户在没有系统专家指点的情况下进行操作。在观察结束时，观察人员可以从自己的角色中走出来，为用户提供适当的帮助，从用户那里进一步了解他们想做的更多事情以及为什么无法自己完成。这也是对用户参与表示感谢的一种方式 [Nielsen 1993]。

在进行观察的时候，观察人员自始至终应尽量保持安静，目的是让用户感觉不到观察人员的存在，以便能反映用户的日常工作状态。有时用户的操作会令观察人员无法理解，这时可能就需要打断用户，请他对所做的某些操作进行解释。但要尽可能减少这种情况。一般比较好的做法是把用户莫名其妙的操作行为记录下来，当该操作后面再次出现的时候，看一看是否能够理解其用意。如果不能的话，在观察结束后就要询问用户，听取他对该操作的解释。

观察者对被观察者的影响取决于观察类型和观察技巧。观察者应尽量避免干扰被观察者。若观察者只对被观察者的某些行为感兴趣，那么这就是一种作为旁观者的观察。例如，在研究男生和女生在教室里使用计算机的时间差异时，观察者可站在教室后面，在数据表格上记录使用计算机的学生的性别以及使用时间。但如果目标是了解计算机及其他设备如何影响学生们的交流，那么更好的观察方法就是作为参与者进行观察。观察者在观察的同时，也可同学生们交谈，这就结合了参与者的角色。

最后，观察方法的有效性主要取决于数据记录方式和后继数据分析的效果。

11.2.3　结合访谈

观察，特别是间接观察法存在的主要问题是：它只能展示用户做了什么，而无法知道用户为什么这样做，即"知其然而不知其所以然"[Nielsen 1993]。尽管结合边做边说方法，可以获得有关用户行为和观点的部分信息，但仍可能在任务执行过程中存在一些评估人员难以理解的操作或行为。常用的一种方法是在记录数据之后再结合使用访谈，通过给用户显示他们使用系统时的数据记录信息，请用户详细讲述里面任何可能引发可用性问题的地方。例如，对一个从没用过系统某个功能的用户，可以询问他为什么没有使用该功能。

让用户面对自己使用系统的记录和由此统计出来的数据时应当非常小心，以避免让用户产生诸如"有人在监视"的想法。

11.3　数据记录

笔记、录音和摄像既可以单独使用，也可以结合使用。照相也经常作为这些方法的补充。当需要搜集多种不同类型的数据时，评估人员需要对各种数据进行协调，这虽然增加了工作量，但却能够提供更多信息和不同的观察角度。在大多数情形下，录音、照相和笔记就足够了；但在某些特殊情形下，可能还需要摄像以捕捉具体的细节信息。在实际应用中，可以根据研究人员的专业素质及环境和项目的特点来选取合适的数据记录方法。

11.3.1　纸笔记录

纸笔记录是最原始和最廉价的记录方式，它不包含过多技术成分，能让评估者对事件过程进行记录。采用纸笔记录的前提需要对所观察对象有一定程度的了解，以明确观察的侧重点，便于记录。由于书写的速度相对较慢，因而该方法的优点是事后需分析的观察数据的数据量通常较小。但是，在观察的同时做记录并不容易，一方面观察者容易产生疲劳，另一方面也会影响记录的速度。多人合作能够有效解决一些问题，观察者可以专心观察，同时也有助于提供不同的观察视角。

纸笔记录方式相当灵活，但为了数据存储和处理的需要必须进行转录。因为转录过程中评估人员通常会仔细检查并组织数据，所以转录工作可以作为数据分析的第一步。还有一种方式是直接使用便携式电脑代替传统纸笔，但这样做，一方面会失去纸笔书写方式的灵活性，另一方面也会受到分析员打字速度的限制。如果这是唯一可用的记录设备，那么推荐采取多人合作的方式，将记录者和观察者区别开来。

11.3.2　音视频记录

如果对观察对象不太了解，或者是需要观察的内容较多，则采用纸笔记录方式很难达到满意的效果。此时，录音可作为纸笔记录的替代方法。特别当采用边做边说法时，这种记录方式非常有用。录音存在两个主要问题：一是缺乏可见记录，二是数据转录非常烦琐，尤其当需要转录的数据量在数小时长度时。

视频记录的优点是只要选择合适的摄像机位置和视角，就能够看到用户正在进行的操作，并能获得足够的细节（只要用户停留在摄像机的拍摄范围之内）。但要始终让用户停留在摄像机的拍摄范围内很困难。而且，在嘈杂环境中，如有多台计算机同时工作，或在户外多风的情形下拍摄时，所摄录的声音也可能会含糊不清。针对这一问题，一种解决方法是让用户不要移动，但这可能会影响用户的正常行为；另一种方法是对单用户的计算机任务，可使用两台摄像机，一台对准计算机屏幕，另一台用广角对准用户的脸和手。如果计算机系统能自动进行屏幕录制，则可以省去第一台摄像机。

无论音频数据还是视频数据，所含的信息量都非常大，分析起来都非常耗时。如果需要详细分析每个动作和每句话，那么，分析一个小时的摄像数据往往需要超过 100 个小时的时间。实际应用中很多情况并不需要这一层次的细节信息，因此评估人员通常把音频数据和视频数据用于提示重要细节或作为情景说明的辅助材料 [Sharp et al 2007]。

当同时需要进行音视频记录时，转录就成了主要问题。从磁带转录与直接口述录入并不一样。磁带上的会话通常由部分的或间断的句子、不清晰的词语和说话中不连贯的噪声组成；同时，转录需要对不同声音（可能只在特定语境中是清楚的）和非词汇项进行注释，如停顿、强调、设备噪声、话筒的回响等。尽管优秀的录音的转录员已经习惯于处理不清楚的词汇和不合语法的句子，但要完全正确地录入所录制的内容仍很困难。一些从业人员认为，无论如何，利用打字员进行转录不是一种好方法，因为转录过程中可能会丢失一些细微的差别。

在实际使用中，由于音视频记录与纸笔记录各有优缺点，因此常混合使用，并相互补充。即使在具备成熟的音视频记录条件的场合，也可以使用纸笔对一些特殊事件和环境进行记录。

11.3.3　日志和交互记录

由于有些情况下评估人员可能无法在现场进行研究，以及直接观察可能会让用户产生被监视的想法，进而影响用户工作，因此在某些场合这些观察方法并不适用。这时我们只能采取间接的方法对用户行为进行记录。日志和交互记录是最常用的两种方法。根据搜集到的数据，评估人员可推断当时的实际情形，并找出产品在可用性和用户体验方面存在的问题[Sharp et al 2007]。

日志记录能够帮助评估人员获得如下信息 [Nielsen 1993]：

1）用户使用软件的频率。

2）每次使用软件的时长。

3）不同操作的使用频率。

4）常用操作和很少使用的操作。

5）功能的开启方式是通过键盘还是鼠标。

上述信息也可能包含一些数据上的特点，例如：

1）对 Word 软件来说，用户常用的字体和颜色是什么？一般的文档有多大，包含多少字？

2）对集成软件开发环境来说，一个工程中有多少源文件，每个源文件的大小分布如何，有多少行代码？

3）对网站来说，用户经常访问的网页有哪些？

日志记录既体现了用户是如何完成真实任务的，也能够方便地从工作在不同环境下的大量用户那里自动收集数据。设计人员可以参考关于系统命令和系统功能使用频率的统计结果来优化系统的常用功能；同时需要对未被使用的功能或很少用到的系统功能进行调查，看看是否有可改进之处，或者是否可以让这些功能更容易被用户找到；当然也可以考虑把无用的功能从系统中彻底删除。图 11-2 是一个日志记录内容示例。

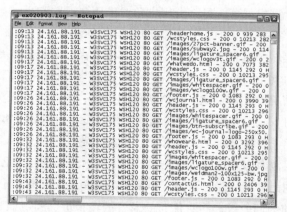

图 11-2　日志记录示例（图片来自 http://www.w3.org）

Bradford 等 [Bradford et al 1990] 曾记录并分析了某命令行操作系统对用户发出的 6112 条错误命令，发现其中 30% 的错误命令是由于拼写存在问题，这表明需要提供相应的拼写校对机制来协助用户输入系统命令。此外，至少有 48% 的错误属于命令模式错误，即用户发出的命令与系统的当前状态不符。在维护阶段纠正此类问题比较困难，但了解模式错误问题可以为系统下一次的主要设计改进提供很大帮助。频繁出现的错误信息，应是可用性工作的重点。如果某类错误频繁出现，分析人员就要考虑有没有必要重新设计系统以避免这些出错情况，或者减少出错的可能性。

Mosteller 和 Rooney[Chapanis 1991] 记录了某大型计算机系统的程序员收到的 3000 条错误信息，发现其中 85% 属于九个一般性的错误之一。他们对这些错误信息进行了深入分析，发现其中有一条写得很糟糕的信息（"符号未在程序中定义"）占到总数的 9.8%。由于在缺少更多相关信息的情况下程序员很难从根本上纠正这个错误，因此同一个程序员会不断地收到这条出错信息。随后，Mosteller 和 Rooney 对这条错误信息的措辞进行改进，重新标记出错内容，结果发现修改后该错误信息出现的比例只占到错误总数的 1.7%。这说明程序员使用新的错误提示信息可以有效避免再犯同样的错误。

在实施基于日志分析的用户研究时，软件在运行时会不断地把需要记录的信息保存到用户的计算机硬盘上，并在适当时刻通过网络发送回软件开发企业（对网站来说，使用情况就可以直接记录在网站服务器端）。需注意的是，记录用户使用系统的各种情况会带来个人隐私问题，因而一般要向用户解释所收集的是概要的统计数据，除非真正需要，否则不应该收集与用户的真实姓名等相关的内容。同时出于基本的道德规范要求，当开始记录交互数据的时候应告诉用户可能会被检测到的活动内容，并告之用户这些收集到的信息将被如何使用。如果用户不希望使用日志文件，还应该充分尊重用户的意见。

与其他记录方式相比，日志文件最大的优点是不会使用户受到干扰。实际上用户往往会忽略日志文件的存在。该方法特别适用于互联网应用和网站设计等用户分散、无法当面测试的应用场合。分析日志文件的成本较低，无需特别设备或专门技能，而且适合于长期研究。我们可以创建在线模板作为标准的数据格式，并把数据直接输入数据库进行分析，这些模板类似于在线问卷调查中的问题。日志研究能否成功主要取决于用户是否可信，以及能否提供完整的记录。因此，有必要采取一些激励措施，并且应该使整个过程尽可能简单和快速。

在可用性测试中使用"交互记录"已有很多年的历史，它能够记录用户的按键操作、移动鼠标或使用其他设备的过程。当同时使用交互记录和录音、录像数据时，评估人员通常需要对数据进行同步处理，以对用户行为进行分析，理解用户如何执行任务。交互记录带有时间戳，可用于计算用户执行特定任务的时间，统计用户浏览网站某个部分的时间，或计算使用软件特定功能的时间等。根据这些数据，设计人员可以决定是否需要对系统进行维护或升级。如果你想为电子商务网站增加一个电子布告栏，并期望它能够增加访问次数。为了知道实际效果，就需要比较增加电子布告栏之前和之后的数据流量；或者，也可以通过追踪用户的 ISP（Internet 服务提供商）地址，计算人们在网站逗留了多长时间，浏览了哪些网页，以及访问者来自何处等。南加州大学的研究人员在研究一个交互式艺术博物馆时就使用了这个方法 [Mclaughlinm et al 1999]。他们搜集了近 7 个月的各种信息，包括访问者何时访问该网站，索取了哪些信息，浏览每个网页的时间，使用何种浏览器，来自哪个国家等。基于 Webtrends 软件（一个商务分析软件）的数据分析显示，该网站在工作日的晚上最为繁忙。在另一项研究中，评估人员希望了解在线论坛上的"潜水行为"（即只阅读但不发表言论）。评估人员比较了 3 个月内论坛上发表的信息与会员的名单，进而了解了不同讨论组中潜水行为的差异 [Nonnecke and Preece 2000]。

11.4 数据分析

至此，我们已了解到，观察技术将产生大量不同形式的数据，如笔记、草图、照片、访谈或事件的录音和录像、日志和交互记录等。处理大量数据（如数小时的影像数据）是非常繁重的工作。因此，在进行观察研究之前，我们需要精心计划。DECIDE 框架指出，首先应明确目标和问题，以决定应搜集什么数据，以及如何分析数据。

在分析任何类型的数据时，首先要做的是仔细观察数据，看是否存在固定的模式或重要的事件，是否存在能够回答具体问题或证明理论的明显证据。接着，应根据目标和问题进行分析。以下将围绕 3 种类型的数据展开讨论：

1）用于描述的定性数据，解释这些数据的目的是描述观察到的现象。

2）用于分类的定性数据，可使用各种技术（如内容分析技术）进行分类。

3）定量数据，从交互记录或摄像记录中捕捉到的数据，表示为数值、表格、图形，用于统计目的。

11.4.1　定性分析

我们可以使用不同方法来分析由边做边说法、摄像和录音方法搜集的数据。分析又可分为粗略分析和详细分析（即分析每个词、短语，每句话，每个动作）。

若要仔细研究每句话、每个动作，那么，即使只需分析半小时的摄像数据也需要很长时间。这类详细分析通常并不必要。有时，结合行为的上下文研究具体动作就足够了。常用的一种方法是找出关键事件，如用户遇到困难的地方。这些事件往往存在某些特征，如用户发表评论、保持沉默或表露出迷惑的神情等。评估人员可着重研究这些情形，而把其余的摄像数据作为分析的上下文。例如，Jurgen Koenemann-Belliveau 等 [Koenemann-Belliveau et al 1994] 使用该方法比较了 Smalltalk 编程手册的两个不同版本。他们分析了初学者执行编程任务的过程，通过观察初学者的反应找出了用户遇到的困难和问题，更正了一些可能被忽视的潜在问题。关键事件使得他们能够从整体上理解问题。理论也可用于指导研究，帮助评估人员专注于切题事件。Wendy Mackay 等 [Mackay et al 2000] 使用该方法分析了一段长度为 4 分钟的用户使用新的软件工具的录像片段，并使用"活动理论"对分析过程进行指导。研究发现，用户需要在界面的不同部分和任务之间进行 19 次切换。甚至，有些用户因为花了过多时间在界面切换上，导致无法连贯地完成任务。不论是粗略分析，还是详细分析，也不论是使用理论指导，还是简单地观察事件和行为，我们都需要处理数据并记录分析过程。"情节串联图"是一种可选的数据分析方法。Wendy Mackay 等 [Mackay et al 2000] 研究中从录像中截取了一系列图像以表示任务执行过程，其上附有文字说明，并使用"情节串联图"描述了操作详情和遇到的问题。

"内容分析法"是一个可靠的系统化方法，可用于详细分析录像数据。它把数据内容划分为一些有意义而且互斥的类别——即不能以任何方式相互重叠，这是这个方法的最困难之处 [Williams et al 1988]。内容类别通常由评估问题决定。在使用该方法时，需要解决的另一个问题是选择合适的分类"粒度"。同时，内容类别也必须可靠，即应保证分析过程是可重复的。举例来说，假设你训练另一位研究人员使用你定义的内容类别，在训练结束后，你们两人对相同的数据进行分析。如果你们的分析结果存在很大差异，那么就需要找出问题的原因，是训练不足还是分类不当。如果研究人员不知道如何进行分析，那么就是训练的问题；否则就是分类的问题。如果确定是分类问题，那么就需要改进分类方案，并且再进行比较测试，以确定分类的可靠性。

　　评估研究并不经常使用内容分析法，因为这个方法费时、费力，但是该方法也存在成功应用的例子。Maria Ebling 和 Bonnie John[Ebling and John 2000] 在评估一个分布式文件系统的图形界面时，成功地应用一个层次化的内容分类技术进行了数据分析。

　　话语分析（Discourse Analysis）是另一个分析录像、录音数据的方法，它关注的是话语的意思，而不是内容。话语分析是解释性的，注重上下文，它不仅把语言视为反映心理和社会因素的媒介，也把它作为解释工具 [Coyle 1995]。话语分析的基本假设是，语言是社会现实的一种形式，可以从不同角度进行解释，不存在客观的科学真理。从这一层意义上说，话语分析的基本思想与现场研究相似。语言是解释工具，通过话语分析，我们即可了解人们如何使用语言 [Fiske 1994]。

　　措辞上的微小改动即可改变话语的意思。以下两段话就说明了这一现象 [Coyle 1995]：

　　"当你说'我正在进行话语分析'时，你实际上就是在进行话语分析……"
　　"Coyle 认为，当你说'我正在进行话语分析'时，你实际上就是在进行话语分析……"

　　第二段话中增加了"Coyle 认为"几个字，整句话的权威性就发生了变化，它取决于读者对 Coyle 工作的了解和他的个人名望。有些分析员也认为寻找话语中的变动性是话语分析的有效方法。

　　对互联网应用（如聊天室、电子布告栏和虚拟世界）进行话语分析能够增进设计人员对用户需要的理解。另外也可以使用"对话分析法"（Conversation Analysis）。对话分析是一种非常细致的话语分析方法，可用于仔细检查语义，其重点是对话过程。该技术特别适用于社会研究，如分析对话如何开始，发言的次序以及对话规则，也非常适用于研究录像或计算机通信（如聊天室应用）中的对话过程。

11.4.2　定量分析

　　在可用性实验室搜集摄像数据时，通常需要在观察的同时做一些附注。评估小组在远离测试对象的控制室内，通过监视器观察测试过程。当发现错误或异常操作时，评估人员应在摄像数据上做标记并进行简短说明（图 11-3 为一个简单的视频编码模式，图 11-4 为基于该模式完成的某用户的观察数据记录）。在测试结束后，评估人员使用经过加注的录像数据，计算用户的执行时间，比较用户使用不同原型的情形。

　　同样，评估人员也可以使用交互记录计算用户的执行时间。通常，评估人员需要对这些数据做进一步的统计分析，如求平均值、标准偏差、进行 T 测试等。如前所述，也可以量化分类数据并进

标　记	事　件
S	任务开始
E	任务结束
O	观察到异常 / 问题
G	用户的积极印象
Q	用户评论
X	错误或意外操作
H	用户向试验指导人员提供帮助
P	试验指导人员给用户提示
T	超时
⑦	待讨论操作
C	试验指导人员的评论
*	非常重要的动作

图 11-3　一个简单的视频编码模式

行统计分析。特别针对日志和交互记录方式而言，由于获得的数据量较大，因此需要强大的分析工具对数据做定性、定量的分析。WebLog 是其中之一，它能够动态显示网站的受访情况 [Hochheiser and Shneiderman 2001]。NUDIST 允许通过关键字或短语检索研究记录，它可列出这些关键字或短语的所有出处，并且可以树形方式显示各出处相互之间的关系。同样，NUDIST 也可用于搜索文本，寻找预定义的类别或词组，用于内容分析。而且，研究人员也可以使用这些工具进行探索性的搜索，以测试对不同数据类型所做的假设。

测试名称：编辑 HTML 文档		用户编号：5
日期：2012 年 8 月 26 日	时间：10:50	页码：1/3
任务编号	消耗时间	观察到的现象
1	04:25	X: 打开错误的文件，发现错误
		X: 再次打开错误的文件
	06:22	P
	07:10	T
2	11:30	Q: "希望都这样简单"
	15:20	⑦: 长时间犹豫，随后改正了动作
	16:13	E

图 11-4　基于图 11-3 视频编码模式完成的某用户的观察数据记录

Observer VideoPro 是一个自动数据分析工具，可为观察中记录的每一帧图像进行如上编码，并允许评估人员对时间进行标注。在数据搜集过程中，可根据时间准确定位事件。此外，也存在其他一些支持基本统计分析的软件工具。例如，可使用统计测试工具（平方阵列表分析工具或秩相关分析工具）分析某些数据，以确定特定的数据走向是否重要等。更多有关量化分析的讨论将在本书的第 13.4 节进行详细阐述。

习题

1. 指出实验室观察和现场观察在进行数据搜集时有何异同。
2. 实验室观察和现场观察各有哪些优缺点？
3. 我们都知道，人在被观察的情况下可能会做出与自然情况下不同的动作，从而影响试验结果的有效性。实验室观察因其结构的特殊性，用户并不会感觉到自己正在被观察。那么在实验室进行观察时，需要告知用户其行为会被监测吗？
4. 你认为在开展观察活动时，哪些信息是重要的？请尝试提出一个新的观察框架。
5. 为什么需要在应用观察技术时使用边做边说的方法，它能解决什么问题？
6. 在进行现场观察时，评估人员应如何处理用户有关系统如何使用的提问和求助？
7. 观察后与用户进行访谈的目的是什么？
8. 请尝试回答"观察何时才算充分"的问题。

参考文献

[Bradford et al 1990] Bradford J H, Murray W D, Carey T T. What Kind of Errors Do Unix Users Make[A]. In Proceedings of IFIP INTERACT'90 3rd International Conference on Human-Computer Interaction[C]. 1990:43-36.

[Chapanis 1991] Chapanis A. The Business Case for Human Factors in Informatics[A]. In Human factors for Informatics Usability[M]. Cambridge:Cambridge University Press, 1991:21-37.

[Constantine and Lockwood 1999] Larry L Constantine, Lucy AD Lockwood. Software for Use: A Practical Guide to the Models and Methods of Usage Centered Design[M]. Addison-Wesley, 1999.

[Coyle 1995] Coyle A. Discourse Analysis[A]. In G M Breakwell, S Hammond, and C Fife-Schaw, eds. Research Methods in Psychology[M]. London: Sage, 1995.

[Diaper 1989] Diaper D. Task Observation for Human-Computer Interaction[A]. In Diaper D, eds. Task Analysis for Human-Computer Interaction[M]. Chichester: Ellis Horwood, 1989:210-237.

[Dix et al 2004] Alan Dix, Janet Finlay, Gregory Abowd and Russell Beale Human-Computer Interaction[M]. 3rd ed.Prentice Hall, 2004.

[Ebling and John 2000] Ebling M R, and John B E. On the Contributions of Different Empirical Data in Usability Testing[A]. In Proceedings of ACM DIS[C]. 2000:289-296.

[Eriksont and Simon 1985] Eriksont T D, Simon H A. Protocol Analysis: Verbal Reports as Data[M]. Cambridge:The MIT Press, 1985.

[Fettermand 1998] Fettermand D M. Ethnography: Step By Step[M]. 2nd ed. Thousand Oaks: Sage, 1998.

[Fiske 1994] Fiske J. Audiencing: Cultural Practice and Cultural Studies[A]. In N K Denzin and Y S Lincoln, eds. Handbook of Qualitative Research[M]. ThousandOaks: Sage, 1994:189-198.

[Goetz and Lecomfte 1984] Goetz J P, Lecomft M D. Ethnography and Qualitative Design in Educational Research[M]. Orlando: Academic Press, 1984.

[Heath and Luff 1992] Heath C, Luff P. Collaboration and Control: Crisis Management and Multimedia Echnology in London Underground Line Control Rooms[A]. In Proceedings of CSCW'92[C]. 1992:69-94.

[Heim 2007] Steven Heim. The Resonant Interface: HCI Foundations for Interaction Design[M]. Addison-Wesley, 2007.

[Hochheiser and Shneiderman 2001] Hochheiser H, Shneiderman B. Using Interactive Visualization of WWW Log Data to Characterizeaccess Patterns and Inform Site Design[J]. Journal of the American Society for Information Science, 2001,54(4):331-343.

[Koenemann-Belliveau et al 1994] Koenemann-Belliveau J, Carroll J M, Rosson M B and Singley M K.Comparative Usability Evaluation: Critical Incidents and Critical Threads[A]. In Proceedings of CHI'94[C]. 1994:217.

[Mackay et al 2000] Mackay W E, Ratzer A V, Janecek P.Video Artifacts for Design: Bridging the Gap between Abstraction and Detail[A]. In Proceedings of DIS[C]. 2000:72-82.

[Mclaughlinm et al 1999] Mclaughlinm M, Goldberg S B, Ellison N, Lucas J. Measuring Internet Audiences:Patrons of An Online Art Museum[A]. In S Jones, eds. Doing Internet Research: Critical Issues and Methods for Examining the Net[M]. Thousand Oaks:Sage, 1999:163-178.

[Monk et al 1993] Monk A, Wright P, Haber J, Davenport L. Improving Your Human-Computer Interface: A Practical Approach[M]. Hemel Hempstead:Prentice Hall International, 1993.

[Nardi and O'day 1999] Nardi B A, O'day V L. Information Ecologies: Using Technology with A Heart[M]. Cambridge: The MIT Press, 1999.

[Nielsen 1993] Jacob Nielsen. Usability Engineering[M]. San Francisco:Morgan Kaufmann, 1993.

[Nonnecke and Preece 2000] Nonnecke B, Preece J. Lurker Demographics:Counting the Silent[A]. In Proceedings of CHI'00: Human Factors in Computing Systems[C]. 2000:73-80.

[Picard 1997] Picard R W. Affective Computing[M]. Cambridge:MIT Press, 1997.

[Robson 1993] Robson C. Real World Research[M]. Oxford:Blackwell, 1993.

[Sharp et al 2007] Sharp H, Rogers Y, Preece J. Interaction Design: Beyond Human-Computer Interaction[M]. 2nd ed. John Wiley & Sons Ltd, 2007.

[Williams et al 1988] Williams F, Rice R E, Rogers E M.Research Methods and the New Media[M]. New York: The Free Press, Macmillan Inc, 1988.

[张 2009] 张亮 . 细节决定交互设计的成败 [M]. 北京：电子工业出版社 , 2009.

第 12 章

评估之询问用户和专家

12.1　引言

　　很多设计人员常因对自己作品的偏爱而未对其进行充分的评估。有经验的设计人员却有足够的理智和冷静，知道对产品进行广泛的评估是必不可少的。甚至可以说，如果对产品不进行评估就不能客观评价该产品的设计是否重视和考虑了人性因素。

　　对产品的可用性进行研究，最简单的方法就是从用户那里获得对产品的意见和建议。上一章中我们介绍了如何观察用户。为了解用户做了什么、想做什么以及喜欢什么和不喜欢什么，我们还可以使用另一种方法，即询问用户。该方法尤其适用于客观上较难度量的、与用户主观满意度和可能的忧虑心情相关的问题。询问用户可以通过问卷调查的方式实现，也可以直接与用户进行访谈。访谈和问卷调查是社会科学研究、市场研究和人机交互学科中沿用已久的技术，适用于快速评估、可用性测试和现场研究，它们在研究用户如何使用系统，以及哪些系统功能是用户非常喜欢或不喜欢的方面也十分有效。

　　当不知道该怎么做或者对预期的结果没有把握的时候，请专家帮忙也是比较可行的一种方法。有经验的评估专家在实践中逐步形成了自己用于解决问题的一些诀窍，其中有些诀窍对开发人员是很有帮助的。除了试用所选的用例，或尝试各种不同的场景，许多专家在进行评估时采用角色互换、压力测试或穷尽测试等方法。仅仅了解或掌握其中的某些方法，并不意味着就可以成为可用性专家，但这确实有助于更好地去评估自己和他人的工作 [Constantine and Lockwood 1999]。

　　本章的前半部分将讨论访谈和问卷调查。与观察技术相同，这些技术也可用于需求分析（见第 5 章），但本章将着重讨论这些技术在评估中的应用。本章的后半部分将讨论启发式评估和认知走查这两种专家评估方法，这些方法都适用于预测产品界面的可用性。

　　本章的主要内容包括：

- 描述访谈方法在交互评估中的应用。
- 讨论问卷调查的设计和组织。
- 介绍认知走查方法和启发式评估方法。
- 了解这些技术的优缺点和适用情况。

12.2　询问用户之访谈

访谈可视为"有目的的对话过程"。它与普通对话的相似程度取决于待了解的问题和访谈的类型。

12.2.1　指导原则

在设计访谈的问题时，应确保问题简短、明确、此外也应避免询问过多的问题。以下是一些在开展访谈时可借鉴的指导原则 [Robson 1993]：

1）避免使用过长的问题，因为它们不便于记忆。

2）避免使用复合句，应把它们分解成几个独立的问题。

例如，应把问题"这款手机与你先前拥有的手机相比，你觉得如何"，改为"你觉得这款手机怎么样？你是否有其他的手机？若是的话，你觉得它怎么样？"。后一种问法对受访者来说较为容易，而且也便于访问人做记录。

3）避免使用可能让用户感觉尴尬的术语或他们无法理解的语言。

4）避免使用有诱导性的问题。

例如："你为什么喜欢这种交互方式？"若单独使用该问题，它就带有一种假设，即用户喜欢它。

5）尽可能保证问题是中性的，避免把自己的偏见带入问题。

在计划访谈时，应考虑到受访者不愿受访或时间仓促等情形。需明确，受访者是在帮你的忙，因此，应尽可能让他们感觉愉快。以下步骤对实现这一点能够有所帮助 [Robson 1993]：

1）在访谈开始前，访问人应先介绍自己，并简要解释访谈的原因，以消除受访人对道德问题的疑虑。同时还需询问受访人是否介意访谈过程被记录（录音或摄像）。对每一位受访人都应如此。

2）进入"热身"阶段，先提出简单的问题，包括用于统计目的的问题，如"你住在何处"。

3）进入主要访谈阶段，按逻辑次序由易到难进行提问。

4）进入"冷却"阶段，提出若干相对容易回答的问题，消除用户的紧张感觉。

5）结束访谈。访问人应感谢受访者，关闭相应记录设备，表明访谈已经结束。

Robson 还指出，对访谈而言，最重要的原则是要以"专业"的态度来进行访谈。以下是有关访谈的一些补充建议 [Robson 1993]：

1）衣着整洁、朴实。可能的话，与受访人穿着相似的服装。

2）准备一份供受访者签署的协议书。

3）若需要使用记录设备，应事先掌握设备的使用方法，确保设备能够工作。

4）如实记录访谈过程，不要润色、更正或修改受访人的回答。

和其他评估方法一样，在正式访谈开始前，邀请同事对访谈问题进行检查以及开展小规模试验有助于找出潜在问题并且试验访谈过程。

12.2.2　访谈类型与技巧

访谈有四种主要类型：非结构化（或开放式）访谈、结构化访谈、半结构化访谈和集体访谈 [Fontana and Frey 1994]。前三类的命名根据访问者是不是严格按照预先确定的问题进行访谈，第四类是围绕特定论题进行的小组讨论，访问人将作为讨论的主持人。

（1）非结构化访谈

就访问人对访谈过程的控制而言，非结构化或开放式访谈是一个极端情形，它更像是围绕特定问题的对话过程。这里，访问人提出的问题是开放式的，换句话说，它不限定问题的内容和格式。受访人可以自行选择是详细回答还是简要回答。访问人和受访人都可以引导访谈过程。因此，在进行这类访谈时，访问人应确保能够搜集到重要问题的回答，这是访问人必须掌握的技巧之一。不准备议程而期望完成目标是不可取的，也是不现实的。明智的方法是在访谈前事先计划需要了解哪些主要事项并且有组织地进行访谈。

在进行非结构化访谈时，需要记住以下事项：

1）明确研究目标和问题（利用 DECIDE 框架），准备访谈议程。

2）在访谈中，应抓住有益的问题线索展开讨论。

3）应签署协议书，并留意道德问题。

4）应取得受访人的认同，让受访人感觉自在。如穿与受访人相似的服装，或花一些时间了解他们的个人资料等。

5）应鼓励受访人表达自己的看法，不要把自己的观点强加给他们。

6）在开始和结束每个访谈阶段时，应向受访人说明。

7）在访谈之后，应尽快组织和分析数据。

（2）结构化访谈

结构化访谈是根据预先确定的一组问题（类似于问卷调查的问题，见 12.3 节）进行的访谈，它适用于研究目标和具体问题非常明确的情形。为了达到最佳访谈效果，问题应简短、明确。在初步确定问题之后，应邀请其他评估人员进行检查并且进行小规模试验，以便提早发现潜在问题并进行修改。这些问题通常是"封闭式"的，受访人可以通过选择选项做答（选项可以列在纸上，也可以由访问人报出）。结构化访谈是标准化的研究过程，对每一位受访人都将提出相同的问题。

（3）半结构化访谈

半结构化访谈结合了结构化访谈和非结构化访谈的特征，它既使用开放式的问题，也使用封闭式的问题。访问人应确定基本的访谈问题以保证一致性，即同每一位受访人讨论相同的问题。访问人可从预设的问题开始，然后引导用户提供进一步的信息，直到无法发掘出新信息为止。例如：你经常访问哪些网站？（回答）为什么？（回答，列举了几个网站，强调喜欢 popmusic.com）为什么喜欢这个网站？（回答）能否详细谈谈 xx？（沉默片刻后回答）还有其他因素吗？（回答）谢谢。有没有遗漏其他原因呢？

在设计问题时，应注意不要暗示答案，这很重要。例如，"你似乎喜欢这些色彩……"。这句话假设了一个事实，受访人很可能会因此回答"是的"，以免冒犯访问人。儿童最容易受到这类诱导。此外，访问人的肢体语言，如微笑、皱眉、不以为然的表情等，对受访人也有较大的影响。

访问人应适当保持沉默，并给予受访人说话的时间，而不应仓促地推进访谈过程。访问人可以使用一些"探测性问题"，尤其是中性的探测性问题，如："还有其他因素吗"，以搜集更多的信息。另外，也可以适当提示受访人，从而使访谈更富有成效。例如，若受访人在谈到某软件界面时，一时想不起关键菜单项的名称，这时访问人就可以提醒他。半结构化访谈的目的是要使得访谈过程在很大程度上是可以再现的，因此，"探测性问题"和"提示"只能用于帮助访谈的进行，而不应引入偏见。

（4）集体访谈

集体访谈的基本思想是：个别成员的看法是在应用的上下文中通过与其他用户的交流而形成的。通常，集体访谈需要解决的问题看起来很简单，但它的重点是鼓励人们提出自己的意见，其好处是能够搜集到人们对各种不同问题特别是敏感问题的观点。

集体访谈需要预先设定指导议程，同时主持人必须灵活掌握，并抓住未考虑到的问题展开深入探讨。主持人的任务是引导和鼓励讨论，他应技巧性地鼓励不爱说话的人发言，并且中止冗长的争论，以免占用过多的时间。通常可以对讨论过程进行录音，供后续分析使用。事后，也可以要求参与者进一步解释他们的看法。

"焦点小组"是集体访谈的一种形式，它是市场、政治和社会科学研究经常使用的方法，通常由 3 至 10 位有代表性的典型用户组成，用户之间往往存在某些共同特征。例如，在评估某大学的网站时，可考虑由行政人员、教师和学生组成三个独立的焦点小组，因为他们使用网站的目的不同。有关"焦点小组"的详细内容，我们将在下一节中详细讨论。

具体应采用何种访谈技术取决于评估目标、待解决的问题和选用的评估范型。如果目标是大致了解用户对新设计构思（如交互设计）的反馈，那么通常非正式的开放式访谈是最好的选择；但如果目标是搜集关于特定特征（如新型 Web 浏览器的布局）的反馈，那么结构化的访谈或问卷调查往往更为适合，因为它的目标和问题更为具体。

12.2.3 焦点小组

焦点小组是一种非正式的方法，用于在界面设计之前评估用户的需要，以及在使用一段时间之后评估用户的感受。焦点小组大约会邀请 6 到 9 个用户在一起讨论新的概念，并摸清一些问题，时间一般为两个小时左右。每个小组中有一个主持人，负责使小组的讨论集中在感兴趣的焦点话题上。从用户的角度来看，焦点小组的讨论应该是自由开放、没有特定框架约束的；而在实际中，主持人会按照预先计划的内容提出问题。焦点小组内的成员在交互过程中常常会流露出用户的自然反应，这也是焦点小组最大的优点，即能够观察到小组的动态变化和用户的真实反应。

筹备焦点小组工作前，主持人需要事先列出将要讨论的问题和各类数据的收集目标。在焦点小组讨论过程中，主持人的任务非常艰巨，既要在不限制用户自由发表观点和评论的前提下，保持大家谈论的内容不会离题，同时还要保证小组的每个成员都能积极参与谈论，避免只有个别人在喋喋不休地发表意见。焦点小组讨论之后，数据分析可以很简单：由主持人写一份简短的报告，总结焦点小组讨论过程中的主要观点，同时可以加上一些生动的引证；

也可以对讨论作出更为详尽的分析，但由于其非结构化的特点，困难会较大并且需要花费较多时间。

焦点小组对参与小组讨论的用户代表在人数上有比较严格的要求。因为既要保证讨论的流畅进行，又要体现用户的不同观点，所以焦点小组通常不能少于 6 个人。如果能够进行多次焦点小组讨论，效果通常会更好一些，因为一次焦点小组讨论的结果可能不具有代表性，而且有些焦点小组的讨论可能会跑题，这样一来可能花费了大量时间在谈论系统上一些不起眼的小问题。

McClelland 和 Brigham[McClellan and Brigham 1990] 介绍了一个在某先进电信系统设计中使用焦点小组方法的例子，该系统可以支持员工在办公室或在家里办公。首先进行的是"用户需求讨论"，六个通信用户根据当前的技术手段和使用情况讨论实现相互通信的需要及存在的问题；然后，六个专家花大约两天的时间召开设计工作研讨会，勾勒出五种不同的设计思路及相应的使用场景，来满足焦点小组前面提出的用户需求；最后，六个用户重新集合在一起，就这些新系统的设计思路做进一步的讨论。

由于焦点小组方法基于询问用户想要什么，而不是去衡量或观察用户实际使用的情况，因此，焦点小组讨论存在一定风险。因为有的时候用户说他想要某件东西，而实际上想要的却是另一件。为尽量减少这类问题的出现，可以让用户接触在焦点小组中所可能讨论技术的具体实例。例如，Greif [Greif 1992] 在一份焦点小组的报告中证实了该方法的有效性，该焦点小组的任务是评价新版 Lotus1-2-3 电子数据表中一项版本管理工具的性能。最初，评估人员先向用户展示新的功能，并让多个电子表格用户通过计算机网络来比较和对比可选的预算或其他数据的视图。起初焦点小组的成员对这种设计方案表示怀疑，并表示出对网络的不信任，还对其他人可能删改自己的电子数据表感到担忧。可是，当用户看到原型，看到了版本管理的相关场景和大量"假如……那么"的分析之后，用户的态度开始从怀疑转变为愿意使用新功能。

一种比较省钱而又类似焦点小组的方法是使用各种形式的计算机会议和各种电子网络系统，这样可以省去招募用户的费用。Yang[Yang 1990] 希望了解用户对某撤销工具的撤销功能的看法和喜欢程度等。他把这些问题发给了计算机会议中对此感兴趣的小组，得到了大量的反馈结果。这种方法的不足之处在于联机讨论很难（或不可能）保密，除非是在单位内部的计算机环境中，因此不适合对可能需要保密的设计方案或原型系统的评估。

此外，采用计算机会议进行讨论的方法会带来两个偏差：第一个偏差是计算机会议的参与者对计算机的兴趣往往超出一般人，这使得联机讨论可能无法反映出真正的新手用户所关心的东西，倒是提供了一种与熟练用户沟通的不错方式。所以，组织者应该注意到，公告栏上发布的内容并不能代表多数用户的意见。第二个偏差是前卫用户的需求经过一段时间后可能会成为市场上的普遍需求，但他们对此的需求比普通用户要早得多。因此，考虑前卫用户的需求，有时（但不总是）可以成为未来可用性工作的一个开端 [Nielsen 1993]。

12.3 询问用户之问卷调查

问卷调查是用于搜集统计数据和用户意见的常用方法，它与访谈相似。调查问题既可以是开放式的，也可以是封闭式的，但必须措辞明确，这需要一定的技巧和努力。问卷调查可以单独使用，也可与其他技术结合使用，用于证实或加深对问题的理解。

12.3.1　问卷设计

许多问卷调查都是从询问基本的背景信息开始的，包括统计信息（如性别、年龄）和用户的经验（如使用计算机的时间、熟练程度）等。这类信息非常有用，从中可以了解调查对象的分布情况。例如，初次使用互联网的用户与有 5 年互联网使用经验的用户很可能有不同的看法。通过了解用户的分布情况，设计人员可以考虑设计两个不同版本的产品，或者在设计时侧重于更能够代表目标用户群的那一类用户。在询问背景信息之后，即可提出针对评估目标的具体问题。如果问卷的篇幅较长，可考虑根据调查主题把问题划分为若干子类，使得问卷更符合逻辑、更易于用户回答。

假设评估人员不能直接参与问卷的完成过程，那么问卷的设计就显得至关重要了。评估人员要做的第一件事情是确立问卷的目标：要寻求什么信息？在这一阶段决定如何分析问卷中的回复也是有用的。例如，想要获得关于界面特性的明确和可度量的反馈吗？或者想要知道用户对这个应用界面的印象吗？

在设计问卷调查时应遵循以下原则：

1）确保问题明确、具体。

2）在可能情况下，采用封闭式问题并提供充分的答案选项。

3）对征求用户意见的问题，应提供一个"无看法"的答案选项。

4）注意问题的先后顺序，它将影响问卷调查的效果。建议先提出一般化容易回答的问题，再提出较难回答的具体问题。

5）避免使用复杂的多重问题。

6）在使用等级尺度时，应设定适当的等级范围，并确保它们不重叠。

等级的顺序应做到直观、一致，应谨慎使用负数。例如，在使用 1 至 5 的等级时，"直观性"是指通常应把 1 作为"低"，5 作为"高"；"一致性"是指应避免在某些问题中使用 1 代表"低"，而在其他问题中使用 1 代表"高"。此外，若大多数问题都使用肯定语气，只有少数问题使用否定语气，这也可能带来微妙的影响。但这个问题还存在争议性，有些评估人员认为变换问题的语气有助于检查用户的意图，另一些评估人员则持相反观点。

7）避免使用专业术语，同时也应考虑是否需要针对不同的用户群设计不同版本的问卷。

8）明确说明如何完成问卷，如说明应在选项前的方框内打"√"。严谨的措辞和良好的版面可以使调查意思更加明确。

9）在设计问卷时，既要做到紧凑，也应适当留空。冗长的问卷不但成本高，而且也不容易吸引用户参与。

问卷中可以包含多种形式的问题，包括：

（1）常规问题

即前面提到的背景信息。这类问题有助于在用户人群中确定用户的背景和位置。这类问题包括年龄、性别、职业、居住地等，还可以包括以往应用计算机的经验。它们可以被表达成自由回答问题、多选择问题或量化问题。

（2）自由回答问题

这些问题要求用户对某一问题提出自己的观点，例如"请对界面提出一些改进意见"以及"请列举你认为比较好用的功能"等。这对收集一般的主观信息很有用处，但很难以精确的方式对搜集的信息进行分析或比较，而是只能作为一个补充。自由回答问题最可能遗漏关于时间响应的问题。然而，自由回答问题能够确定错误，或是提出设计人员没有考虑到的建议。

（3）多选题

向回答者提出有明显选择的问题，让回答者选择其中之一，或者在某些情况下也可以选择多个。这类问题对收集用户以前的经验信息非常有用。举例如下：

①你通常以怎样的方式获得系统帮助（只能选择一个）？	
在线手册	☐
环境中的帮助系统	☐
命令提示	☐
询问一位同事	☐
②你已经应用了哪种类型的软件（可选择多个）？	
字处理软件	☐
表格处理软件	☐
数据库	☐
专家系统	☐
在线帮助系统	☐
编译器	☐

这种问题的一个特例是只能选择"是"或"不是"的问题。

（4）量化问题

量化问题对指出用户的偏爱很有用处。这类问题要求用户以数值尺度对一个特定陈述进行判断，通常用于对所陈述问题同意程度的度量。例如：

系统容易从错误状态恢复。
不同意　1　2　3　4　5　同意

为了减轻回答问题人员的负担，鼓励用户提高回答率，应尽可能应用有限的问题，如量化问题、多选题等。由于这类问题向用户提供有选择的回答，因而耗时很少。同时这些问题也有易于分析的优点。

基于不同的目的，尺度可分为许多不同的类型，如第 3 章中介绍的"Likert 尺度"和"语义差异尺度"等。等级尺度可以是各种各样的：粗尺度（例如从 1 ~ 3）方便给出数值意义的清晰指示（分别表示不同意、中立和同意），但却没有给出区分同意程度的空间。因此，对没有强烈感觉的陈述，用户往往倾向于给出中立的回答，对有强烈感觉的事项也只能温和地回答同意或不同意。一个很细的尺度（例如从 1 ~ 10）会遇到一些反方面的问题，即不同用户难以对数值作出一致的解释，同时也会增加使用的难度。因此，中间地带是可取的，这也是五级尺度和七级尺度得到广泛应用的原因。这两种尺度一方面细到足以让用户能够区分，同时又能保留清楚的意义。相比较而言，奇数尺度比较常用，因其提供了中立值选项。如果不期望有中立选择，也可以使用偶数尺度（例如 1 ~ 6 级尺度）。

用户满意度调查问卷（Questionnaire for User Interaction Satisfaction，QUIS）是由 Shneiderman 开发的，后来 Norman 等对其进行了改进 [Chin et al 1988]。QUIS 涉及界面细节（如符号的易读性和屏幕显示的布局设计）、界面对象（如具有象征意义的图标）、界面行为（如为用户经常使用的操作设置的快捷方式）、任务表达（如适当的术语和屏幕显示顺序）等诸多方面，其可用性已经过了多次实践的检验，例如，对某激光视盘检索纠错程序改进效果进行的验证，对两个编程环境进行的比较，以及对某文字处理软件进行的评估等。QUIS 小组认为尺度越大越有助于体现观点的差别，因此在问题设计中普遍采取了 9 级尺度。感兴趣的读者可以从（http://lap.umd.edu/quis/）获得更多有关 QUIS 的信息。

此外，还有其他一些常用的调查表。如 IBM 公司开发的系统可用性调查表包含 48 条内容，集中在系统的可用性、信息质量和界面质量等方面 [Lewis 1995]；软件可用性测定调查表包含 50 条内容，用来测定用户对软件的效果、效率以及控制等方面的满意度 [Kirakowski and Corbett 1993]；还有十二种以上语言的网络可用性调查表 WAMMI 等（读者可参考 http://www.wammi.com/questionnaire.html）。

从以上讨论可以看出，问卷中的问题与结构化访谈中的问题相似，那么，究竟应选择何种技术呢？问卷调查的好处是可以搜集大量用户的意见，从中找出普遍性的意见；而结构化访谈方便、快捷。若用户没有时间完成问卷，就可以考虑使用结构化访谈方法。

12.3.2　问卷设计举例

假设现在有如下任务：要求比较两个不同学习系统的用户执行情况和偏爱。其中一个应用超媒体，另一个应用顺序课程。在设计问卷的过程应考虑以下问题：

1）需要什么信息？

2）如何分析问卷？

如果对用户的偏爱特别感兴趣，那么问题应该集中于系统的差别方面，以及对满意程度的评价上。表 12-1 给出了一个问卷设计的例子。

表 12-1　比较两个系统的问卷

部分 1：对每一个系统重复
指出你同意或不同意下列陈述。（1 表示完全不同意，5 表示完全同意。）
系统在每一点告诉我做什么
不同意 1 2 3 4 5 同意
易于从故障中恢复
不同意 1 2 3 4 5 同意
当需要时很容易得到帮助
不同意 1 2 3 4 5 同意
我始终知道系统在做什么

（续）

不同意 1 2 3 4 5 同意

我始终知道我位于训练材料的什么位置

不同意 1 2 3 4 5 同意

我已经熟悉应用系统的材料

不同意 1 2 3 4 5 同意

我已经获悉有效应用一本书的材料

不同意 1 2 3 4 5 同意

我总是知道我做得怎么样

不同意 1 2 3 4 5 同意

部分 2：比较两个系统

哪个系统（选择一个）是：

在应用中是有帮助的 A B

在应用中是有效的　A B

在应用中是我喜欢的 A B

请给你选择的一个系统添加说明

12.3.3　问卷组织

在进行问卷调查时，存在两个关键问题：一个是如何寻找有代表性的用户，另一个是如何达到合理的回复率。交互设计人员往往只进行小型的调查，通常少于 20 位用户，这些小型调查通常能达到 100% 的回复率。但如果是大型的调查，我们一方面需要使用"采样技术"选择潜在的回复者，另一方面由于用户分布较为分散，如何确保用户回复问卷就是一个难以解决的问题。40% 的回复率通常是可以接受的，但回复率低于 40% 的情形也非常普遍。

以下一些措施能够帮助提高问卷的回复率：

1）精心设计问卷，避免用户因为厌烦而拒绝回复。

2）参照 QUIS（见附录 B），提供简要描述，说明用户若没有时间完成整份问卷，可以只完成简短的部分。

这能够确保用户不会为了完成任务而随意地填写问卷，从而保证填写的信息是真实而有效的。

3）提供一个带有回复地址并粘好邮票的信封。

调查显示没有提供回复信封的问卷只有 26% 的回复率，而提供邮资已付信封的问卷可回收 90%[Nielsen 1993]。同时对寄往单位地址的问卷，信封上事先写好回复地址要比邮资已付更重要 [Armstrong and Lusk 1988]。

4）解释问卷调查的目的，并说明将为参与者保密。

5）发出问卷之后，通过后续电话或电子邮件与参与者保持联系。

6）采取一些激励措施（如有偿调查等）。

访谈期间，访问人可以自始至终地分析受访者对各个问题的回答，一旦发现问题被误解，可以立即使用不同的方式进行表述。但问卷则不存在该优势。因此，无论规划哪种类型的问卷，明智的方法都是先进行小规模试验。在问卷分发给数以百计的用户之前，这种方法能消除问卷设计中的任何问题。可以找四到五名用户尝试回答问卷中的问题，看问题是否可以理解、结果是否是所期望的以及问卷是否是期望的信息获取方式。如果用户对一个特殊问题存在误解，则在最后版本发出以前，可以改变表述（并重新测试）。

在收集到用户回复的问卷之后，我们就需要进行数据处理 [Sharp et al 2007]。数据处理的第一步是要找出数据的走向和模式。在这个初步分析阶段通常只需进行简单的统计工作，可以使用 Excel 之类的电子表格软件统计各个类别的数目或百分比。如果调查对象的数量较少（如少于 10 位），那么可使用绝对数字，但如果调查对象的数量大，通常应进行数据的标准化，并计算百分比，以便比较不同组别的调查结果。条形图也可用于直观地显示数据。此外，还可以使用更复杂的统计技术（如聚类分析）以判断调查数据之间是否存在联系等。

12.3.4 在线问卷调查

在线问卷调查一方面避免了调查表的打印、传发、收集等开销和不便，另一方面也适合那些不喜欢填写和递交打印出来的表格，而乐于回答通过屏幕画面显示的简短调查的用户。一项针对万维网使用情况的调查曾经收到了 50000 份的回复，同时像互联网研究分析提供商（Nielsen Net Ratings）和知识网络（Knowledge Networks）等调查公司，他们通过收集人口统计的资料和网络会议的自动化运作也得到了高质量的结果。

在线问卷调查已逐渐普及，因为它能有效而方便地搜集大量人员的意见。在线问卷调查可分为两种类型，即基于电子邮件的调查和基于网页的调查 [Sharp et al 2007]。基于电子邮件的调查的主要优点是能够使调查针对特定用户，但邮件能够容纳的内容十分有限。基于网页的问卷调查更为灵活，能够借助复选框、下拉式菜单、弹出式菜单、帮助屏和图形等；并且，它也能立即确认数据的有效性，并允许设置一些规则，如强制单选或强制某些类型（如数字型）的回答等，而这些是电子邮件或纸张式的问卷调查无法实现的。基于网页的问卷调查面临的最大问题是调查对象的随机性。

以下是在线问卷调查的其他一些优点 [Lazar and Preece 1999]：

1）能够快速搜集调查结果。

2）与纸张式的问卷调查相比，其复印和邮寄成本更低，甚至为零。

3）数据可以立即输入数据库进行分析。

4）可缩短数据分析的时间。

5）容易更正问卷中存在的问题（当然，最好避免问卷出现问题）。

一些文献也探讨了在线问卷调查的缺点，主要的问题在于在线问卷调查的回复率可能较纸张式的问卷调查要低 [Witmer et al 1999]。

在开发基于网页的问卷调查时，首先需要在纸上进行初步设计，然后研究策略以吸引目标用户群参与，最后把纸质问卷转变为网页的形式 [Lazar and Preece 1999]。在纸上进行初步设计是一个重要步骤，应遵循前面介绍的指导原则，如注意问题的明确性和一致性，设计合适的版面等。只有在详细检查了问卷并做了充分的修改和提炼之后，才能把它转变为网页的形式。如果无法吸引目标用户群参与调查，如某些用户无法浏览互联网，那么就应考虑向他们发放纸质问卷，但必须确保纸质问卷与网页上的问卷是一致的。

把纸质问卷转变为网页的形式需要经过以下四个步骤：

1）根据原始的纸质问卷制作无错误的交互式电子问卷。

电子版应提供明确的说明，并且应能检测输入错误。例如，对单选题，系统应自动拒绝复选的情形。此外，在电子问卷中嵌入提示信息并提供弹出式帮助信息，也能帮助用户作答。

2）应确保用户能够从网络的任何位置，使用任何通用的浏览器打开问卷，而且问卷的显示不受屏幕大小的限制。

互联网的初学者可能会因为需要下载软件而拒绝参与调查，因此，应避免使用专门的软件或硬件。

3）为避免同一位用户多次提交问卷结果，应记录用户的标识信息，同时也应注意保密。

这可以通过记录域名或 IP 地址来实现。这些数据可直接输入数据库。但是，记录这类数据可能会侵犯用户的隐私，所以需要考虑合法性。另一个方法是读取服务器上的传输和提交日志，它包含有回答问卷的机器的域名信息。但是，用户仍有可能使用不同账号、不同 IP 地址提交多份问卷，因此在必要时应搜集进一步的身份标识信息。

4）在正式进行调查之前，先进行小规模的用户测试。

评估人员很难通过一些随机的调查结果预测整个目标用户群的情况，尤其在目标用户群的规模、基本情况不详的情形下做出预测就更加困难，而这正是互联网研究通常面临的情况。许多在线调查项目都受到了这类批评，其中包括佐治亚理工大学主办的 GVU 调查。GVU 是最早开展的几个在线调查项目之一，其目的是搜集互联网用户的统计信息和活动信息。从 1994 年起，它每年进行两次在线调查。为了解决采样问题，GVU 采取的策略是尽可能让广大的互联网用户注意到 GVU 调查项目的存在，并且鼓励他们参与调查。但是，这些方法并不能消除“有偏采样”的问题，因为参与者是自愿参与的。事实上，许多专家极力反对这个方法，他们提出，应根据人口普查记录进行采样 [Nie and Ebring 2000]。在某些国家，基于网页的问卷调查也经常与电视相结合，以了解观众对节目或政治事件的看法，但他们会声明自己的调查结果“并不科学”，因为它的采样是有偏的。人们现在经常用到术语“任意抽样”所指的样本也仅仅是可获得的样本，而非经过科学采样得到的样本。

互联网也存在一些商业化的问卷调查工具，如 SUMI 和 MUMMS，更多详细信息可参考 http://www.ucc.je/hfrg/questionnaires/。

12.3.5　问卷调查与访谈

从可用性的角度来看，问卷调查或访谈属于间接方法，因为两者都不对用户界面本身进行研究，而只是研究用户对界面的看法。然而评估人员不能完全听信和采纳用户的说法，用户的实际行为要胜过用户对自己行为的语言表述。在一项经典的研究中，Root 和 Draper[Root and Draper 1983] 询问用户是否了解各种命令，并在稍后的问卷调查中，让用户对这些命令给出随意的说明。尽管先前他们曾表示不知道 ZAP 这个命令，但竟有 26% 的用户对 ZAP 命令给出了说明。这项研究还发现，如果用户在问卷调查之前刚刚用过待测系统，则通常能够给出更为真实的回答。更为引人注目的是两个问卷调查结果的对比，一个是在系统增加新功能之前的问卷调查，另一个是在系统增加新功能之后的问卷调查。前者让用户预测是否会喜欢新增功能，后者调查用户在尝试新功能之后对新功能的评价，结果两者之间的相关度只有0.28。这表明在调查用户对未使用过的用户界面元素的评价时，我们不能单纯依靠字面上的结果。

还有一个例子是关于移动电话系统的问卷调查，调查要求移动电话系统的用户回答一份关于该系统使用说明书难度的问卷 [Karis and Zeigler 1989]。结果显示，在 25 个参与问卷调查的用户中，有 24 人称使用说明书的难度为"一般"或"简单"，这说明使用说明书还是令人满意的。但在进行测试时，同样的用户完成任务的平均绩效却只有 50%，从中我们可以得出更为准确的结论，即系统说明书还需做很大改进。换句话来说，用户自认为他们理解了使用说明书，但事实并不是这样。

问卷调查与访谈是两种相近的方法，它们都针对一系列问题向用户提问并记录相关的回答。问卷调查可以是纸面印刷品，也可以是计算机环境下的交互式调查问卷，用户能够在不需要其他人在场的情况下独立填写问卷。相比之下，访谈需要有一名访问人，由他向受访人提出问题，并记录受访人的回答。这样一来，进行访谈就会花费很多时间。但访谈也有它的好处，即更加灵活，因为一旦发现受访人对问题的理解有误，访问人就可以进一步解释难理解的问题，并用另一种措辞来提问。和问卷调查相比，访谈还能以更自由的形式来进行，如访问人可以"伺机"追问一些不在计划之内的问题等。当然，这种自由形式的访谈会使访问人更难以量化分析结果。如果最终目的是获得确切的数据，那么问卷调查方法会更好一些。问卷调查和访谈还有一点不同，访谈可以在受访人接受采访后立即得到结果，而问卷调查则需经过邮寄、反馈、整理等几个延时过程。

问卷调查与访谈的一个共同点是不能完全相信用户的回答 [Nielsen 1993]。用户在回答的时候经常会想"我应该这样说"，特别是对一些敏感的问题，在用户的回答可能会使他陷入尴尬或被认为无法让社会接受等情况下，用户会更为明显地回避真实的想法。因此，调查人员应该想到用户对敏感问题的回答可能会与他们的真实想法有出入。比如，如果用户被问及在打电话求助之前花了多长时间在手册中寻求解决方法，这就是一个敏感问题的例子。用户会认为他们"应该"尽量自己解决问题，所以就可能过多估计自己阅读手册的时间。这就是一种容易得到社会认同，但与实际情况有偏差的回答。在访谈中由于用户要亲自回答这些问题，因此这种偏差表现得更明显；而在由计算机进行的问卷调查中，用户对尴尬的担忧会少一些，所以这种现象就不那么突出。

12.4　询问专家之认知走查

正像我们所指出的，评估应该贯穿于整个设计过程中。特别是在理想情况下，一个系统的第一次评估应该在所有实现工作开始以前进行，因为这样可以在任何主要资源提交之前改变设计。所以，如果能够对最初的设计方案进行评估，就能避免出现严重的错误。特别地，在设计过程中发现错误的时间越滞后，纠正错误的费用就越高，且更正的可能性越小。然而，在设计过程中，规律性地进行用户测试的费用是很高的；有时，寻找用户并不容易，并且很难从不完全的设计和原型中获得交互经历的精确评估。

于是，人们提出了许多通过专家分析评估交互式系统的方法。这些方法取决于设计者或进行设计的专家评估系统对一个特定用户的影响。最基本的意图是确定可能引起困难的任何区域，因为这些困难与已知的认知原理有冲突，或忽视已接受的经过验证的结果。这些技术可应用于项目设计的任何阶段，包括开发原型之前的早期设计阶段，使其成为更灵活的评估方法。这些方法的优越性体现在成本相对较低，而且非常有效，也易于学习。然而，专家分析不能评估系统的实际应用，只能评估系统是否支持公认的可用性原理。

主要有三种用于专家分析的方法：认知走查、启发式评估和基于模型的评估方法。其中基于模型的评估方法已经在第 8 章中讨论过。由于两书篇幅所限，我们仅在此介绍前两种方法。

12.4.1　认知走查方法

认知走查（Cognitive Walk-through）是由 Lewis 和 Polson[Wharton et al 1994] 提出的一种高度结构化的、以分组形式进行检查的方法。尽管这种方法在实际当中应用面不甚广泛，但它仍是比较著名的评估方法。正如其名称所体现的，走查就是逐步检查使用系统执行任务的过程，从中找出可用性问题。大多数走查技术都无需用户参与，也有一些走查（如协作走查）需要由用户、开发人员和可用性专家共同进行。

认知走查方法应用于评估的起因是软件工程中熟知的代码走查。走查需要对行为序列的详细观察。在代码走查中，序列表示程序代码的一个片段，观察者通过它检查一定的特征（例如，代码形式与其密切相关、变量拼写与过程调用的约定、系统全局变量是否没有冲突）。在认知走查中，行为序列表示一个界面要求用户为完成一些已知任务所执行的步骤。评估者逐步执行行为序列并检验其潜在的可用性问题。通常，认知走查的主要目标是确定如何使一个系统易于学习，更确切地说是集中于通过探索学习来评估系统的可用性。经验表明，许多用户更喜欢通过连续探索系统的功能学习如何应用一个系统，而不是在经过充分训练或详细查看用户手册以后再学习应用该系统。因此，在走查中所做的检查提出了解决这种探索式学习的问题。要做到这一点，评估者要遍历任务的每一步，提供有关某一步对新用户是好还是不好的解释。走查技术原本用于评估桌面系统，但也可用于评估互联网系统、手持式设备和 VCR 等嵌入式产品。

认知走查法试图想象出人们在第一次使用某个产品时的想法以及所采取的动作，它的工作流程是这样的：你已经有一个原型或界面的详细描述，或者就是一个真正的产品。同时，你知道可能的用户是谁。此时，你可以选择产品支持的某个功能来进行评估。评估的具体过程就是把用户在完成这个功能时所做的所有动作讲述成一个可以令人信服的故事。为了使得这个故事可信，针对用户所做的每一个动作，你必须要能证明，根据用户的知识水平以及界面上的各种信息提示及反馈，用户做出该动作是合情合理的。

从以上描述可以看出，在进行真正的认知走查之前，需要做好以下几方面的工作：

1）一个可供评估的原型或真正产品，或者对界面使用方法的详细描述。产品的使用手册越详细越好，不一定是完全的，但应该相当详细，因为只有这样才能发现更多的问题。类似菜单的摆放位置和使用的术语等细节十分重要。

2）用户在系统中要执行任务的描述。这应该是大多数用户要做的典型任务。

3）一个用户在完成上述任务时所执行的一系列动作的完整而详细的描述。

4）有关用户自身心理特点以及他们的知识和经验的描述。指出用户是哪些人，以便评估人员假设他们有哪些经验和知识。

认知走查的步骤如下：

1）标识并记录典型用户的特性。基于评估重点，设计样本任务。制作界面原型（或界面描述），明确用户执行任务的具体步骤。

2）由设计人员和专家级评估人员（一位或多位）共同进行分析。

3）评估人员结合应用的上下文，逐步检查每项任务的操作步骤。在这个过程中，了解以下问题：

a）用户是否想执行产生某种效果的行为？换句话说，行为的结果和用户的目标一样吗？用户的经验和知识能否告诉他们这一行为能够完成相关任务？

举例来说，假设用户想要规划一段定时录像，于是想要在录像机上完成该任务。一个熟悉录像机的用户将此作为他的目标可以说是合情合理的。

b）正确的操作对用户是否足够明显？

即用户能否知道如何完成任务。在有些情况下，用户应该能够想到去执行某个动作，但界面的设计是否能够让他们容易地看出执行该操作的控件在哪里呢？如果答案是否定的，那用户就很可能无法正常地使用该功能。例如，在使用 Excel 时，相信很多人都曾遇到过一个问题，那就是当你在某个单元格中输入了一些文本，然后想换行输入更多的内容时，你发现按下回车键后并没有达到换行的效果，结果反而是把输入焦点移动到了下一行的单元格中。你尝试了很长时间，却总是无法达到这个看似简单的目的。在通过问其他对 Excel 比较熟悉的人之后，你才发现其实方法很简单，那就是在按下回车键的同时需要按住 Alt 键。这是一个非常典型的很难从界面上看出可能的操作方式的例子。

c）如果正确的操作在界面上足够明显，那么用户能否意识到该操作能达到自身目标？即操作是否易于理解？

例如，有些菜单文字采用的是计算机术语来描述，而不是用户的问题领域中的语言来说明，这就使得用户难以看出菜单执行后的效果。另外一个经常引起用户使用困难的是工具栏上的图标的设计。有些图标设计得很随意，用户很难从图案看出它的作用。因为有些设计人员设计图标的目的是为了图形化而图形化，而不是为了增加可用性。

d）执行一个行为以后，用户能够理解所获得的反馈吗？

换句话说，给出的反馈足以确认实际所发生的一切吗？这表示执行——评估交互周期的完成。为了决定用户是否已经达到了目标，需要进行适当的反馈。举个例子来说，在网页上，当用户点击了网页上的提交按钮后，由于后台服务处理时间很长，用户在很长时间内在网页上看不到任何变化，还以为是系统出现了故障，或是自己没有点击到按钮，于是又再一次点击了同一个按钮，导致同一个操作被执行了两次，而用户自己却根本没有看出这一点。

表 12-2 中列出的问题也有助于评估人员发现更多问题，所有这些情况都可能影响用户的使用，应该尽量避免。

表 12-2 认知走查的核对清单

现 象	存在的问题及改进建议
完成关键功能需要太多的动作、点击次数或步骤	表明重要的功能被埋没了或是低效的。需考虑重新设计框架或任务流
缺少解释	如果你想知道为什么要执行一个任务,那么用户肯定也想知道。要么提供每一个信息(标签、描述及类似"您已处于第 3 步"的过程标识),要么需要从策略或框架的角度重新考虑这个功能
咦?刚刚发生了什么	如果你不理解一个动作的结果,说明系统反馈可能很差
事情发生了吗	如果你或系统执行一个动作并且你不能辨别,反馈就不充分
隐藏的功能	有很难找到或不可能找到的功能吗?是否有应该出现在顶端却隐藏在模式里的功能?需重新检查信息架构
迷路	如果你在系统的某处并且不清楚你的位置或如何返回,这是信息架构或导航的问题
我的数据哪去了	用户期望系统能记住关于他们的基本信息,特别是用户花费了时间去描述的那些信息(用户信息、设置等)。当数据不存在了,会导致用户的愤怒、挫败感和忧虑
如果我点击这个,会发生什么	如果不知道点击提交按钮或拨动开关会发生什么,是前馈或标签不够好。这也可以说是对功能的目的缺乏了解
我看不见那个按钮	如果关键的控件是不可见的,是布局、视觉层次或预设用途比较差
死循环	错误信息,被困在功能或模式里,或不能撤销一个动作可能是任务流出错的迹象

4)在完成逐步检查之后,汇总关键信息,包括:

a)分析出现问题的原因,解释用户为什么会遇到困难。

b)记录附带问题及设计修改。

c)总结走查结果。

5)修改设计,更正发现的问题。

认知走查的记录工作非常重要,可行和不可行之处都应记录在案。我们可以使用标准的反馈表记录步骤 3 中的问题以及步骤 1 ~ 4 的详情和评估日期。另外,应使用单独表格详细记录对任何问题所做的否定回答,并注明系统详情、系统版本号、评估日期、评估人员姓名。此外,也应记录问题的严重性,如出现问题的可能性,对用户有何严重影响等。修改每一个问题是不可能的,而这些信息将帮助设计者决定纠正设计的优先权。

这项技术的优点是它不需要用户参与,也不需要可运行的原型,但能找出非常具体的用户问题。它的缺点是工作量大,非常费时。另外,这项技术的关注面有限,只适合于评估一个产品的易学习性,因为它考察的是用户在第一次使用界面时的想法和行为,但不太容易发现使用效率方面的可用性问题。有数据显示,由专家进行的启发式评估比认知走查能发现更多的可用性问题 [Constantine and Lockwood 1999]。

12.4.2 认知走查实例

我们用一个简单的实例说明走查方法如何工作 [Wharton et al 1994]。设想我们希望了解加州大学欧文分校(University of California, Irvine, UCI)的网站是否便于查找信息,选取的任务是让学生确定在研究生阶段是否有用户界面设计方面的相关专业。图 12-1 给出了该学校初始的主页设计。我们假设学生都具有互联网使用经验，但对该网站并不熟悉。

走查的下一步是确定这项任务的行为序列。正确的交互行为包括：

（1）选择"学术课程与研究"（Academic Programs & Research）

在这一步骤中，对问题a）用户的目标就是确定是否在研究生阶段存在界面设计相关专业，这对新生是很常见的问题；对问题b）相关操作比较明显，既有图形又有文字，同时位于界面模块的第二项；对问题c）"学术课程与研究"的描述与用户的目标较为吻合；对问题d）新页面的载入速度较快，而且新页面的标题和内容都强调了所做出的选择（见图12-2）。

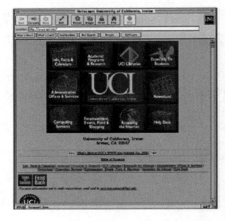
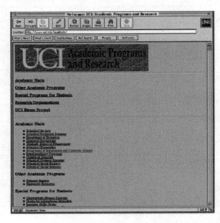

图 12-1　加州大学欧文分校网站主页　　　　图 12-2　加州大学欧文分校的学术课程与研究页面

（2）选择"信息与计算机科学系"（Department of Information and Computer Science）

在这一步骤中，对问题a）用户的目标并没有改变，只是由于之前的操作没有完全达到目标；对问题b）相关操作很容易找到，大约是页面的第15项；对问题c）"信息与计算机科学系"与学生期望的背景和兴趣比较匹配；对问题d）页面载入速度较快，新页面标题重申了所做的操作（见图12-3）。

（3）选择"研究领域"（Research Areas in ICS）

这里，问题a）没有变化；对问题b）相关操作是可见的，但并不容易发现，大概位于界面的第20项，是4个子标题之一，看上去也比较小；对问题c）"研究领域"和目标很匹配，但问题是页面上在它之上还有至少3个看上去更重要的选择；对问题d）新页面载入速度很快，不过新页面的标题没有很好地反映所做的操作（见图12-4）。

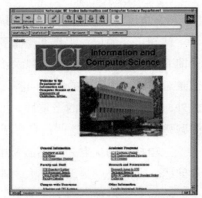

图 12-3　加州大学欧文分校的信息
与计算机科学系页面

（4）选择"软件"（Software）

在这一步，问题a）仍旧没有变化；对问题b）操作是可见的，但是用户可能意识不到要选它，因为页面的整体框架看上去该标题不会再提供下级信息；对问题c）"软件"和用户界面构造领域较为匹配，不过没有和目标完全匹配的下级信息。由于这已经是用户看到的第4屏内容了，用户可能马上就要放弃。如果能够在页面上直接看到，或者在之前的屏幕上就能够得到答案就好了；对问题 d）页面载入速度较快，不过新页面的标题没有很好地反映所做的操作（见图 12-5）。

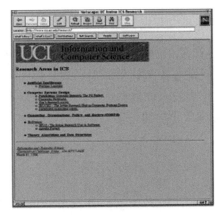

图 12-4　加州大学欧文分校的信息与
计算机科学系的研究领域页面

图 12-5　加州大学欧文分校的信息与
计算机科学系的软件页面

（5）最后选择"用户界面软件"（User interface software）

这一次，对所有四个问题的答案都是令人满意的。选择后的界面显示如图 12-6 所示。

由以上步骤，我们发现在第 3 步和第 4 步存在一些潜在的可用性问题，需要对页面的整体框架和布局进行改进。

图 12-6　加州大学欧文分校
用户界面软件页面

12.4.3　协作走查

协作走查是另一种类型的走查，它由用户、开发人员和可用性专家合作，逐步检查任务场景，讨论与对话元素相关的可用性问题 [Nielsen and Mack 1994]。在评估过程中，每一位专家都承担用户的角色。

协作走查的步骤如下 [Bias 1994]：

1）设计场景，即一系列屏幕图形的硬拷贝，用于表示界面路径。通常只开发两组或少数几组屏幕。

2）评估人员根据场景，写出由一个屏幕转至另一个屏幕的操作次序。评估人员应单独完成这些任务，不能交换意见。

3）在写出操作次序后，评估人员就这个场景的操作进行集体讨论。通常，应由用户先发言，以免他们受其他评估人员的影响而有所顾虑。接着，由可用性专家说明他们的发现，最后由开发人员发表意见。

4）针对下一个场景，重复上述过程，直至所有场景评估完毕。

协作走查的优点很多，比如能够专注于用户任务并产生定量数据。它由跨学科小组组成，符合参与设计的原则，而且用户承担关键角色。但是它也有局限性，体现在需要召集各方面的专家，进行速度慢，而且由于时间限制，通常只能评估有限的场景，即有限的界面路径。

12.5 询问专家之启发式评估

启发式评估是由 Jakob Nielsen 和他的同事们开发的非正式可用性检查技术 [Nielsen 1994a]，它对评估早期的设计很有用处。同时，它也能够用于评估原型、故事板和可运行的交互式系统，是一种灵活而又相当廉价的方法。应用启发式评估的具体方法是：专家使用一组称为"启发式原则"的可用性规则作为指导，评定用户界面元素（如对话框、菜单、导航结构、在线帮助等）是否符合这些原则。

12.5.1 评估原则

原始的启发式原则集来源于实践，是从对 249 个可用性问题的分析中导出的 [Nielsen 1994b]。以下列出的是最新的原则集（第 3 章中已经讨论过），Sharp 等 [Sharp et al 2007] 为其标注了评估过程中需要解决的一些问题：

（1）系统状态的可视性

用户是否能够随时掌握系统的运行状况？

是否及时为用户提供了有关操作的提示信息？

（2）系统应与真实世界相符合

界面使用的语言是否简单明了？

用户是否熟悉系统用到的词汇、惯用语和概念？

（3）用户的控制权及自主权

用户能否方便地退出异常状况？

（4）一致性和标准化

相似操作的执行方式是否相同？

（5）帮助用户识别、诊断和修复错误

错误提示是否有用？

是否使用简明的语言描述了问题的性质和解决的方法？

（6）预防错误

是否容易出错？

何处易出错？为什么？

（7）依赖识别而非记忆

对象、动作和选项是否清晰可见？

（8）使用的灵活性及有效性

是否提供了快捷键，以便有经验的用户快速执行任务？

（9）最小化设计

是否存在一些不必要或不相关的信息？

（10）帮助及文档

帮助信息是否易于检索？是否易于理解？

虽然 Nielsen 推荐应用这十条启发式原则，因为这些原则有效概括了最一般的可用性问题，但是也可以应用第 3 章中讨论的其他规则。评估不同的设备，如玩具、WAP（Wireless Application Protocol）设备、可穿戴计算设备等，需要根据设计原则、市场研究和需求文档，相应地修改 Nielsen 的启发式原则，开发符合具体产品的评估原则。例如，需要评估的是一个面向成员同步通信的系统，则可能增加"其他用户的意识"作为启发式原则。哪些启发式原则最为适用、需要多少项原则，这些是具有争议的问题，应根据具体产品而决定。Apple 公司针对 iOS 开发者也提出了关于 Apple 应用程序用户界面的设计原则，读者可参考附录 D 获得更多信息。

12.5.2 评估步骤

启发式评估的主要过程如表 12-3 所示：

表 12-3　启发式评估的主要过程

阶　段	步　骤
准备（项目指导）	a) 确定可用性准则。
	b) 确定由 3 ~ 5 个可用性专家组成的评估组。
	c) 计划地点、日期和每个可用性专家评估的时间。
	d) 准备或收集材料，让评估者熟悉系统的目标和用户。将用户分析、系统规格说明、用户任务和用例情景等材料分发给评估者。
	e) 设定评估和记录的策略。是基于个人还是小组来评估系统？指派一个共同的记录员还是每个人自己记录？
评估（评估者活动）	a) 尝试并建立对系统概况的感知。
	b) 温习提供的材料以熟悉系统设计。按评估者认为完成用户任务时所需的操作进行实际操作。
	c) 发现并列出系统中违背可用性原则之处。列出评估注意到的所有问题，包括可能重复之处。确保已清楚地描述发现了什么？在何处发现？
结果分析（组内活动）	a) 回顾每个评估者记录的每个问题。确保每个问题能让所有评估者理解。
	b) 建立一个亲和图（又称 KJ 法[①]或 A 型图解法），把相似的问题分组。
	c) 根据定义的准则评估并判定每个问题。
	d) 基于对用户的影响，判断每组问题的严重程度。
	e) 确定解决问题的建议，确保每个建议基于评估准则和设计原则。
报告汇总	a) 汇总评估组会议的结果。每个问题有一个严重性等级，可用性观点的解释和修改建议。
	b) 用一个容易阅读和理解的报告格式，列出所有出处、目标、技术、过程和发现。评估者可根据评估原则来组织发现的问题。一定要记录系统或界面的正面特性。
	c) 确保报告包括了向项目组指导反馈的机制，以了解开发团队是如何使用这些信息的。
	d) 让项目组的另一个成员审查报告，并由项目领导审定。

[①] KJ 法的创始人是日本东京人文学家川喜田二郎，KJ 是他的姓名（KAWAJI）的英文缩写。——编辑注

关于问题严重性的评价尺度，可以按 5 级或 3 级来评定，见表 12-4。

与其他技术相比，启发式评估因为不涉及用户，所以面临的实际限制和道德问题较少，

成本相对较低，不需要特殊设备，而且较为快捷，因此又被称为"经济评估法"。人们经常提到这个方法的一个弱点是评估人员需要经过长时间的训练才能成为专家 [Nielsen and Mack 1994]，但这取决于个人掌握的技能。理想的专家应同时具备交互设计和产品应用领域的专长。

表 12-4　可用性问题的严重程度分级

5 级制	0—辅助，违反了可用性原则，但不会影响系统的可用性，可以修正。
	1—次要，不常发生，用户容易处理，较低的优先级。
	2—中等，出现较频繁，用户较难克服，中等优先级。
	3—重要，频繁出现的问题，用户难以找到解决方案，较高优先级。
	4—灾难性，用户无法进行他们的工作，迫切需要在发布前修正。
3 级制	0—辅助的或次要的，造成较小的困难。
	1—造成使用方面的一些问题或使用户受挫，不过能够解决。
	2—严重影响用户使用，用户会失败或遇到很大的困难。

参与评估的专家人数可以互不相同。第 3 章中曾经介绍过，对每个评估人员来说，一般只能发现 35% 的可用性问题，不同评估人员发现的问题也有所不同。因此，若将较多人的评估结果汇集起来，那么发现的可用性问题就要高于这个百分率。例如，两个独立进行评估的评估人员能够发现约 50% 的可用性问题，如果是 5 个评估人员的话，发现的可用性问题可达 75%。多人参与评估，回报减少得很迅速：如果要捕获 90% 的缺陷，就必须让 12 个评估人员进行独立评估，而且根据成本－效益曲线，曲线的峰值点在 3～5 个评估人员之间。

需指出的是，使用启发式评估时也可能存在一些问题。Bill Bailey 研究指出 [Bailey 2001]，在专家报告的问题中有 33% 是真实的可用性问题，但同时专家遗漏了 21% 的用户问题，而且专家发现的问题中约有 43% 不是真正的问题，而是"虚假警报"。换句话说，"专家每找到一个真实的可用性问题，将发出约一个假警报（1.2），忽略大约半个问题（0.6）"。如果该分析报告准确无误，那么启发式评估中找出的真实问题要比发出的假警报和遗漏的问题少得多。通过邀请多位评估人员参与评估，可在一定程度上减少个人偏见带来的影响。另外，也可以考虑结合使用启发式评估和其他方法（如用户测试）。

12.5.3　iTunes 的启发式评估实例

iTunes 是一款数字媒体播放应用程序（见图 12-7），由苹果电脑公司（Apple Inc.）在 2001 年 1 月 10 日于旧金山的 Macworld Expo 推出，用于播放以及管理数字音乐和视频档案，可运行于 Windows 系统平台和 Mac 系统平台。用户可以通过它来创建和管理自己计算机上的数字音乐信息，包括连接到 iTunesStore 下载数字音乐、数字视频，创建个性化的播放列表，并将其刻录到光盘等。iTunes 没有特定的目标用户群体，所有使用 MacOS X、Windows2000 或 Windows XP 及其他操作系统的用户，以及所有喜欢聆听、管理和下载数字音乐的人都可以作为它的目标用户。

评估只针对 iTunes 的核心功能——对数字音乐的导入、播放及组织，以及刻录 CD，iTunes 和苹果的 iPod MP3 播放器以及和在线音乐商店的交互没有被涉及。评估中主要使用了如下 9 条启发式规则（其中一些原则与 Nielsen 的原则相似，但做了适当的修改以适应 iTunes

的评估需要），见表 12-5。

图 12-7　iTunes 界面

表 12-5　iTunes 评估使用的启发式规则

编号	启发式规则	编号	启发式规则
1	审美和最小化设计	6	提供反馈
2	有效的菜单 / 命令结构	7	提供清晰的出口
3	使用简单的自然语言	8	积极应对错误
4	减轻用户的记忆负担	9	帮助功能
5	一致性		

　　评估共邀请了三位专家，其中两位对 Windows 平台比较熟悉，另一位对 Mac 平台比较熟悉。在评估过程中，每位专家独立对两条启发式规则进行审查，然后三位合作评估了剩余的启发式规则。所列举问题及对问题严重程度的分级是小组协商的结果。报告中没有使用 CUE 这样的启发式评估工具。

　　为了更好地理解每个问题产生的影响，评估同时考虑了问题的严重程度和改进的难易程度。问题的严重等级是与问题发生的频率、用户克服困难的难易程度以及问题的持久度相关的（详见表 12-4 的 5 级制）。其中持久度指是否只需解决一次，还是每次在完成任务的时候都会干扰用户。这就使得对每个发现的问题都要进行二次排序。表 12-6 给出了问题修复难易程度的分级。

表 12-6　问题修复的难易程度等级

等　级	定义及描述
0	问题非常容易修复。在下一次版本发布之前可以由一个项目组成员完成
1	问题容易修复。涉及特定界面元素，有明确解决方案
2	问题修复有些困难。涉及界面的很多方面，需要整个项目组成员来完成或者解决方案尚不明确
3	问题难以修复。涉及界面的很多方面，在下一版本发布之前解决有一定难度，尚未获得明确的解决方案或是解决方案仍存有争议

　　评估共发现了 11 个潜在的可用性问题，表 12-7 列出了其中最严重的 7 个问题。从表 12-7 可以看出，iTunes 界面上存在一系列不一致问题——该原则在 11 个问题中被违反了 6 次。特别对那些不熟悉 Apple 界面的 Windows 用户而言，这会增加记忆负担（规则 4）。尽管这些对 Apple 用户而言可能不是问题，但 Windows 用户也是目标用户。为了更好地支持这部分目标

人群，iTunes 用户需要对 Windows 版本做一些额外定制。限于本书篇幅内容，这里不对所有问题进行详细讨论，仅简要列举第一和第三个问题的实例。

表 12-7 发现的 iTunes 界面可用性问题及改进建议

编号	问题描述	严重等级	修复等级	违反规则	改进建议
1	菜单和按钮不一致	3	1	5	对应用中的词汇进行分析，特别是将按钮和工具提示上的术语和菜单中具有相同功能的术语进行比较
2	部分语言和用户的常用术语不符	3	1	3	对界面词汇进行全面分析，最终术语的确定要让真实用户参与
3	部分按钮看上去不像是按钮	3	2	1, 4, 5	改变按钮颜色；当鼠标指向按钮时，高亮显示和改变颜色也会非常有用
4	部分按钮缺少工具提示	2	1	4	为所有按钮增加描述性的工具提示
5	存在一些和 Windows 操作规范不一致的地方	2	3	4, 5	对 Windows 版本使用平台一致的层次化结构展现方式
6	几乎不支持撤销操作	2	3	7	当标签改变时即激活 UNDO 功能，对未修改内容禁止 UNDO 操作；同时应该支持对播放列表的 UNDO 操作
7	模式界面导致的不一致问题	2	3	5	该问题修改起来比较困难，可能会涉及对界面整体布局的调整。最初可以考虑在相应按钮处提供一些下拉菜单，当某项功能不可用时就将相应菜单以灰色显示

问题一：

评估人员发现，当使用 iTunes 导入或者对音乐进行组织的时候，菜单、按钮以及工具提示上的语言存在明显的不一致性（见表 12-8）。该问题被认为是一个主要的可用性问题，因为它散布在界面上，同时也是因为它不能被用户的特定动作所解决。相反，用户必须学习在一个任务中使用不同的术语，增加了学习的时间。此外，用户可能被这些变化的术语所困扰。特别当菜单栏和右键菜单中使用的选项名称不一致时，用户就可能误认为它们不能完成同一个特定的任务。

表 12-8 iTunes 界面上的不一致性举例

按钮 / 工具提示的文字	菜单文字
Import	Add File to Library
Burn Disc	Burn Playlist to Disc
Visual Effects	Visualizer

标记为 "Import" 的菜单也让这个问题变得更加棘手（见图 12-8）。通过该菜单选项能够导入类型为 ".txt"，".xml" 或 ".m3u" 的文件，但是却不能导入一首歌曲。与此同时，评估人员还发现了一个菜单之间的一致性问题：当右击上下文菜单并选择对库中的一首歌曲进行复制和删除时，菜单中并没有提供把这首歌粘贴在其他地方的选项。但是在 "Edit" 菜单中，复制和粘贴的选项都有提供。

问题三：

iTunes 界面上存在的一个普遍问题是：很多可点击的按钮看上去不像是按钮。比如，三位评估人员中的两位都指出了 Burn Disc 按钮。这个按钮和 iTunes 界面使用相同的灰色，它看上去像是一个关闭的舱门。评估人员被其颜色和图形想要传递的意思所困扰——他们认为灰色和关闭的舱门表示由于计算机没有刻录光驱，所以 Burn Disc 图标是不可用的。如图 12-9

所示，iTunes 在界面其他地方使用类似的灰色来表示按钮不可用。

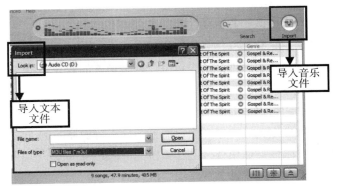

图 12-8　iTunes 界面上的"Import"菜单与按钮

a) 刻录 CD 按钮　　　b) 播放控制按钮（当没有歌曲被选中时为灰色）

图 12-9　iTunes 界面的 Burn Disc 按钮

　　iTunes 中还使用了一系列小的、圆形的、可点击的按钮（见图 12-10），其中很多都是灰色的，再次向用户传递了它们是不可用的感觉。而且不像其他的 Windows 应用，当鼠标悬浮在这些按钮上时，它们不会发生改变。因此，除非用户真的点上去看能发生什么，否则很难发现它们是按钮。

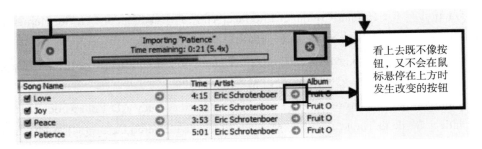

图 12-10　iTunes 界面按钮举例

　　这一现象违反了第 1 条和第 4 条启发式规则：图标的形状和颜色设计应能传递图标本身的功能和作用。图标的图形设计和行为也应该和特定平台上其他应用的标准相一致。通过让图标变得明显、直观，并和其他应用一致，iTunes 设计人员既能帮助新手用户加快学习速度，也能帮助专家用户方便地发现更多快捷方式。

　　有关该评估试验的更多详细内容可参考 [Tennant et al 2005]。

习题

1. 作为访谈的主持人，有哪些职责和需要注意的事项？

2. 为什么要开展集体访谈，它有哪些优点和使用场合？

3. 请为你开发的任意一款交互式软件系统设计一份网页形式的调查问卷。

4. 在线问卷调查可以有哪些方式？各有哪些优缺点？

5. 请比较访谈和问卷调查两种评估方法。

6. 请尝试举出日常使用软件中正确操作对用户而言不是十分明显的例子。

7. 认知走查方法有哪些局限性？适用场合是什么？

8. 请为你开发的任意一款交互式软件系统组织一次认知走查。

9. 阅读《Heuristic Evaluation of User Interfaces》一文，学习启发式评估方法的使用 [Nielsen and Molich 1990]。

参考文献

[Armstrong and Lusk 1988] Armstrong J S, Lusk E J. Return Postage in Main Surveys[J]. Public Opinion Quarterly, 1988, 51: 233-248.

[Bailey 2001] Bailey R W. Insights from Human Factors International. Inc. Providing Consulting and Training in Software Ergonomics, 2001.

[Bias 1994] Bias R G. The Pluralistic Usability Walkthrough—Coordinated Empathies[A]. J Nielsen and R L Mack, eds. Usability Inspection Methods[M]. New York: John Wiley & Sons, 1994.

[Chin et al 1988] Chin J P, Diehl V A, Norman K D. Development of an Instrument Measuring User Satisfaction of The Human-Computer Interface[A]. In Proceedings of CHI'88: Human Factors in Computing Systems[C]. New York: ACM, 1988:213-218.

[Cogdill 1999] Cogdill K. MEDLINEplus Interface Evaluation: Final Report[R]. College Park: College of informations Studies, University of Maryland,1999.

[Constantine and Lockwood 1999] Larry L Constantine, Lucy AD Lockwood. Software for Use: A Practical Guide to The Models and Methods of Usage Centered Design[M]. Addison-Wesley, 1999.

[Fontana and Frey 1994] Fontana A, Frey J H. Interviewing:The Art of Science[A]. N. Denzin, Y Lincoln, eds. Handbook of Qualitative Research[M]. London:Sage, 1994:361-376.

[Greif 1992] Greif I. Designing Group-Enabled Applications: A Spreadsheet Example[A]. Groupware'92. San Mateo:Morgan Kaufmann Publishers, 1992: 515-525.

[Karis and Zeigler 1989] Karis D, Zeigler B L. Evaluation of Mobile Telecommunication Systems[A]. In Proceedings of Human Factors Society 33rd Annual Meeting[C]. 1989:205-209.

[Kirakowski and Corbett 1993] Kirakowski J, Corbett M. SUMI: the Software Usability Measurement Inventory[J]. British Journal of Educational Technology, 1993, 24(3): 210-212.

[Lazar and Preece 1999] Lazar J, Preece J. Designing and Implementing Web-Based Surveys[J]. Journal of Computer Information Systems, 1999, 34(4):63-67.

[Lewis 1995] Lewis J R. IBM Computer Usability Satisfaction Questionnaires: Psychometric Evaluation and Instructions for Use[J]. International Journal of Human-Computer Interaction, 1995, 7(1): 57-78.

[McClellan and Brigham 1990] McClelland I L, Brigham F R. Marketing Ergonomics—How Should Ergonomics Be Packaged?[J]. Ergonomics, 1990, 33(5): 519-526.

[Nie and Ebring 2000] Nie N H, Ebring L. Internet and Society.Preliminary Report[R]. Stanford: The StanfordInstitute for the Quantitative Study of Society, 2000.

[Nielsen 1993] Nielsen J. Usability Engineering[M]. San Francisco:Morgan Kaufmann, 1993.

[Nielsen and Mack 1994] Nielsen J, Mack R L. Usability Inspection Methods[M]. New York: John Wiley & Sons, 1994.

[Nielsen, and Molich 1990] Nielsen J. Molich R. Heuristic Evaluation of User Interfaces[A]. In Proceeding of Conference on Human Factors in Computing Systems (CHI'90) [C]. Seattle:ACM, 1990:249-256.

[Preece 2000] Preece J. Online Communities: Designing Usability, Supporting Sociability[M]. Chichester: John Wiley & Sons, 2000.

[Robson 1993] Robson C. Real World Research[M]. Oxford:Blackwell, 1993.

[Root and Draper 1983] Root R W, Draper S. Questionnaires as A Software Evaluation Tool[A]. In Proceedings of ACM CHI'83[C]. 1983:83-87.

[Sharp et al 2007] Sharp H, Rogers Y, Preece J. Interaction Design: Beyond Human-Computer Interaction[M]. 2nd ed. John Wiley & Sons, 2007.

[Tennant et al 2005] Tennant E, Anastasia D, D'Amato C. iTunes Heuristic Evaluation Report. http://www-personal.umich.edu/~dinoa/portfolio/622/622-HeuristicEval.pdf.

[Wharton et al 1994] Wharton C, Rieman J, Lewis C, et al. The Cognitive Walkthrough Method: A Practitioner's Guide[A]. J Nielsen, R Mack, eds. Usability Inspection Methods[M]. NewYork: John Wiley & Sons, 1994.

[Witmer et al. 1999] Witmer D F, Colman R W, Katzman S L.From Paper-and-Pencil to Screen-and-Keyboard[A]. In S Jones, eds. Doing Internet Research:Critical Issues and Methods for Examining the Net[M]. Thousands Oaks: Sage, 1999:145-161.

[Yang 1990] Yang Y. Interface Usability Engineering Under Practical Constraints: A Case Study in the Design of Undo Support[A]. In Proceedings of IFIP INTERACT'90 3rd Interactional Conference on Human-Computer Interaction[C]. 1990:549-554.

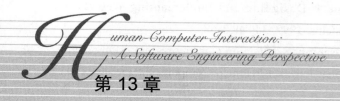

第 13 章

评估之用户测试

13.1 引言

评估中的用户参与一般出现在开发的后期阶段，至少系统已有一个工作原型的时期。在没有系统基本功能的情况下，可以始于系统的交互能力模拟。对早期设计阶段而言，如需求获取阶段，对用户进行观察就更重要一些。

用户测试是交互设计的一个核心问题，它是在受控环境（类似于实验室环境）中测量典型用户执行典型任务的情况，其目的是获得客观的性能数据，从而评价产品或系统的可用性，如易用性、易学性等。开发人员使用这项技术测试产品是否可用，目标用户能否达到他们的目标 [Dumas and Redish 1999]。在用户测试中，需要测量典型用户完成明确定义的典型任务的时间，记录错误类型及出错次数，通常也需要记录用户执行任务（尤其是互联网搜索任务）的路径。在解释这些数据时，需要结合观察数据、用户满意度问卷调查结果、访谈和击键记录等。因此，在可用性研究中，往往需要把用户测试和其他技术相结合。

用户测试和科学实验存在一些共同特征，二者有时容易混淆。科学实验的步骤通常非常严格，并且需要做仔细记录，以便于其他研究人员重复这个实验；用户测试也需要仔细规划，但是，它同时也必须考虑实际限制并做出适当的折中。虽然可以重复相同的用户测试并得到相似的结果，但通常不能得到完全相同的结果。科学研究的目的是发现新知识，而用户测试是评估用户工作情况的系统方法，目的是改进可用性设计。例如，为了决定需要在鼠标上设计多少个按键，施乐公司的 Star 小组就进行了一些测试。HCI 领域的一些早期实验研究也出于类似的目的，如研究需要在菜单上设置多少选项、如何设计图标等。

用户测试可对设计提供重要的反馈，使设计人员知道努力的方向，以取得最好的结果。为了发挥投资的最大效用，必须将测试过程集成到项目中，与项目融合为一个整体，即测试过程应当是整个项目的重要组成部分。在这一点上，应当如何去做，可能使人很迷茫，但是一旦明白了如何去组织一个用户测试，你将能更清楚地认识到测试过程将如何更好地与其余的设计过程融合为一个整体。

本章的主要内容包括：

- 解释用户测试这种可用性评估方法。
- 介绍进行用户测试需要的准备工作。
- 讨论常用的数据分析技术。
- 以网站评估的实例说明如何开展简单的用户测试。

13.2　测试设计

在进行用户测试前需要考虑许多事情。测试条件的控制非常重要，测试前需要仔细规划，以确保不同参与者的测试条件相同；同时，也应确保评估的目标特征具有代表性。在设计测试时也应明确各种假设。本节将以 DECIDE 框架为基础，简要论述用户测试过程中的几个主要阶段。

13.2.1　定义目标和问题

目的陈述从较高的层次上描述了开展测试的原因，并定义了测试在整个项目中的价值。例如，一个测试的目的可能是发现当人们使用自动通信系统代替电话或信函时是否感到比较舒适；另一个目的可能是寻找是什么因素影响了你的待测设计，以致被用户频繁地呼叫服务请求。

明确描述测试目的有利于澄清有关测试的误解，特别是对那些并不熟悉处理过程的部分客户或项目小组成员。Dumas 和 Redish[Dumas and Redish 1999] 将关注点描述为你认为设计可能存在的一些问题，而目标集则是这些问题的说明和解答。例如，你对菜单结构的关注可被描述为如下目标集：

1）用户在第一次尝试使用时将能选择正确的菜单。

2）用户在少于 5 秒的时间内，能够导航到正确的 3 级菜单。

可以看出，目的陈述是一个用户测试的高层次描述，它由一系列关注点定义，而每个关注点都有一组相关的目标或问题。通过定义这一粒度层次，就可以对测试设计的其余各方面做出决定。

如果明确了测试的目标，你将会知道需要什么人去做测试，如何进行测试，需要的度量准则，必须定义的任务内容，以及在可用性测试中其他的一些要素。换言之，测试设计开始于一组定义好的目标。如果没有这些定义好的目标，你的测试将没有焦点，你的投入也将很难获得收益 [Heim 2007]。

13.2.2　选择参与者

参与者的选择对任何实验的成功都至关重要。在评估实验中，所选择的参与者要尽可能接近实际用户。如果系统的主要用户将是新手用户，那么就应当选择一些以前对系统不熟悉的用户来测试。还有些产品针对的是特定类型的用户，如年长者、儿童或有经验者等。如果目标用户非常广，那么可以考虑进行简短的问卷调查，这有助于确定测试对象。在实际操作中，也可以委托一些专门负责可用性测试的咨询公司来负责招募测试用户。

尽管理想情况下总是应该让实际用户参与测试，但这在某些情况下是不可行的。即便难以找到实际用户，也应该选择与之年龄和教育水平相近的用户。他们一般会拥有应用计算机和待测试系统的使用经验，并且拥有的任务域知识和经验也应该是相近的。因此让计算机科学相关专业的大学生作为参与者，测试为普通公众设计的软件界面就不是一个好的测试——他们绝对不是实际用户的代表。

另一个实际问题是：需要多少人员进行测试？依据第 3 章中 Nielsen 的简易可用性工程（DUE）模型，在测试过程中，应当至少有 4 个或 5 个代表性的用户。这也是多数可用性测试设计的一个基准。DUE 模型是基于有测试要好于无测试这样一个假定的。该模型也承认有限个参与者不可能测试每一个可用性测试问题；然而，如果测试过多的可用性问题也可能导致由此产生的花费高于发现更多的可用性测试问题所取得的利益。通常，可用性专家会建议选择 6 ~ 12 位用户参与测试 [Dumas and Redish 1999]。

如果你所做的测试研究需要一个重要的统计结果，你可能需要测试更多的用户。你也可能认为，由于较少的参与者具有较低的成本，可支持测试过程迭代重复进行，有时这种测试模式可能要比使用较多的参与者完成一次测试过程更为重要。

至此，我们的讨论都有一个前提，即，每一个实验情形的参与者是不同的。这种方法有时并不可行，例如，可能没有足够的参与者，或者我们希望每一位参与者参与所有的实验情形。以下 3 种方法可用于对参与者进行组织，它们是：各种实验情形的参与者不同，各种实验情形的参与者相同，以及参与者配对。

（1）参与者不同

在参与者不同的实验中，我们随机指派某个参与者小组执行某个实验情形，这里不同实验情形的参与者互不相同。该方法主要有两个缺陷：其一，它要求有足够多的参与者；其二，如果每一组只包含少数几位参与者（即小型组），那么，实验结果可能会受到个别参与者的影响，因为他们可能在经验、技能等方面与其他人有明显不同。有两种方法可以解决这个问题，第一种方法是随机分配参与者，第二种方法是对参与者进行预测试，排除那些与其他人有显著不同的参与者。该方法的优点是不存在"顺序效应"（即参与者在执行前一组任务时获得的经验将影响后面的测试结果），因为每一位参与者只参与一种实验情形。

（2）参与者相同

在参与者相同的实验中，同样的参与者执行所有实验情形。与前一种方法相比，它只需很少的参与者。这种方法的主要优点是能够消除个别参与者的差异带来的影响，而且便于比较参与者执行不同实验情形的差异。但在使用这种方法时，必须确保任务的执行顺序不会影响实验结果，即应尽可能减少"顺序效应"的影响。例如，如果有两项任务 A 和 B，那么应让一半的参与者先执行 A 再执行 B，另一半则先执行 B 再执行 A。这称为"均衡处理"，它能够消除潜在的"顺序效应"。

（3）参与者配对

在采用配对方法时，应先根据用户特性（如技能和性别等），把两位具有不同特性的参与者组成一组，再随机地安排他们执行某一种实验情形。若参与者无法执行两个实验情形，那么就可采用这个方法。问题是实验结果可能会受一些未考虑到的重要变量的影响。例如，在评估网站的导航性能时，参与者使用互联网的经验将影响实验结果。因此，"使用互联网的经验"即可作为一个配对标准。表 13-1 概括了各种实验方法的优缺点。

表 13-1 不同实验设计的优缺点

参与者安排	优　点	缺　点
参与者不同	无顺序效应	需要许多参与者；可能受个别参与者的影响（可通过随机编组等方法解决该问题）
参与者相同	能消除各种实验情形下的个体差异	需要均衡处理以避免顺序效应
参与者配对	无顺序效应；能消除个体差异的影响	可能忽略一些重要变量，造成配对不当

13.2.3　设计测试任务

必须定义在测试中完成的任务，选择的任务应与定义的目标相关。在测试定义的任务时，需要考虑如下的问题：

1）紧要任务——与潜在的破坏性操作相关的任务。

2）新任务——与设计一些新的功能或外观相关的任务。

3）有问题的任务——与用户操作引起的那些问题相关的任务。

4）频繁任务——经常要执行的任务。

5）典型任务——大多数用户通常都会执行的任务。

定义的任务不能仅限于所要测试的功能，这样可能人为地吸引用户把兴趣点仅放在设计的某些方面。相反，定义的任务应使用户全面地使用设计的各个区域，当然这些区域也正是评估人员所关注的。举例来说，如果关注搜索功能的可用性，那么评估人员应当请求参与者通过搜索找出产品 X。虽然该任务看上去是合乎逻辑的，但它可能使用户异常地注意到设计中的某些特定方面的内容。一种更好的方法就是请求参与者找出产品 X 并同产品 Y 进行比较。为了完成比较，用户会很自然地使用搜索功能。虽然给定的任务本身没有特别关注搜索功能，但是在完成任务的过程中用户会多次使用搜索功能。对参与者而言，这将构建一个更为自然的操作场景。

设计任务之后，应当以某些合乎逻辑的方法安排任务。任务的安排既可以基于典型的工作流，也可以按照完成的难易程度依次安排。如果参与者在第一次任务的执行过程中失败，将会使其丧失信心，并在头脑中产生负面影响。如果最初的任务比较简单，参与者就会感觉他们已完成了很多工作，并可能被激励进一步完成更为困难和复杂的任务 [Heim 2007]。

用于测试的任务数目依赖于分配给测试的时间，所以在规划测试时就应当估计每个任务将花费的时间。可以基于估算出的时间，由项目小组中的其他成员做一次尝试性测试。请记住要扩大这些估计值，因为小组成员对设计是熟悉的，所以其操作行为不可能与一个实际参与者的操作行为完全相同。由此，就可以反向计算出一个任务数目的界限 [Heim 2007]。

13.2.4　明确测试步骤

在测试之前，应先准备好测试进度表和说明稿（如 13.5 节中 MEDLINEplus 测试所用的说明稿），并设置好各种设备。另外，也需要预先进行小规模试验，以确保设备能正常工作，说明稿足够明确，并且没有遗漏任何小问题。

在正式测试之前，应先让测试对象试用系统和熟悉设备的使用方法。例如，在评估网站的可用性时，应先让用户浏览该网站。以简单任务开始有助于增强用户的信心，任务的结束能够让用户满意而归。同时也需要准备应变计划。例如，在评估 MEDLINEplus 时，评估人员就考虑到了用户在执行某些任务时花费时间过多的处理方法。

在必要时，评估人员应询问参与者遇到了什么问题。若用户确实无法完成某些任务，评估人员应让他们继续下一项任务。

应避免使用过长的任务和过长的测试步骤。把测试过程控制在一个小时之内是一种较好的方法。此外，必须对所有搜集到的数据进行分析，尽管对音视频数据的处理需花费较长时间，但仍不能遗漏任何数据。

13.2.5　数据搜集与分析

确定将要使用的任务后，还需要确定如何对测试结果进行度量。有两种基本类型的度量：定量度量和定性度量。度量类型的选择依赖于所使用的测试任务。例如，如果想确定菜单设计是否恰当，那么可以记录参与者使用该菜单的出错次数，或者也可以记录参与者做一次选择花费的时间，这些都属于定量测量。

常用的定量数据包括 [Wixon and Wilson 1997]：

1）完成任务的时间。

2）停止使用产品一段时间后，完成任务的时间。

3）执行每项任务时的出错次数和错误类型。

4）单位时间内的出错次数。

5）求助在线帮助或手册的次数。

6）用户犯某个特定错误的次数。

7）成功完成任务的用户数。

定量测量是重要的，但这种度量类型并不能说明所有问题。如果想知道用户为什么使用菜单会产生问题，我们还需要收集一些定性的数据。这可以通过访谈或问卷调查的方式来获得。

当使用定义好的度量准则去评价一个测试任务时，还需要定义可用性目标。例如，"菜单结构应当是可理解的"就是一个可用性目标。如果为某个包含菜单操作的任务定义了一个度量，则必须有办法测试这个可用性目标。这个度量既可以以时间、范围的形式定义，也可以以出错数目的形式定义。

针对数据的分析通常在测试之后进行。测试中所用的度量类型可能会影响到数据分析的类型，同时数据分析又会影响做出的建议。对用户测试结果的分析策略及由此引出的相关问题我们将在 13.4 节"数据分析"中进行详细讨论。

13.3　测试准备

我们已经探讨了用户测试在设计阶段涉及的若干问题，现在考虑为了保证测试的顺利开展，我们还应当做哪些准备工作呢？

测试的准备工作主要包含如下内容：

（1）建造一个测试计划的时间表

为了规划测试时间表，评估人员必须协调参与者的日程计划、小组成员的日程计划以及实验室的可使用性。这项工作既费时又需要组织协调。

（2）编写测试过程的脚本

为避免引入对测试设计的偏见，评估人员应当事前组织好测试的每一个细节，以便于所有成员都遵守一致的计划，这包括：彻底地计划好每一天的工作，并做好活动记录；为每一天的测试工作做好计划时间表并进行登记，以便于参与其中的工作人员能够有效地管理自己的活动；脚本应当包括评估人员和参与者交互的所有方面，同时也应当包括一些意外事件的处理意见，例如，参与者感觉灰心丧气，或者在原型使用过程中出现错误等。

（3）安排小规模试验

在正式开展测试前需要运行一个小规模的示范性测试，以检查测试的设计和计划是否存在一些问题，并查看某些任务是否可行。小规模试验的准备工作应当类似于为正式测试而做的准备工作。如果有可能，一个真实的目标用户和一个小组成员就足够胜任此项工作。小规模试验应当及时进行，以便有足够的时间去修正错误或在正式测试来临前可以做一些必要的调整。

用户测试可以在装备了测试硬件和软件的固定实验室里完成，也可以在简便的可用性测试实验室里完成。如果预算较紧，不可能进入到一个正式的可用性测试实验室完成设计测试，那么仅使用一个视频摄像机和一台计算机也可以成功地完成测试。即便没有任何设备，仅有纸和笔，也完全有可能完成一个可用性测试，而且在设计过程中可能需要若干次这种简陋的测试方法。

评估人员可以布置测试空间以模拟真实的工作环境。例如，如果产品是办公室应用或者是酒店客服应用，那么可参照真实环境布置实验室，但从其他方面来看，这仍然是一个人造环境。由于实验室带有隔音设备，而且不设窗户、电话、传真，也不存在其他人员，因此消除了大多数干扰源。

表13-2的内容能够帮助评估人员高效地完成用户测试。

表 13-2　测试过程核对表

1）浏览定制的检查列表。

2）确保测试环境准备妥当。

3）做好思想准备。

4）为参与者准备测试协议。

5）欢迎参与者。

6）阅读说明脚本及做好准备。

7）参与者签署协议。

8）参与者完成背景调查问卷。

9）转入测试区域。

10）让参与者预先使用待测系统。

11）让参与者练习边做边说。

12）记录开始时间。

13）每次向参与者分发或阅读一份任务场景。

14）观察、记录有趣的或关键事件。

15）开展访谈。

16）参与者完成测试后的问卷调查。

17）感谢参与者，发放酬金，送别参与者。

18）整理收集到的数据。

19）对存在问题或正面反馈进行截图。

20）对测试进行总结。

21）为下一位参与者测试做准备。

13.4　数据分析

在实验过程中应搜集有关用户执行情况的数据。依赖于执行的测试类型，可能有一些定量的或定性的数据。换句话说，你可能有一些例如任务安排时刻表、错误率数据等的定量数据，以及用户的态度和偏好等的定性数据。

由于大多数用户测试只涉及少数几位测试对象，所以只能使用简单的统计数值（如最大值、最小值、平均值和标准偏差（围绕平均值的分布情况））来描述分析结果。根据这些基本的统计值，评估人员即可比较不同原型、系统的性能，或者比较不同任务的执行情况。

13.4.1　变量

实验的目的是回答某个问题或测试某个假设，从而揭示两个或更多事件（称为"变量"）之间的关系。例如，"若不使用 12 磅的仿宋体，而改用 12 磅的楷体，那么阅读一屏文字的时间是否相同？"在回答这类问题时，我们需要"操作"其中的一个或多个变量，这些变量称为"自变量"，这是因为在开始实验之前，这类变量已经设置完毕。在这个例子中，"字体"是自变量，而"阅读文本的时间"是"因变量"，因为它取决于实验者如何操作自变量——"字体"。复杂的实验可能包含不止一个自变量。

因变量指能在实验中测量的变量，它们的值依赖于自变量的变化。因变量必须是可测量的，并且肯定受到自变量的影响，同时尽可能不受其他因素的影响。在评估实验中，常用的因变量包括完成任务花费的时间、出错的数目、用户偏好和用户完成任务的质量等。显而易见，一些因变量在客观上是容易测量的，还有一些则不容易测量。

13.4.2　分析方法

数据分析的目的是将测试过程中获得的定量数据和定性数据转化为对产品改进有益的建议。

定量数据通常使用描述性的统计来找出用户表现、出错率、困难以及任务等不符合公认标准的地方。可用性测试中最常用的描述性统计方法是次数统计。大多数定量评估方法（如测试后的访谈、过程记录、边做边说等）都支持对用户行为的次数统计，如出错次数（或出错的百分比），以及成功完成任务的用户数量等。

以测试后的调查问卷为例，对问题"你是否认为该技术对改进命令的访问效率有帮助"的回答可以使用表 13-3 进行统计分析。

表 13-3　定量数据的次数统计示例

回答	次数	百分比	分析
强烈反对	0	0%	0% 反对
反对	0	0%	
中立	3	30%	30% 中立
赞同	6	60%	70% 赞同
强烈赞同	1	10%	
总计	10	100%	

另一种常用的对用户行为的描述性统计方法是计算预订任务表现（如花费时间）的平均数，如表 13-4 所示。

为使读者对上述定量结果有更明确的认识，通常需要在相应数据表格旁附以文字说明。

定性数据通常按主题分类，它主要用于描述总的趋势或者用户行为的种类，比如用户完成任务的情况如何，以及在哪些地方会遇到问题等。此外，定性数据能够表现用户对某项技术的可用性的普遍看法和意见。

表 13-4 定量数据的平均数统计示例

用户	完成任务花费的时间（分：秒）	出错次数
1#	1:30	2
2#	3:15	5
3#	4:00	0
4#	2:45	4
5#	3:20	4
平均值	2:58	3

定性数据的组织取决于在制定测试计划时使用的是自顶向下的分析方法还是自底向上的分析方法。对于自顶向下方法，如果已经预先定义了分析的类别，那么就按照表 13-5 对每个任务的观察数据和笔记信息进行组织。

表 13-5 找出获得某信息的最快途径

预先定义的类别	描　述	用户	对应记录中的时间	备　注
导航的清晰程度	不能找到信息	2#	14:23	用户 2 用了 5 分钟来查找信息，最终放弃了
		4#	10:58	用户 4 在正确的页面上，但没有注意到他要找的信息
	不知道点击哪里	5#	11:16	用户 5 注意到所有标签看上去都不对，所以他不停地点击所有按钮，直到找到所需信息
文字密度	文字太密集了，阻碍了阅读	4#	6:57	当用户 4 发现文字篇幅很长时放弃了继续查找

对于自底向上方法，则需要首先从获取数据中研究和发现主题，随后再使用表 13-5 对数据进行组织。该过程可分为如下步骤：

1）写下测试过程中遇到的主要问题。

2）按照相似主题对问题进行分组。

3）为每个类别制定标签。

4）将数据组织为类似表 13-5 的结构化的分析格式。

13.4.3 总结报告

通常在测试结束后需要将测试的结果以书面形式反馈给产品的设计人员，以便于他们对设计进行进一步的分析和改进。表 13-6 给出了常用的测试总结报告的书面格式，供读者参考。

表 13-6 总结报告的格式

1. 标题页

2. 测试环境描述

　—硬件、软件版本、测试场地、测试时间

3. 执行概要

　—简要概括测试发现（几页纸）

4. 测试描述

（续）

　　　　—最终版的测试计划、方法、培训和任务

　　5. 测试用户数据

　　　　—以表格形式描述用户的年龄、职业、经历

　　6. 结果

　　　　—以图表形式描述花费的时间、出错次数、问卷反馈等

　　　　—讨论和分析，适当引用用户言论

　　7. 正面反馈列表

　　8. 针对所发现问题的建议列表，按照问题的严重等级和修复的难易程度降序排列。其中，每条建议内容包括：

　　　　—诊断问题出现的原因

　　　　—给出相应屏幕截图

　　　　—给出严重程度等级

　　　　—准确指出遇到该问题的用户数量

　　　　—给出相应视频记录的时间戳

　　　　—可能的话引用用户的原话

　　　　—给出改进建议

　　9. 附录（原始数据和表格）

　　　　—背景问卷、协议书、测试脚本、数据收集表格、音视频记录、手工笔记等

13.5　网站评估实例

　　Cogdill 等在文献 [Cogdill 1999] 中对 MEDLINEplus 网站进行了启发式评估。MEDLINEplus 网站是由美国国家医药图书馆（NLM）开发的医药信息网站，用于为病人、医生和研究人员提供医药信息。

　　NLM 在启发式评估之后，对网站做了修改。以下仍以该网站为例，说明如何对修改后的 MEDLINEplus 网站进行用户测试。从这个案例研究中，读者可以了解到用户测试需要考虑的问题，包括测试任务和测试步骤，以及数据的搜集和分析方法。

　　（1）定义目标和问题

　　这项研究的目的是要检查修改后的界面是否仍存在可用性问题。具体来说，NLM 根据评估专家的建议对网站信息进行了分类，所以评估人员需要了解信息分类的方法是否有效。此外，评估人员也想知道，用户在浏览网站时能否进退自如并且找到需要的信息。大型网站在导航方面可能存在严重的可用性问题，因此，检查 MEDLINEplus 网站对用户浏览方式的支持非常重要。

　　（2）选择参与者

　　评估人员选择 9 位医护人员进行了用户测试，他们都来自华盛顿。为了选择测试对象，评估小组在两家医院的接待处张贴了招聘海报。报名参加测试的人员需要先完成一份简短的问卷，问卷的内容包括年龄、使用互联网的经验、查找医药信息的频率。之后，Cogdill 博士从中选择了每个月使用互联网超过两次的人员。参与者只被告知将要测试 NLM 的一个产品，但没有指出是 MEDLINEplus 网站，以免测试对象在测试之前就访问该网站。9 位测试对象中

共有 7 位女性。Cogdill 认为没有必要平衡性别比例，因为在这些研究中，使用互联网的经验更为重要。另外重要的一点是，为了便于测试，测试对象必须来自华盛顿（这是测试中心的所在地）。参与者的数目符合可用性专家所建议的 6 ～ 12 位 [Dumas and Redish 1999]。

（3）设计测试任务

Cogdill 与 NLM 合作设计了 5 项任务，用于检查网站的信息分类和导航。这些任务是从网站的用户最常提出的一些问题中选择出来的。具体任务如下：

任务 1：查找信息，了解肩膀上的黑痣有没有可能是皮肤癌。

任务 2：查找信息，了解怀孕期间服用盐酸氟西汀是否安全。

任务 3：查找信息，了解是否有丙肝疫苗。

任务 4：查找乳腺癌的治疗建议，尤其有关乳房切除术的信息。

任务 5：查找信息，了解怀孕期间饮酒的危害。

Cogdill 邀请同事检查了这些任务，也进行了小规模试验以确定任务的有效性。

（4）明确测试步骤

在测试之前，评估小组准备了统一的说明稿，以保证每一位参与者都得到相同的信息和相同的对待。该说明稿共分为如下 5 个部分。

整个测试是在实验室环境中进行的。参与者抵达后，评估人员使用图 13-1 中的说明稿向参与者表示问候并简要介绍测试情况。

感谢你参与这项研究。

这项研究的目的是评估 MEDLINEplus 网站的界面。我们将总结评估结果，并把它提交给开发这个网站的国家医药图书馆。你使用过这个网站吗？

我们将要求你使用 MEDLINEplus 查找一些具体的医药信息。在查找信息时，请"说出"你的想法。

我们将只拍摄计算机屏幕的情况，不会拍摄你的面容。我们也将进行录音，记录你在查找过程中所说的话。我们会为你的身份保密。

请阅读并签署一份协议书（协议书内容请见图 X.X）。若有任何问题请随时提出。

图 13-1 说明稿——测试前的问候语

接着，评估人员安排参与者在显示器前就坐，向其解释测试目的和测试步骤。图 13-2 给出了这个过程使用的说明稿。使用统一的说明有助于确保参与者不会因为说明上的差异而有不同的测试表现。

在执行主要测试任务之前，参与者将有 10 分钟的时间来使用和熟悉该网站。在这个过程中，参与者需要使用边做边说的思考方式。图 13-3 给出了这项任务的说明。

之后，参与者逐一执行 5 项测试任务。执行每项任务不能超过 20 分钟，若在 20 分钟内未完成任务，那么就必须停止。当参与者忘了说出自己的想法或者不知所措时，评估人员将给出提示。图 13-4 给出了该过程的说明。

在完成所有任务之后，参与者需要回答一份问卷。该问卷是根据 QUIS 用户满意度问卷设计的 [Chin et al 1988]。结束问卷调查之后，评估人员将按照图 13-5 所示的说明稿询问参与者对某些问题的看法。

我们先简要介绍 MEDLINEplus 网站。这是由国家医药图书馆开发的互联网产品，其目的是要帮助用户通过互联网查询权威性的医药信息。

这项研究的目的是检查 MEDLINEplus 的界面，找出有待改进的地方。同时，我们也希望了解哪些特性对用户特别有用。

几分钟之后，我们将为你安排 5 项任务。每项任务都是使用 MEDLINEplus 查找医药信息。需要指出的是，当你使用 MEDLINEplus 查找每项任务的信息时，我们的测试目标是 MEDLINEplus 的界面，而不是你本身。

你可以以正常、舒适的速度执行每项任务。我们将记录你完成每项任务的时间，但不必感到有压力，请使用正常的操作速度。如果执行某项任务的时间超过 20 分钟，那么请继续下一项任务。浏览器上的"主页"按钮已被设置为 MEDLINEplus 的主页。在开始执行新任务之前，请单击这个按钮，回到 MEDLINEplus 的主页。

在执行每项任务时，请设想这些信息是你或你的亲友想要了解的信息。

所有答案都可以通过 MEDLINEplus（或者它所指向的网站）找到。如果你觉得无法完成某项任务并且想终止这项任务时，请告诉我们，然后继续下一项任务。

开始之前，有什么问题吗？

图 13-2　说明稿——测试目的和测试步骤说明

在开始执行任务之前，请先用 10 分钟的时间熟悉一下 MEDLINEplus 网站。

在熟悉网站的过程中，请说出你的想法，即当你遇到 MEDLINEplus 的不同特性时，请告诉我们你在想什么。你可以自由探索任何感兴趣的问题。

如果你提前完成了这个过程，请告诉我们，我们将立即开始测试任务。再次说明，当你在探索 MEDLINEplus 网站时，请告诉我们你的想法。

图 13-3　说明稿——测试前熟悉系统

在开始使用 MEDLINEplus 查找信息之前，请读出这项任务。

完成每项任务之后，请单击"主页"按钮回到 MEDLINEplus 的主页。

提示："你在想什么？"
　　　"你是否不知道该怎么办？"
　　　"请告诉我们你在想什么。"
　　　[如果操作时间超过 20 分钟："请跳过这项任务，继续下一项任务。"]

图 13-4　说明稿——测试过程中的相关说明

（5）数据搜集

评估小组事先设定了成功完成每项任务的标准。例如，参与者必须找到并访问 3 ~ 9 个相关网页。他们记录了用户执行任务的全过程，包括执行任务过程中访问的资源等。记录表明，参与者 A 在执行第一项任务时，访问了表 13-7 所示的在线资源。

你对自己执行这些任务的表现有何看法？
请说明你为什么会 [遇到某个问题、出错或超时]。
你觉得 MEDLINEplus 界面最好的方面是什么？
你觉得 MEDLINEplus 界面最差的方面是什么？

图 13-5　说明稿——测试结束后的访谈问题

评估人员根据录像和交互记录计算用户执行任务的时间。问卷调查和访谈阶段搜集到的数据也有助于评估人员了解用户执行任务的情况。评估人员搜集到的数据包括：

1）开始时间及完成时间。

2）搜索时访问的网页及数量。

3）搜索时访问的医药文献。

4）用户的搜索路径。

5）用户的负面评论和特殊的操作习惯。

6）用户满意度问卷调查数据。

（6）数据分析

在分析数据时，评估小组主要考虑了以下问题：

1）网站的结构，如专栏的安排、菜单的深度和链接的组织等。

2）浏览的有效性，如菜单的使用、文字密度等。

3）搜索特征，如搜索界面、提示、术语的使用等是否满足一致性要求。

表 13-8 列出了 9 位测试对象的执行情况数据，包括执行任务的时间、不同类型搜索的数量等。评估人员对每项任务都制作了类似的表格。试用过程和问卷调查中搜集到的数据也有助于对结果的分析和解释。

表 13-7　参与者 A 在执行第一项任务时访问的资源

数据库
主页
MEDLINE/ 医药文献 / "黑痣"
MEDLINE/ 医药文献 / "痣"
主页
词典
外部网站：在线医学词典
主页
健康话题
黑素瘤
外部网站：美国癌症学会

表 13-8　任务 1 的执行情况

参与者	执行时间	结束任务的原因	MEDLINEplus 网页	访问外部网站	MEDLINEplus 搜索	MEDLINEplus 医药文献搜索
A	12	成功完成	5	2	0	2
B	12	参与者要求中止	3	2	3	0
C	14	成功完成	2	1	0	0
D	13	参与者要求中止	5	2	1	0
E	10	成功完成	5	3	1	0
F	9	参与者要求中止	3	1	1	0
G	5	成功完成	2	1	0	0
H	12	成功完成	3	1	0	6
I	6	成功完成	3	1	0	0
M	10	—	3	2	1	1
SD	3	—	1	1	1	2

注：M 表示平均值，SD 表示标准偏差。

（7）总结、报告测试结果

评估小组发现的主要问题是访问外部网站较为困难。而且，评估人员在分析搜索过程时也发现，有几位参与者在"健康话题"中查找不同类型的癌症时遇到了困难。问卷调查的结果说明，参与者对 MEDLINEplus 的评价是中性的。他们认为该网站非常易学，但不易于使用，因为在返回前一个屏幕时会遇到问题。最终，这些结果会通过口头和书面报告的形式反馈给开发组。

习题

1. 在规划测试任务时，有哪些注意事项？安排多少个测试任务是恰当的？

2. 列举一些在测试过程中可能碰到的异常情况，并尝试给出解决方法。

3. 除了 13.2.5 节所列举的定量数据，你还能举出其他例子吗？

4. 在开展正式的用户测试前，需要做哪些准备工作？

5. 假设现在有两个用户界面 A 和 B，请根据预先定义的标准（如效率、出错率等）设计实验来客观地评价哪个界面设计更优。提示：请特别注意用户和任务的分配。

6. 请为你开发的任意一款交互式软件系统组织一次用户测试。

参考文献

[Chin et al 1988] Chin J P, Diehl V A, Norman K D. Development of An Instrument Measuring User Satisfaction of The Human-Computer Interface[A]. In Proceedings of CHI'88: Human Factors in Computing Systems[C]. New York:ACM, 1988:213-218.

[Cogdill 1999] Cogdill K. MEDLINEplus Interface Evaluation: Final Report[R]. College Park: College of Information Studies, University of Maryland,1999.

[Dix et al 2004] Alan Dix, Janet Finlay, Gregory Abowd and Russell Beale.Human-Computer Interaction[M]. 3rd ed. Prentice Hall, 2004.

[Dumas and Redish 1999] Dumas J S, Redish J C. A Practical Guide to Usability Testing[M]. Rev Sub ed. Exeter: Intellect, 1999.

[Heim 2007] Steven Heim. The Resonant Interface: HCI Foundations for Interaction Design[M]. Addison-Wesley, 2007.

[Sharp et al 2007] Sharp H, Rogers Y, Preece J. Interaction Design: Beyond Human-Computer Interaction[M]. 2nd ed. John Wiley & Sons, 2007.

[Wixon and Wilson 1997] Wixton D, Wilson C.The Usability Engineering Framework for Product Design and Evaluation[A]. Handbook of Human-Computer Interaction[M]. Amsterdam: Elsevier, 1997:653-688.

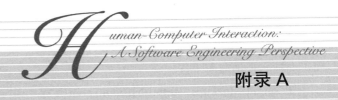

附录 A

界面原型设计工具

　　界面设计人员知道，在设计的早期阶段快速做出界面原型对探讨多种设计方案非常重要，它既便于在设计小组中进行讨论，同时也便于向客户描述产品未来的模样。界面开发工具的出现是界面设计领域成熟的标志之一，与原有开发方法相比，使用这些界面开发工具能够有效提高设计人员的生产率。然而交互设计领域的工具发展得非常快，这里我们只简单列举一些比较常用的界面原型开发工具供读者参考。

　　纸上原型是最常用的一种界面原型，适合表现各种类型的用户界面，如桌面软件、网站、手持设备等。因其不需要特殊技能，且实现起来非常快速，因此较其他方法更容易设计者方便地尝试不同的设计方案。纸面原型能够帮助设计人员可视化地审查界面细节，包括流程设计、菜单设计以及交互方式的选择等。同时向用户展示纸上原型，也能够尽快获得用户对设计方案的反馈。设计人员也使用如 Microsoft PowerPoint 等工具创建幻灯片来实现关键界面的原型展示，Macromedia Director、Flash MX 以及 Dreamweaver 等多媒体工具也可以快速产生栩栩如生甚至可以交互的界面原型。

　　大多数工具支持创建更加完整的原型，允许用户在菜单中进行选择、单击按钮、拖动滚动条甚至是拖动图标，同时用户可以任意浏览所有的屏幕画面。这些原型可能没有完整的数据库、帮助文档或其他一些工具，但是它们却提供了精心选择的路径，以便呈现界面将来所具备的功能。可视化的编辑工具通常允许设计人员以移动光标或点击鼠标的方式设置所需显示的内容，标示用户选择区、数据输入区或需要突出显示的部分。然后设计人员就可以为各个按钮指定所需连接的相关显示及对话框。

　　微软公司的 Visual Studio .Net 和 Borland 公司的 Delphi 等可视化开发工具，都带有使用简单方便的设计工具。用户只需要将按钮、标签、输入框、复合框等拖放到工作区中，就可以组成所需的可视化界面。程序员或者设计人员利用 Visual Basic 或 Java 等语言编写代码，以支持具体的用户操作。如果现有的标签、输入框、滚动条等控件能够满足设计者的需要，那么这些工具的可视化编辑器将大大减少用户界面设计所需的时间。

　　GUI Design Studio 是一个不需要进行软件编码的完整的设计工具。屏幕上的一切都以图形方式创建，你可以设计整个应用程序、单个窗体以及对话框和组件，并组合它们来创建更多的设计和关键界面。同时也可以将关键界面链接在一起作为一个故事板，然后通过模拟器来形成可交互的原型。GUI Design Studio 支持所有基于微软 Windows 平台的软件环境，因此可以先设计，再选择具体的实现工具。按照这种方法，设计人员可以集中于应用程序设计，而不会被实现细节所干扰。

Balsamiq Mockups（http://balsamiq.com/）是一款免费的带有手绘涂鸦风格的原型设计软件。它能够支持桌面应用软件、Web 站点和 Web 应用软件的设计。这款软件虽然是由个人设计的，但其功能却一点不弱于其他大牌的原型设计工具。操作方面，它支持对界面元素的拖拽和分组，甚至元素之间的对齐都做得很贴心；它有丰富的界面控件元素，从简单的输入框、下拉框、浏览器主要元素，到经常用得到的导航条、日历、表格，到复杂的 Tag Cloud、Cover Flow、地图等，而且 Mockups 具有良好的中文显示支持。

MockFlow（http://www.mockflow.com/）是一款基于 Adobe Flex 技术开发的在线原型设计软件，提供了与 Balsamiq Mockups 基本相似的功能。基于 web 的存储文件可以在任意电脑上打开，便于与其他人进行分享，同时它支持在线反馈意见的收集，因而特别适合于团队合作开发的原型设计交流。MockFlow 内置了许多常用控件，如按钮、图片、文字面板、下拉式菜单和进度条等，可适用于桌面软件、iPhone 和 iPad 等手持设备软件的原型设计。

Axure RP（http://www.axure.com/）是美国 Axure Software Solution 公司开发的原型制作软件，同时也是目前最受关注的原型开发工具。Axure 提供了丰富的组件样式，同时 Axure 可以导入其他人创建的组件库，支持低保真和高保真界面的设计。它具有丰富的脚本模式，可以通过点击和选择快速完成界面元素的交互，如链接、切换和动态变化等效果。由于 Axure 借鉴了 MS Office 的界面样式，用户可以快速学会使用，因此它已成为交互设计人员的首选原型工具。

SketchFlow（http://www.microsoft.com/）是微软 Expression Blend 的一个插件。从它的名字就可以看出，它同样支持手绘风格的界面设计（Sketch），其目的是给用户展现界面的核心概念和功能，而非细节的样式；同时它支持对实际操作的精确模拟（Flow），比如登录框中的用户名输入框、密码输入框、按钮等都是可以实际操作的，通过简单的控制就可以让它们非常方便地实际工作起来。因此使用这种方式制作出来的原型，可以使客户非常直观而精确地了解最终界面完成以后的样子。可以说，SketchFlow 结合了 Mockup 和 Axure 的特点。

最后需要提醒读者的是，现在各种工具丰富多样，除了上面提到的工具，还有 HotGloo、Mockingbird、Prototype Composer 以及 Wireframesketcher 等。理论上任何可以创建图形和文本的工具都可以用来进行原型开发，并且经过改进的工具还在不断涌现，这就要求设计人员及时掌握各方面的信息，并为每个项目选择最为合适的原型开发工具。《交互设计——超越人机交互》（Interaction Design: Beyond Human-Computer Interation）的配套网站也列出了最新的交互支持工具，感兴趣的读者可以参考（www.id-book.com）了解更多相关内容。

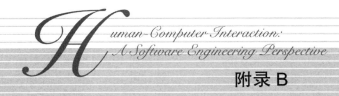
用户交互满意度调查问卷

用户交互满意度调查问卷（Questionnaire for User Interaction Satisfaction, QUIS）是由 Norman 和 Shneidemah 等人开发的，用于评估用户对人机界面特定方面的主观满意程度。QUIS 涉及界面细节（如符号的易读性和屏幕显示的布局设计）、界面对象（如具有象征意义的图标）、界面行为（如为用户经常使用的操作设置的快捷方式）、任务表达（如适当的术语和屏幕显示顺序）等诸多方面，其可用性已经过了多次实践的检验。QUIS 小组认为等级越多越有助于体现观点的差别，因此在问题设计中普遍采取了 9 级尺度。通过不断发展，QUIS 现在已经更新到 7.0 版本，同时 QUIS 不仅有英语版，还有德语版、意大利语版、葡萄牙语版以及西班牙语版。限于篇幅，这里只列举部分使用到的问题，供读者参考，感兴趣的读者可至 http://lap.umd.edu/quis/ 下载官方最新版本（需验证）。

对系统的总体印象																			
很失望									很满意	功能不足									功能强大
0	1	2	3	4	5	6	7	8	9	0	1	2	3	4	5	6	7	8	9
很难用									很好用	很枯燥									很刺激
0	1	2	3	4	5	6	7	8	9	0	1	2	3	4	5	6	7	8	9

屏幕显示																			
屏幕上的文字										屏幕画面显示顺序									
可读性差									可读性好	很混乱									很清晰
0	1	2	3	4	5	6	7	8	9	0	1	2	3	4	5	6	7	8	9
屏幕上的突出显示对简化任务										屏幕信息组织方式									
没有帮助									有帮助	很混乱									很清晰
0	1	2	3	4	5	6	7	8	9	0	1	2	3	4	5	6	7	8	9

学习

学习对系统的操作										任务以直截了当的方式完成									
很困难									很容易	从不									经常
0	1	2	3	4	5	6	7	8	9	0	1	2	3	4	5	6	7	8	9

以试错方式发现新的特性										导航的记忆 / 命令的使用									
很困难									很容易	很困难									很容易
0	1	2	3	4	5	6	7	8	9	0	1	2	3	4	5	6	7	8	9

系统性能

系统速度										错误修正									
非常慢									足够快	很困难									很容易
0	1	2	3	4	5	6	7	8	9	0	1	2	3	4	5	6	7	8	9

系统可靠性										考虑到不同操作水平用户的需要									
不可靠									很可靠	从不									经常
0	1	2	3	4	5	6	7	8	9	0	1	2	3	4	5	6	7	8	9

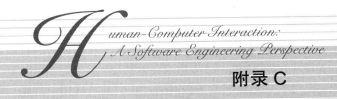

附录 C

网站评估的启发式原则

马里兰大学信息学院的 Preece 教授 [Preece 2000] ⊖编辑整理了一组用于评估网站的指导原则，这些指导原则可以在实际使用时转变为启发式原则。这里提到的原则共分为三类，分别是导航类、访问类和信息设计类。

（1）导航类原则

用户在浏览大型网站时往往会遇到一个问题，即如何辗转于各个网页之间而又不"迷失方向"。Preece 给出了有助于实现良好导航性能的六项指导原则：

1）避免使用框架。由于用户不知道点击某处链接后会跳转到哪里，因而框架会破坏网站的一致性，同时框架也会影响用户对网站内容和设计形成安全可靠的心智模型。

2）避免使用孤立网页（即未链接至主页的网页），对用户来说，这类网页类似于"死胡同"，当用户点击这些页面后，很难返回浏览网站的其余部分。这一方面令人沮丧，另一方面也是非常严重的维护问题。

3）避免使用带有大量空白的长网页。用户通常不喜欢在屏幕上阅读，他们一般会直接跳过较长页面，而不会滚动到页面的底部进行浏览。

4）提供导航支持，如在每个网页上提供至网站地图的链接。网站地图能够帮助用户明确网站的不同部分之间是如何关联的，从而建立正确的心智模型。

5）避免使用少而"深"的层次化菜单。经验表明，"多而浅"的菜单可使用比"少而深"的菜单更少的点击次数到达任务目标，因而更具有可用性。

6）为导航和信息设计提供一致的外观和感觉，特别当网站包含多个不同功能时更是如此。从网站的某处到另一处应该非常简单，不应强迫用户面对多个不相匹配或不能协同工作的界面。

（2）访问类原则

可用性的另外一个问题是浏览器问题。浏览器对 URL 中的细微错误非常敏感，同时有许多用户的网速较慢或者机器的处理能力有限。以下三条原则能帮助提供良好的访问支持：

⊖ [Preece 2000] Preece J. Online Communities: Designing Usability, Supporting Sociability [M]. Chichester: John Wiley & Sons, 2000.

1）避免使用复杂的 URL。因为冗长且包含不常用字符的 URL 很容易导致键入错误，从而影响访问。

2）避免使用非标准颜色标识链接。未被访问过的链接通常表示为蓝色，紫色或红色表示已访问过的链接。应尽量遵守该约定。

3）应避免因为下载时间过长，而造成用户反感。用户对页面响应的容忍度取决于他们对信息的渴望程度，当页面下载时间过长时，用户会以为出现了错误。通常 15 秒钟之内是一个合理的时间范畴。

（3）信息设计类原则

信息设计应考虑到内容的可理解性和美感两个方面，它们对网站的形象和用户的理解有很大影响。以下五条原则可帮助生成良好的信息设计：

1）避免使用过期和不完整的信息，以免给用户带来不良印象。

2）良好的图形设计十分重要。在屏幕上阅读长句、大段文字和文档十分困难，可考虑对其进行分块。

3）避免过度使用颜色。铭记"保守使用颜色"的原则，以及还有少数人对颜色的感知不明显。颜色的变化应代表信息类型的改变。

4）避免过多使用图形和动画。因为这样做会增加页面的打开时间，而且时间久了也会变得无趣和惹人讨厌。

5）保持页面内（如字体、编号、术语等）和网站内（如导航、菜单名称等）的一致性。

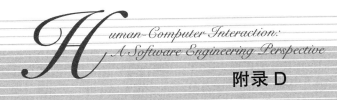

附录 D

iOS 用户界面设计原则

Apple 公司针对 iOS 开发者提出了关于 Apple 应用程序用户界面的设计原则 [Apple 2012][⊖]，包括：

（1）审美的完整性

美观与实用的平衡，反映了应用程序界面的外观与功能完美结合的程度。

（2）一致性

采用一定的标准和用户乐于接受的样式。判断应用程序是否遵循一致性原则，应该考虑以下三个方面的内容：

1）是否与 iOS 的标准相一致？使用系统提供的控件、视图和图标是否正确？是否以可靠的方式融合了设备的特征？

2）在应用程序内的表达是否一致？文本是否应用了统一的术语和字型？同一个图标是否代表相同的含义？当人们在不同地方执行相同的功能后，他们是否可以预测将要发生什么？整个程序中定制的界面元素的外观和行为是否相同？

3）在合理的范围内，应用程序是否与早期版本相同，其术语和意义是否仍然相同？重要的概念是否从本质上未曾改变？

（3）直接操纵

由于多点触控界面的产生，手势给用户带来更大的亲和力和控制欲，用户可不使用类似于鼠标的中间媒介。在 iOS 应用程序中，用户在以下三种情况可体验到直接操纵：

1）对设备的旋转或移动影响到屏幕对象。

2）使用手势操纵屏幕对象。

3）能够看到他们行为的及时、可视的效果。

（4）反馈

反馈是对用户行为的反应，使用户确信过程正在进行。人们都希望在执行一项操作的时

⊖ [Apple 2012] Apple Inc. Human Interface Principles. http://developer.apple.com/library/ios/# documentation/ UserExperience/Conceptual/MobileHIG/Principles/Principles.html#//apple_ref/doc/uid/TP40006556-CH5-SW1,2012,08,14.

候能够获得及时响应，同时也希望在漫长的操作过程中能够看到系统状态的更新。

（5）隐喻

用现实世界中的对象和行为来隐喻应用程序中的虚拟对象和行为，会使用户很快理解如何使用应用程序。软件中隐喻的典型实例是文件夹，由于人们在现实世界中，是将文件之类放入文件夹中，因而就很容易理解在计算机中将文件放入文件夹的概念。iOS中的隐喻包括如下五种：

1）点击音乐播放控制。

2）在游戏中拖拽、轻触或敲击对象。

3）用滑动完成开关的开闭。

4）用在页面上轻拂的方式浏览照片。

5）旋转调节轮做出选择。

（6）用户控制

人（不是应用程序）应该能够着手控制行为。虽然应用程序可以对行为给出建议或对后果危险的行为提出警告，但让应用程序而不是用户来决策的做法通常是错误的。好的应用程序应赋予用户在需要时处理问题的能力和为避免出现危险后果提供帮助之间找到合适的平衡。

推荐阅读

设计原本——计算机科学巨匠Frederick P. Brooks的反思（经典珍藏）

作者：Frederick P. Brooks　ISBN：978-7-111-41626-5　定价：79.00元

图灵奖得主、软件工程之父《人月神话》作者Brooks 经典著作，揭秘软件设计本质！
程序员、项目经理和架构师终极修炼必读！

　　如果说《人月神话》结束了软件工业的神话时代，粉碎了"银弹"的幻想，从此人类进入了理性统治一切的工程时代，那么《设计原本》则再次唤醒了人类心中沉睡多年的激情，引导整个业界突破理性主义的无形牢笼，鼓励以充满大胆创新为本的设计作为软件工程核心动力的全新思维。可以说，不读《人月神话》，则会在幻想中迷失；而不读《设计原本》，则必将在复杂低效的流程中落伍！《设计原本》开启了软件工程全新的"后理性时代"，完成了从破到立的圆满循环，具有划时代的重大里程碑意义，是每位从事软件行业的程序员、项目经理和架构师都应该反复研读的经典著作。

　　全书以设计理念为核心，从对设计模型的探讨入手，讨论了有关设计的若干重大问题：设计过程的建立、设计协作的规划、设计范本的固化、设计演化的管控，以及设计师的发现和培养。书中各章条分缕析、层层推进，读来却丝毫没有书匠气，因为作者不仅运用了大量的图表和案例，并且灵活地运用苏格拉底提问式教学法，即提出问题，摆出事实，让读者自己去思考和取舍，而非教条式地给出现成答案。同时，作者的观点也十分鲜明：反对理性模型的僵化条框，拥抱基于实践的随机应变；质疑一切从头做起而不问前人工作的愚昧自大，主张从前人的失败中把握其选择的脉络，站到巨人的肩膀上而取得设计改进。Brooks每提出一个论点，就举出至少一个例子，将理论扎实地建立在实践的基础之上。他的素材丰富多彩：从CPU体系结构到厨房改造装修，从任务控制、指令尺寸到管理委员会人数，万事万物无不可视为设计案例。本书浓缩了设计百科，又把握了设计脉搏，真无愧"设计原本"之名！

交互式系统设计：HCI、UX和交互设计指南（原书第3版）

作者：David Benyon 译者：孙正兴 等 ISBN：978-7-111-52298-0 定价：129.00元

本书在人机交互、可用性、用户体验以及交互设计领域极具权威性。书中囊括了作者关于创新产品及系统设计的大量案例和图解，每章都包括发人深思的练习、挑战点评等内容，适合具有不同学科背景的人员学习和使用。

以用户为中心的系统设计

作者：Frank E. Ritter 等 译者：田丰 等 ISBN：978-7-111-57939-7 定价：85.00元

本书融合了作者多年的工作经验，阐述了影响用户与系统有效交互的众多因素，其内容涉及人体测量学、行为、认知、社会层面等四个主要领域，介绍了相关的基础研究，以及这些基础研究对系统设计的启示。